100% 뇌 활용법

THE BRAIN CODE

Copyright ⓒ 2024 by Dr. Yossi Chalamish
Korean translation copyright ⓒ 2025 by Prunsoop Publishing Co., Ltd.
Korean edition is published by arrangement with Watkins Media through Duran Kim Agency.

이 책의 한국어판 저작권은 듀란킴 에이전시를 통한 Watkins Media와의 독점 계약으로 (주)도서출판 푸른숲이 소유합니다.
저작권법에 의하여 한국 내에서 보호를 받는 저작물이므로 무단 전재 및 복제를 금합니다.

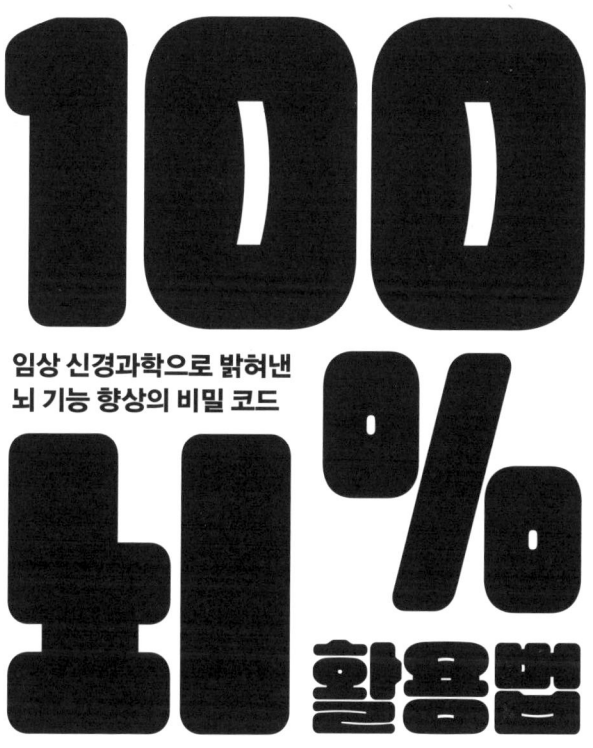

100%
임상 신경과학으로 밝혀낸 뇌 기능 향상의 비밀 코드
뇌 활용법

요시 할라미시 지음
박초월 옮김

시심

일러두기

- 본문에서 언급한 매체 중 국내 출간된 경우 번역된 제목을 따랐고 겹꺾쇠표(《》)로 표기했으며, 출간물이 아닐 경우에는 꺾쇠표(〈〉)로 표기했다. 또한 국내에 소개되지 않은 매체는 우리말로 옮기고 원어를 병기했다.
- 본문에 나오는 사례 및 일화에 언급되는 인물은 허구이거나 개인정보와 사생활 보호를 위해 가명을 사용했다.
- 본문에서 강조된 부분은 모두 원서에 이탤릭체로 표기된 부분이다.
- 인명 및 도시명 등은 국립국어원 외래어표기법을 따랐다.

지금은 돌아가신 아버지 시몬,
어머니 플로라께 사랑을 담아.
그리고 마얀 지브에게도.

들어가며

우리 뇌는 더 좋아질 수 있다

나는 뇌 자체의 알고리듬인 '브레인 코드'를 활용해 기억력, 정신 및 정서 건강, 인간관계, 수면, 전반적인 행복감과 만족도를 개선해 뇌 기능을 향상시키는 방법에 관심이 많다.

우선 내 여정의 출발점부터 말해보려 한다. 나는 이스라엘 최고의 과학 연구 대학으로 손꼽히는 테크니온-이스라엘 공과대학Technion-Israel Institute of Technology에서 의학 공부를 마치고 정신의학을 전공하기로 결심했다. 항상 내 호기심을 자극했던 인간의 마음을 더 깊이 이해하고 싶었다. 행운은 나의 편이었는지, 머지않아 이스라엘의 도시 레호보트에 있는 와이즈만 연구소 뇌과학과에서 박사 후 연구원으로 일하게 됐다.

그때는 몰랐지만, 당시는 뇌 연구의 황금기가 막 시작된 매우 좋은 시기였다. 획기적인 연구를 통해 인간의 뇌가 환경에 적응하고 기능 향상이 가능하며 심지어 회복까지 하는 식으로 끊임없이 변화한다는 사실이 밝혀졌다. 더 나아가 '유연한 뇌flexible brain'라는 용어가 탄생했고, 와이즈만 연구소의 복도(그리고 카페)

에서 한바탕 소동이 일어났다. 복도에는 경이로운 유연한 뇌에 대해 "이게 무슨 뜻이죠?"라고 묻는 사람들로 가득했다.

유연한 뇌라는 놀라운 발견 이후로 20년이 넘는 세월이 흘렀다. 오늘날 많은 신경과학자가 유연한 뇌를 이해해 신체 및 정신 건강을 개선할 방법을 찾기 위해 고심하고 있다. 하지만 유연한 뇌 이론은 아직 의학계에 활력을 불어넣고 진료 방식을 바꾸지 못했다. 여기에는 크게 두 가지 이유가 있다고 생각한다.

첫째, 뇌 연구에 관여하는 의사들이 적다. 의사보다는 생물학자, 프로그래머, 공학자, 물리학자, 수학자가 뇌 과학 분야에 뛰어들었다. 그 결과, 호기심을 자극하는 실용적인 '뇌-기계 인터페이스' 분야에 더 많은 자원이 할당됐고, 내가 '유연한 신경학flexible neurology'이라고 부르는 더 흥미로운 연구는 뒷전이 됐다.

둘째, 서구 사회에는 과학자들이 경력을 쌓으면서 연구 분야를 전문화하고 좁히는 경향이 있다. 이는 연구자들이 선택한 주제에 예리하게 집중하도록 해주지만, 동시에 한 걸음 물러나 전체 그림을 조망하지 못하게 막는다. 이 현상은 의학에도 적용된다. 과거의 의사들은 대부분 다방면에 능숙했다. 질병과 상처를 치료하는 일부터 산과학과 안과학에 이르기까지 다양한 역할을 담당했다. 하지만 오늘날은 전문 분야의 범위가 훨씬 더 좁아지는 추세다. 안과학이라는 하나의 분야에서도 부위에 따라 하위 전문 분야로 나뉜다. 다른 의학 분야도 상황은 비슷하다.

뇌 연구도 예외는 아니며 오히려 문제가 더 뚜렷한 편이다. 인간의 뇌는 매우 복잡하기 때문에 그에 대한 지식도 마찬가지로 복잡하다. 그러니 연구해야 할 분야가 많을 수밖에 없다. 몇 가지만 예를 들면, 자각awareness, 뇌-기계 인터페이스, 감정과 창의성 기능, 언어와 기억 등이 있다. 이 영역들 중 하나에 집중하는 연구자는 다른 영역을 숙지하지 못한다. 기억을 연구하는 신경과학자는 기억과 관련된 뇌 영역의 특정한 신경 경로와 고유한 구조에만 초점을 맞춘다. 또 기억을 효율적으로 인출할 수 있도록 뇌 전체에서 이어달리기 형태로 일어나는 메커니즘을 배운다. 하지만 이 모든 지식을 아는 신경과학자도 산책이 기억력을 향상시키고 과도한 수면(수면 부족만이 아니라)은 기억력을 손상시킬 수 있다는 사실을 들으면 놀라게 된다.

이런 상황을 해결할 만한 방법이 떠오른 것은 몇 년 전 와이즈만 연구소에서 신경해부학 강의를 할 때였다. 나는 일부 학생들에게 내 강의가 큰 그림에만 치우쳐져 있고 세부 사항에는 신경 쓰지 않는다는 비판을 받았다. 처음에는 내가 특별한 강의를 만들었다고 생각했기 때문에 학생들의 비판에 마음이 무거웠다. 하지만 그 강의는 내 미래를 결정지을 중요한 시간이었다. 그 후로 몇 년 동안 나는 의사이자 신경과학자라는 장점을 살려 임상 경험과 과학 지식을 결합해 새롭고 흥미로운 과학 분야, 이름하여 '유연한 뇌 치료법flexible brain therapy'을 널리 알리려 했다.

이 분야에 기울인 노력이 책으로 써도 될 정도로 여물 때쯤, 나는 신체 및 정신 건강부터 행복과 기억, 학습에 이르기까지 일상생활에서 우리 모두가 관심을 갖는 주제에 집중해 책을 집필하기로 결심했다. 누구나 뇌의 작동 방식을 이해할 수 있도록 각 주제에 대한 지식과 과학 데이터를 수집해 가공하고, 배운 것에서 핵심만 뽑아냈다. 우리는 과학적으로 증명된 방법에서 찾은 도구를 일상생활에 적용해 뇌 기능을 개선할 수 있다.

독자들은 각 장에서 일상생활과 밀접하게 관련된 뇌 기능을 만날 것이다. 처음에는 기능을 알아가며 점차 친해지다가 마침내 친구가 될 수도 있다. 그런 다음에는 각 기능을 개선할 방법을 접할 것이다. 단순히 친해진 것에 만족할지 아니면 더 적극적인 접근을 통해 자기계발을 향한 여정을 시작할지 결정하는 것은 독자들의 몫이다. 책의 마지막 페이지까지 갈 필요는 없다. 뇌를 능동적으로 사용하고 지속적으로 개선하는 실질적인 훈련법을 각 장의 마지막에 제시했기 때문이다.

독자들은 《100% 뇌 활용법》에서 얻은 이해와 지식으로 질병(가령 독감과 가벼운 감기)에 대한 면역력을 강화할 수 있을 것이다. 또한 업무에 제대로 집중하지 못하거나 약속을 자주 까먹어 관계 문제가 생기는 등 일상의 위기를 기회로 바꿀 힘도 얻을 것이다. 이 책에는 일상생활에 적용해 정신적 스트레스를 줄이는 데 도움이 되는 신체 및 정신 활동들도 담았다. 연구에 따르면,

최대한 스트레스를 받지 않는 활동적인 삶은 신체 건강과 정신 건강, 그리고 장수를 촉진한다.

당신의 건강을 기원하며,

요시 할라미시

차례

들어가며 우리 뇌는 더 좋아질 수 있다 7

1장 간단히 살펴보는 뇌의 진화
뇌는 어떻게 진화했는가? 20 뇌의 생존 알고리듬, 브레인 코드 22

2장 생존 능력을 높이는 뇌의 기억법
기억이란 무엇인가? 29 직관은 기억의 결과다 30 의식 기억의 두 가지 유형 35 기억력을 향상시키는 두 가지 접근법 38 뇌는 미래만 생각한다 49 망각은 생존율을 높인다 52 기억력을 향상시키는 또 다른 두 가지 방법 57

3장 뇌를 이해해 감정을 통제하는 방법
감정은 경험을 만든다 64 진화의 두 가지 핵심 감정 65 두려움을 이기는 훈련법 77 의미 부여는 정신적 면역력을 키운다 80 쾌락과 두려움의 균형을 유지하는 동기 유발 삼각형 86

4장 긍정감을 높이는 뇌 훈련법
감정 조절 능력을 향상시키는 첫 번째 단계 96 감정 조절 능력을 향상시키는 두 번째 단계 100

5장   뇌를 활용해 최선의 기분을 만드는 방법

세상에 대한 인식을 좌우하는 기분 106 ┃ 뇌 활동을 감소시키는 기분 장애 108 ┃ 뇌 활동을 증가시키는 기분 장애 115 ┃ 기분을 개선하는 방법 119

6장   감정을 작동하는 핵심 방식, 여덟 가지 감각

시각: 관심이 있는 것만 보인다 125 ┃ 미각과 후각: 맛을 확장시키는 연결 127 ┃ 촉각: 손만 잡아도 감정은 전달된다 136 ┃ 통각: 통증으로 보내는 위험 신호 139 ┃ 평형감각: 신체 균형은 근육만으로 유지할 수 없다 144 ┃ 청각: 감정은 무엇을 듣느냐에 따라 달라진다 151 ┃ 공감각: 살기 위해 없어진 감각 혼동 155 ┃ 유대감: 감정은 뇌를 통해 전달된다 159

7장   뇌가 숨긴 창의성을 끌어올리는 방법

뇌는 우리가 봐야 할 것을 결정해준다 163 ┃ 과거 경험을 활용해 미래를 바꾸는 법 176 ┃ 창의성을 향상시키는 일곱 가지 방법 186

8장   학습 능력을 높이는 뇌 활용법

동기가 만드는 학습 효과 192 ┃ 동기를 유발하는 세 가지 학습법 194 ┃ 시험공부를 가장 효과적으로 하는 방법 212

9장   뇌를 활용하면 성격을 바꿀 수 있다
성격의 토대가 되는 자극 218   성격을 형성하는 감각 출력 225

10장   월등한 뇌 기능은 신체 건강에 달려 있다
뇌는 어떻게 몸을 움직이는가? 242   근육 활성화와 뇌 기능 245   잠은 신경세포를 건강하게 만든다 250   질 높은 수면을 위한 간단한 기법 261

11장   뇌의 코드를 활용해 식습관을 개선하는 방법
왜 먹어야 하며, 무엇을 먹어야 하는가? 265   가짜 배고픔 273   식욕과 무관한 섭식 장애 277   설탕을 해독하는 두 가지 방법 284

12장   뇌 활용의 적신호, 편도체 기능 이상
두려움의 부재 290   불안감이 과도할 때 292   불안을 조절하는 두 가지 방법 298

13장   뇌 기능을 최고 수준으로 유지하는 방법
뇌 관리자, 집행 기능 304   타인을 이해하도록 돕는 기능 312   ADHD의 뜻밖의 장점 317   마음 이론을 향상시키는 두 가지 방법 326

14장 스스로 치유하는 뇌

머리 꼭대기에서 내리는 명령 333　　하향식 명령을 이용한 치유법 336　　이성이 감정 치유에 미치는 영향 345　　하향식 처리 능력을 향상시키는 방법 359

15장 사랑은 머리로도 가능하다

사랑이란 무엇인가? 367　　사랑에도 동기가 필요하다 368　　첫눈에 반한 사랑은 얼마나 지속되는가? 370　　사랑하는 마음에 기복이 생기는 이유 374　　머리인가, 마음인가? 379　　자기사랑과 자존감을 향상시키는 방법 393

나가며 우리는 뇌 기능과 행동을 통제할 수 있다 395

감사의 말 397
참고 문헌 399

01 간단히 살펴보는 뇌의 진화

인간의 뇌를 상상해보자. 무엇이 떠오르는가? 아마도 질감은 젤리 같고 겉면은 호두 같은 둥근 덩어리에, 구불구불하게 이랑이 솟고 고랑이 푹 들어간 모습이 떠오를 것이다. 그 모습도 꽤 정확하지만 빙산의 일각에 불과하다. 좀 더 깊숙이 들어가보자.

뇌에는 서로 전기 신호를 전달하도록 설계된 기다란 철사 모양의 뉴런(신경세포)이 약 천억 개가 들어 있다. 각 뉴런은 세포의 몸체인 세포체^{perikaryon}와 세포체에서 뻗어나온 연결부인 축삭^{axon}으로 이뤄진다. 뉴런은 축삭을 통해 서로 연결되어 있으며, 이런 수조 개의 연결을 통해 거대한 신경망 구조를 만든다. 신경망은 우리가 움직이고, 느끼고, 생각하고, 기억하고, 집중하고, 동기를 유지하게 한다. 또 신체 활동을 감독해 특정한 순간에 수천 가지 행동 중 하나를 수행하도록 한다.

뇌의 활동은 네 가지 경로로 이뤄진다.

운동: 골격의 움직임.

감각: 감각 정보 처리.

- **인지**: 정신 기능.
- **감독**: 모든 신체 시스템의 운영 감독. 과학 용어로 내장 항상성 visceral homeostasis이라고 한다.

뇌는 어떻게 진화했는가?

뇌를 가진 최초의 생물체는 어류였다. 생물체는 진화 과정에서 조상이 사용하던 뇌 영역을 유지하면서 또 다른 영역을 추가로 축적했다. 즉, 어류 뇌에 있었고 또 여전히 존재하는 모든 영역은 오늘날 우리의 뇌에도 존재한다. 물론 인간의 뇌에는 어류 뇌에 없는 다양한 영역이 있다.

인간 뇌에서 가장 오래된 부분은 어류 뇌이며, 이 부분을 깊은 뇌 또는 피질하부 subcortex라고 부른다. 어떤 연구자들은 피질하부를 별도의 영역으로 보고 인간의 뇌가 두 가지로 이뤄져 있다고 주장한다. 바깥 뇌(대뇌피질 cerebral cortex 또는 간단하게 줄여서 그냥 피질)와 깊은 뇌(피질하부)로 말이다.

모든 뇌는 한 가지 목적, 즉 뇌를 소유한 개체와 자손의 생존을 촉진하기 위해 만들어졌다. 생존은 어류 뇌인 피질하부가 하는 일이다. 피질하부는 우리가 지금 당장 확실하게 살아 있도록

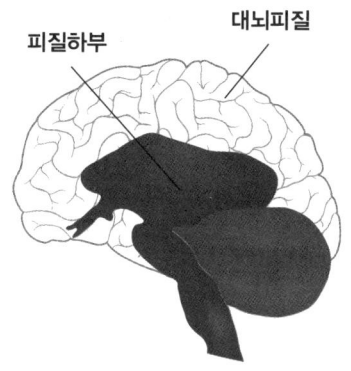

피질하부 대뇌피질

보장하기 위해 노력한다. 그러므로 우리가 '자각'으로 이해하고 있는 능력을 필요로 하지 않는다. 우리의 어류 뇌는 매 순간 외부 환경(우리를 둘러싼 세상)과 내부 환경(우리 몸)으로부터 수천 개의 메시지를 자극 형태로 받아 처리한 다음, 생존을 위한 행동을 유발하는 충동으로 전환한다.

거북이부터 시작된 진화 과정 후반부에는 새로운 뇌 영역이 발달했다. 깊은 뇌를 가장 바깥에서 감싸고 있는 층, 즉 대뇌피질이다. 피질은 뇌의 역할을 현재의 생존을 넘어 하루, 일주일, 1년 또는 그 이상의 미래까지 확장한다. 피질에는 특히 중요한 능력이 하나 있는데, 수신되는 자극만을 인식하는 피질하부와 달리 자극의 결과로 발생하는 행동까지 인식한다.

인간의 피질은 진화 과정에서 동물계 중 가장 크게 발달했다. 워낙 크게 성장한 탓에 더 이상 두개골에 들어가지 않을 정도였다. 뇌에 울퉁불퉁한 이랑과 주름이 생긴 이유는 두개골 내부에 들어갈 수 있게끔 뇌의 표면적을 맞춰야 했기 때문이다. 이렇게 커다란 피질 덕분에 우리는 고유한 뇌 기능을 발달시켰다. 예를 들어, 언어 사용과 높은 수준의 자각, 깊은 의미가 있는 행동을 수행하는 능력, 새로운 기술을 익히는 능력 등을 지니게 됐다.

바깥의 세상과 우리 몸에서 유래하는 풍부하고 다양한 자극은 피질의 거대한 신경망으로 처리된다. 그 덕분에 우리는 현재만이 아니라 장기적인 생존과 번영에 도움이 되는 생각과 충동을 갖게 됐다.

뇌의 생존 알고리듬, 브레인 코드

뇌 연구자들은 신경망의 단절과 연결이 일생 동안 끊임없이 이뤄진다는 사실을 발견했다.[1] 뇌의 구조와 기능은 시간이 지나면서 변할 수 있다. 이는 뇌가 신경망의 일부 변화를 당장의 생존이나 장기적인 생존에 유용한 것으로 이해했을 때 발생한다.

뇌가 이해했다는 것은 무슨 뜻일까? 이를 알고리듬, 즉 '브레인 코드'로 생각하면 된다. 우리의 브레인 코드는 수백만 년 동안 작성되고 수정됐다. 이를 통해 뇌는 무엇이 중요하며, 특정 상황에서 어떻게 행동해야 하는지와 관련된 긍정적인 면과 부정적인 면의 수많은 미묘한 차이를 해석하는 능력을 갖게 됐다.

브레인 코드는 놀라운 발명품이지만 문제가 있다. 이 코드는 수백만 년 전에 작성됐고 그 이후로 우리의 환경과 생활 방식에 큰 변화가 일어났다. 오늘날 우리는 비교적 풍요로운 삶을 살고 있다. 이제 맹수에게 사냥당하는 일은 없다. 하지만 점점 치솟는 물가나 까다로운 상사 또는 정리 해고 가능성으로 인해 위협을 느낀다.

그렇다면 우리가 원시 인류에게 적합한 뇌 알고리듬에 완전히 휘둘리고 있다는 뜻일까? 결코 그렇지 않다. 물론 뇌 활동의 바탕인 브레인 코드는 오래전에 작성됐다. 그러나 우리는 뇌의 패턴을 바꾸고 필요에 맞게 조정하는 능력이 있다. 이 능력은 자연스럽고 본능적이지만, 의도를 갖고 활용하려면 먼저 뇌 자체와 뇌가 처한 환경, 그리고 뇌의 운영 시스템을 잘 알아야 한다.

02 생존 능력을 높이는 뇌의 기억법

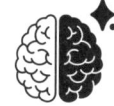

강연이 끝나고 주차장으로 가는 길이었다. 청중석에 앉아 있던 은발의 신사가 나에게 다가왔다. 나이가 들면서 친구들에게 일어나는 일에 겁이 난 나머지 자신의 기억력을 주시하던 참인데, 최근에 발견한 것이 걱정된다고 했다. 나는 그에게 무엇을 발견했냐고 물었고 그는 일화를 하나 들려줬다.

"몇 달 전에 극장에서 연극을 봤는데 정말 재밌더군요. 그런데 지난 이틀 동안 제목을 아무리 기억하려 해도 생각나지 않는 겁니다. 머리를 쥐어짜도 소용이 없었죠. 기억 속에서 완전히 지워진 거예요. 뇌의 어딘가가 고장 난 게 틀림없어요."

나는 걱정할 필요가 전혀 없다고, 뇌가 망가진 게 아니라고 말하며 그를 안심시켰다.

뇌를 연구하는 과정에서 연구자들은 분명한 깨달음을 하나 얻었다. 뇌의 좋은 특성 중 하나는 생존에 도움이 되지 않는 세부사항을 망각한다는 점이다. 뇌 연구의 선도자로 손꼽히는 과학자 야딘 두다이Yadin Dudai는 기억의 목표를 이렇게 규정한다. "우리 기억의 주된 목표는 과거 보존이 아닌 미래 보존이다."[1]

나는 신사에게 당신이 아무리 연극을 즐겼다고 한들 연극의 제목은 미래 생존에 도움이 되지 않으니 그저 뇌가 삭제했을 뿐이라고 말했다. 보통 우리 뇌는 어떤 기억을 간직하고 어떤 기억을 잊어야 하는지 알고 있다. 기억을 과도하게 유지하면 일상생활에 방해가 될 정도로 불필요한 짐이 된다. 우리가 제대로 기능해서 생존하려면 망각을 통제하는 것은 필수적이다.

여기까지 이야기를 마치자 신사는 나에게 회의적인 눈빛을 보냈다. 나는 같은 개념을 전달할 다른 방법을 찾기 위해 머리를 굴렸다. 대추야자 경작농의 사례가 떠올랐다. 대추야자 경작을 할 때는 보통 불필요한 잎을 잘라낸다. 이렇게 하면 적은 잎들이 전보다 더 많은 에너지(물, 영양분, 무기질)를 흡수해서 대추야자의 품질이 향상되기 때문이다. 은발 신사는 여전히 미심쩍다는 표정이었다. 하지만 시간이 늦었던 터라 우리는 서둘러 제 갈 길을 갈 수밖에 없었다. 나는 그의 뒷모습을 보면서 내 생각을 제대로 전달하지 못했다는 걸 느꼈다.

독자들 또한 비슷한 경험이 있을지 모른다. 망각할 이유가 없는 것을 기억하지 못해 겪은 곤란말이다. 이제 망각에 대처하는 방법을 더 잘 이해하고 적용하기 위해 기억의 깊숙한 곳을 살펴보자. 그리고 기억의 비밀을 해독해 기억력을 향상시켜보자.

그 전에 우선 기억이 무엇인지 정의할 필요가 있다.

기억이란 무엇인가?

기억은 생명체가 주변 모든 환경으로부터 메시지를 받아 보존하고 필요할 때 사용하는 능력이다. 생존과 번식이 가능한 모든 생명체는 기억하는 능력을 갖고 있다. 심지어 뇌가 없는 생명체도 그렇다.

이스라엘과 스페인의 연구자 들은 (심지어 단세포 생물인) 아메바도 기억력이 있다는 사실을 발견했다.[2] 그들의 연구 결과는 20세기에 수행된 고전적인 연구들의 결과를 뒷받침하는 증거다.[3]

아메바에게도 기억력이 있으니, 뇌라는 축복을 받은 생물이라면 당연히 기억 능력을 갖고 있다. 우리의 감각 기관(시각, 청각, 미각, 후각, 촉각)은 환경에서 받은 자극을 뇌의 기억 신경망에 메시지 형태로 전송한다. 어류의 경우, 이 신경망은 피질하부에서만 발견되며 기억은 무의식적으로만 이뤄진다. 반면, 인간의 기억 신경망은 피질하부와 피질 둘 다에서 발견되며 기억 또한 무의식 기억과 의식 기억으로 나뉜다.

직관은
기억의 결과다

의식 기억의 장점을 이해하고 의식 기억을 개선하는 방법을 제대로 이해하려면, 먼저 우리가 의식하지 못하는 상태에서 피질 하부 신경 시스템에 도달하는 메시지(무의식 기억으로 처리하는 메시지)를 다뤄야 한다. 이런 메시지는 우리의 의식 레이더망에서 살며시 빠져나가 무의식 기억을 만들어낸다. 무의식 기억은 필요할 때마다 인출되어 행동을 유발하는 충동 형태로 나타난다.

무의식 기억이 어떻게 충동을 일으키는지 설명하기 위해 내가 친척 집을 방문했던 경험을 얘기해보겠다. 친척 집에는 멋진 물고기로 가득한 수조가 있었다. 내가 수조에 다가가도 물고기는 내 존재를 완전히 무시한 채 계속 앞뒤로만 헤엄쳤다. 하지만 매일 아침 먹이를 주는 친척이 오자 완전히 다른 반응을 보였다. 재빨리 친척 쪽으로 헤엄쳐와서 무언가를 기대하며 입을 쩍 벌렸다. 친척의 접근으로 물고기들이 공유하던 무의식 기억이 활성화된 것이다. 물고기의 눈을 통해 수신되어 처리된 친척의 이미지 자극은 피질하부 기억 신경망에 어떤 메시지를 전달했다. 그 메시지는 뇌에 익숙했고 친척에게 다가오는 행동적 충동을 유발했다. 바로 그곳에 먹이가 떨어진다는 걸 알고 있었던 것이다. 물고기에게는 '먹이를 받는 사건'을 분석할 수 있는 피질이 없으므로 이 모든 일은 무의식적으로 일어난다. 그들은 그저 충동을 따랐을 뿐이다.

직관인가, 직감인가?

인간에게는 직관intuition이라고 여겨지는 무의식 기억 신경망이 있다. 직관은 단순히 쾌락pleasure을 추구하거나 위협에 대응하기 위한 행동을 부추기는 직감gut feeling과는 다르다. 직관은 우리가 새로운 정보를 학습해 저장해둔 기억에서 비롯되는 충동이며, 그 기억은 우리가 의식하지 못하는 사이에 뇌의 깊은 영역에 자리를 잡는다. 무의식적 뇌 활동을 연구하는 대표적인 과학자로 데이비드 이글먼David Eagleman이 있다. 그의 멋진 책《무의식은 어떻게 나를 설계하는가》가 시사하는 바에 따르면, 직관은 규칙과 삶의 경험으로 좌우된다.[4] 내 경험에 바탕을 둔 다음 사례를 살펴보면 직관이 무엇인지 이해하는 데 도움이 될 것이다.

나는 펜으로만 글을 써와서 키보드로 자판을 치는 게 쉽지 않았다. 하지만 일을 하려면 반드시 익숙해져야만 했다. 처음에는 키보드의 글자를 확인하고 자판을 눌러야 했으므로 써야 할 내용을 생각하는 동시에 자판을 칠 수가 없었다. 여전히 독수리 타법이긴 하지만, 15년쯤 지난 지금은 확인하지 않고도 빠르게 자판을 친다. 그러나 당신이 나에게 키보드 글자가 어떤 순서로 배열되어 있는지 물어본다면 나는 아무런 대답도 하지 못한다.

왜 그런 것일까? 자판을 치는 방식이 직관적 기억에 의존하는 행동이기 때문이다. 키보드를 반복 사용한 결과, 내 피질하부의 특정 영역은 각 글자의 위치를 정확하게 알게 됐다. 특정 글자를 누르려 할 때 나의 뇌는 기억 영역과 손가락을 움직이는 영역(뇌의 운동 영역) 사이에 형성된 연결을 사용한다. 그리고 관련된 근육을 조작해 적절한 손가락을 자판 위로 움직인다.

나는 방금 키보드 자판 누르기가 직관적 행동이라고 말했다. 이 행동이 이글먼이 제시한 두 가지 조건에 부합하는지 확인해보자. 두 가지 조건은 바로 규칙과 삶의 경험이다. 자판 누르기에는 규칙이 존재한다. 키보드에서 모든 글자의 위치는 정해져 있다. 만약 키보드마다 글자 배열이 다르면 우리는 기존 키보드 외에는 아무것도 쓰지 못할 것이다.

삶의 경험은 어떨까? 자판의 위치가 고정되어 있긴 하지만 나는 매번 올바른 직관을 적용해 맞는 글자를 누르기까지 오랜 시간이 걸렸다. 따라서 이 조건도 부합한다.

무의식 기억에서 비롯되는 직관과 달리 직감은 오직 추측에 기반한다. 직감은 앞면인지 뒷면인지 정확하게 맞힐 가능성이 반반인 동전 던지기와 같다. 이제 직관과 직감을 구분하는 데 필요한 기준이 생겼으니 다음 상황을 들여다보자.

서른다섯 살 제이든이 어머니의 집을 찾았다. 문이 열리고 어머니가 그를 흘끗 보더니 묻는다.

"무슨 일 있니?"

제이든은 서둘러 어머니를 안심시킨다.

"아뇨, 아무 일도 없어요."

하지만 어머니는 완강하다.

"난 너한테 무슨 일이 생기면 바로 알 수 있어. 얘기해보렴."

우리가 제이든의 어머니에게 왜 무슨 일이 있다고 생각했는지 묻는다면, 아마 이런 대답이 돌아올 것이다.

"잘 모르겠네요. 그런 직감이 들었어요……."

제이든의 어머니는 정말 직감으로만 판단을 한 걸까? 질문에 답하려면 역시 이글먼의 두 가지 조건이 모두 충족되는지 확인해야 한다. "아뇨, 아무 일도 없어요"라는 제이든의 말은 기분을 솔직하게 표현한 것일 수도 있고 아닐 수도 있다. 우리는 말만 할 때보다 억양, 표정, 몸짓을 더할 때 생각이 더 명확히 전달된다는 사실을 알고 있다. 이런 변수들은 일반적으로 한 상황에서 다른 상황으로 이어지는 나름의 흐름과 고유한 규칙을 갖는다. 우리는 제각기 다른 신체 언어로 미묘한 신호를 전달하고, 이를 통해 감정적인 상황에서 거짓말을 하는지 혹은 괴로워하고 있는지를 드러낸다.

제이든의 어머니는 아들을 35년 동안 지켜봤고 아들의 신체 언어를 알아보는 법을 터득했다. 그는 아들이 거짓말을 할 때 눈썹을 찡그린다는 사실을 알고 있었다. 이 메시지는 수년에 걸쳐 수신되어 그의 뇌 속 무의식 기억 영역에 자리 잡았다. 따라서 어머니의 눈이 아들의 찡그린 눈썹을 확인하는 순간, 삶의 경험에 기반한 충동이 그에게 무언가 잘못됐다는 사실을 알려준 것이다. 설령 아들의 말과 반대되는 신호일지라도 말이다. 결론적으로 이것은 직감이 아니라 직관이다.

예시를 하나 더 보자. 한 회사의 주가가 갑자기 8퍼센트 하락했다. 안정적이고 평판 좋은 회사라는 걸 모두가 알고 있었으므로 뜬금없는 주가 하락은 비논리적으로 보이지만, 아무튼 주가가 회복되기 전에 싼값에 주식을 매수할 기회가 생겼다. 주식 매수 결정은 직관에 근거한 것일까, 아니면 직감일까? 우리는 삶의 경험을 통해 주가가 오르내린다는 사실을 알고 있지만, 이 문제에 규칙이 없다는 사실 또한 알고 있다. 결론을 말하자면 주식 매수는 직감의 결과다.

의식 기억의
두 가지 유형

이제 뇌의 1층인 피질하부보다 한 층 위에 있는 피질로 올라가 의식 기억을 만나보자.

피질에 도달하는 메시지는 의식 기억이 된다. 의식 기억에는 두 가지 유형이 있다. 첫 번째 유형은 이름과 장소, 읽은 책, 본 영화와 TV 프로그램, 방문한 극장과 전시회, 그리고 열쇠와 휴대폰, 안경과 기타 필수품을 어디에 뒀는지와 관련된 기억이다. 이와 같은 기억을 표현하려면 언어가 필요하며, 따라서 이를 **서술 기억**이라고 부른다.

의식 기억의 두 번째 유형은 우리가 보고, 듣고, 냄새를 맡는 것과 관련된 기억으로 역시 피질에서 작동한다. 이런 기억은 언어의 번역을 거치지 않기 때문에 **절차 기억**이라고 부른다.

서술 기억과 절차 기억의 차이를 명확하게 살펴보기 위해 한 가지 예시를 들어보겠다. 우리가 어떤 집을 보고 '여기에 집이 있네'라고 생각하면 이 정보는 서술 신경망에 기록된다. 하지만 집을 본 다음, 그것을 언어로 번역하지 않으면 정보는 서술 신경망과 비슷한 다른 신경망에 절차 기억으로 자리 잡는다. 우리가 음악과 냄새, 움직임을 언어로 규정하지 않을 때도 똑같은 일이 벌어진다. 두 기억의 공통점은 환경으로부터 오는 자극에 의식적으로 노출된 결과라는 점이다.

　서술 기억은 절차 기억의 동생이다. 서술 기억은 고작 7만여 년 전에 인류가 언어를 사용하면서부터 존재했는데, 바로 그때 인류는 피질 구조, 혀와 목의 해부학적 구조가 변화하면서 말을 하게 됐다. 그 전에는 수백만 년 동안 말하는 방법을 알지 못했고 의식 기억의 유형이라곤 오직 절차 기억밖에 없었다. 그들은 생명 유지를 위해 이곳저곳 떠돌아다니면서 물이 가까이 있는 장소, 사냥할 만한 동물의 위치, 잘 익은 과일과 그 밖의 먹을거리를 구할 수 있는 곳을 기억해야 했다. 따라서 당시에는 시각과 청각, 후각에 의존한 기억만으로도 충분히 생존이 가능했다. 물론 원시 인류는 사냥꾼이 되려면 창을 제대로 던질 수 있는 운동 기억도 필요했다. 이 모든 특성은 절차 기억 범주에 속한다.

　앞서 설명한 것처럼 뇌는 기억 자체를 중요하게 여기지 않는다. 그 대신 생존과 그에 뒤따르는 모든 과정을 중요시한다. 절차 기억은 동생인 서술 기억이 생겨나기 훨씬 전부터 모든 생존 문제를 해결하는 능력을 입증했다. 심지어 오늘날도 뇌는 말을 하지 못하는 절차 기억인 언니를 보살피고 선호한다.

　지금 나오는 짧은 이야기는 절차 기억의 작동 원리를 이해하는 데 도움이 될 것이다.

　여섯 살인 대니는 어머니에게 자전거 타는 법을 배운다. 한창 배우던 중에 공원에 루스가 나타난다. 루스 역시 자전거 타는 법을 배우고 있다. 두 아이는 함께 연습하며 즐거운 시간을 보낸다. 필요한 기술을 전부 익히고 미끄럼틀과 그네를 타며 함께 놀던 아이들은 헤어져서 각자의 길을 가게 된다.

세월이 흐르는 동안 대니는 자전거를 타지 않게 된다. 20년쯤 지나 태국으로 여행을 간 대니는 문득 자전거가 타고 싶어진다. 자전거를 탈 수 있을까 걱정하던 대니는 일단 빌리기로 결심한다. 조금 비틀거리긴 했으나 놀랍게도 마치 어제 자전거를 탄 것처럼 금세 익숙해진다.

원시 인류의 창 던지기 기술처럼, 자전거 타기는 절차 신경망에 저장된다. 이런 유형의 기억은 생존과 밀접한 관련이 있으므로 자전거 타는 법에 대한 기억은 잘 보존되어 심지어 20년이 지난 뒤에도 필요할 때마다 별다른 어려움 없이 인출된다. 하지만 대니에게 예전에 함께 자전거를 배운 아이의 이름을 묻는다면 떠올릴 수 있을지 매우 의심스럽다. 브레인 코드에 따르면, 서술 기억에 해당하는 이름을 보존하는 것은 대니의 생존에 필수적이지 않으므로 뇌는 그 기억에 에너지를 투자하지 않는다.

서술 기억을 회상하지 못하는 것은 자연스러운 현상이며 반드시 기억력 손상을 의미한다고 볼 수 없다. 이런 맥락에서 주목해야 할 점이 있다. 뇌는 서술 기억보다 절차 기억을 더 중요하게 여기기 때문에 알츠하이머병의 첫 번째 단계에서는 절차 기억이 손상되지 않는다. 따라서 알츠하이머병 환자는 식사를 해야 한다는 사실은 기억하지만, 식사를 대접하는 사람의 이름은 망각할 가능성이 높다.

기억력을 향상시키는 두 가지 접근법

일단 서술 기억에 대한 논의를 이어가자. 여기서는 사람들의 이름과 생일, 그리고 열쇠를 둔 장소와 같은 중요한 세부 사항을 더 잘 기억하기 위해 서술 기억을 향상시키는 방법을 살펴볼 것이다.

서술 기억의 형성과 사용은 세 단계에 걸쳐 이뤄진다.

1단계: 부호화 encoding

말로 표현되거나 그 밖의 방식으로 언어화되는 감각 메시지를 수신하고, 그것을 단기 기억으로 만드는 과정.

2단계: 저장 storage

수신한 메시지를 피질 신경망에 저장해 장기 기억으로 만드는 과정.

3단계: 인출 retrieval

저장한 메시지를 필요할 때 사용하는 과정.

처음 두 단계는 제대로 수행되면서도 가장 중요한 마지막 단계는 잘 수행되지 않을 때가 많다. 내가 최근 북부의 한 마을을 방문했다고 가정해보자. 당신은 내 경험에 관심을 보이며 마을의 이름을 묻고, 나는 마을 입구에 있던 표지판을 떠올린다. "어서 오세요. ……입니다." 하지만 마을의 이름은 어느새 기억 저편으로 사라졌다. 당신은 북부에 있는 마을들의 이름을 나열하며 내가 떠올릴 수 있도록 돕는다. 나는 거듭 아니라고 대답하다가 당신이 맞는 이름을 언급하는 순간 바로 거기라고 말한다.

왜 기억 인출에 어려움을 겪었던 걸까? 기억은 분명히 존재한다. 저장 단계를 성공적으로 거쳐 적절한 신경망에 보관된 상태다. 하지만 나는 그 기억을 인출하지 못했다. 그럼에도 기억 자체는 제대로 저장되어 있었으므로 당신이 맞는 이름을 언급하자마자 즉시 알 수 있었다. 이는 우리 모두가 가끔씩 경험하는 일회적 오작동이다. 만약 당신이 제시한 마을 중에 맞는 답이 있었는데도 내가 알아차리지 못했다면 그땐 걱정할 만했을 것이다.

서술 기억은 두 가지 수준, 즉 뇌의 하드웨어와 소프트웨어 수준에서 향상시킬 수 있다. 신경세포 간의 통신은 소프트웨어 영역에 속한다(이 내용은 이번 장 뒷부분에서 살펴볼 것이다). 우선 하드웨어에 대해 살펴보고 하드웨어 수준에서 서술 기억을 향상시키기 위해 적용할 수 있는 몇 가지 간단한 방법을 알아보자.

기억력을 높이는 하드웨어 관리

앞서 설명했듯이 우리 뇌는 상상도 못할 만큼 많은 신경세포로 연결된 거대하고도 복잡한 시스템이다. 신경세포는 단백질, 당, 지방, 비타민, 무기질 등 다양한 화학 물질을 바탕으로 체내에서 만들어진다. 모든 영양소를 꾸준히 공급하는 것은 뇌 하드웨어의 온전한 상태, 즉 좋은 기억력을 확보하는 핵심이다. 기억력 자체는 뛰어나지만 오메가-3가 부족한 사람은 기본적인 정보도 기억하지 못할 수 있다. 최신형 컴퓨터의 부품 하나가 부식된 것과 비슷하다. 소프트웨어는 최신일지라도 하드웨어에 결함이 있어 소프트웨어가 쓸모없어진 것이다. 따라서 (나이를 막론하고) 누군가가 나에게 와서 기억력 저하에 대한 불편을 호소한다면, 나는 알츠하이머병을 의심하는 대신 혈액 검사를 해보라고 말할 것이다.

적절한 식단은 분명히 중요하다. 가능하다면 모두에게 임상영양사와 상담 예약을 잡고 매일 무엇을 먹고 마시는지 알려주라고 권하고 싶다. 간단한 혈액 검사를 통해 나이와 체중 같은 인자에 맞게 신체와 뇌에 필요한 영양소를 공급하고 있는지 알 수 있다. 여러 연구에 따르면, 지금 우리 사회는 전반적으로 음식을 너무 많이 먹고, 특히 가공식품[5]과 설탕[6]을 과도하게 섭취한다.

한번은 강연이 끝난 후 자신을 첨단 기술 회사의 고위직 임원이라고 소개한 마흔 살 여성이 다가와 이렇게 물었던 적이 있다.

"최근에 기억력이 급격하게 떨어진 게 느껴져요. 원인이 뭘까요?"

대화를 나누며 식단 문제가 아니라는 확신이 들자 그에게 잠은 잘 자고 있냐고 물었다. 그의 답변은 그다지 놀랍지 않았다. "수면 장애가 심하긴 해요."

여러 연구에 따르면 양과 질, 두 측면을 충분히 만족시키는 수면을 취해야만 뇌 하드웨어를 유지할 수 있다.[7] 적당한 영양 섭취와 숙면은 기억력을 향상시키는 중요한 요소지만, 그 자체만으로는 충분하지 않다.

감정 또한 똑같이 중요한 역할을 한다. 이에 대한 설명은 화학 물질에서 시작된다. 우리 몸에서 생성되는 호르몬 중 하나인 코르티솔은 여러 중요한 일을 한다. 코르티솔은 혈압과 면역계를 조절하는데, 스트레스와 정신적 외상 및 고통을 겪으면 코르티솔 수치가 증가한다. 더 나아가 체내 코르티솔 수치가 높으면 시간이 지나면서 기억 신경망을 비롯한 다양한 뇌 영역이 손상된다.[8]

이런 발견을 무시하면서 "우리가 할 수 있는 일은 없어. 긴장과 스트레스는 바쁘게 돌아가는 현대 사회에서 불가피하니까"라고 말하기 쉽다. 이는 일정 부분 진실이지만, 기억력을 유지하려면 앞의 내용을 염두에 두고 최대한 스트레스를 줄여야 한다. 만일 혼자서 스트레스를 해결하기 힘들다면 심리 치료사나 상담사에게 도움을 구하는 것도 방법이다.

지금까지 기억력에 영향을 주는 세 가지 요소로 영양, 수면, 감정에 대해 살펴봤다. 여기에 네 번째 요소를 더해야 한다. 이는 전적으로 우리 손에 달린 요소인 신체 활동이다. 마라톤 풀코스를 준비하는 사람처럼 고된 훈련을 할 필요는 없다. 훨씬 적은 양의 운동으로도 충분하다. 많은 연구에 따르면, 일주일에 너덧 번 30분쯤 걷기만 해도 기억력이 유의미하게 향상했다.[9] 과학적으로 분명하게 입증된 설명 방식은 아직 없지만, 이를 그럴듯하게 해설할 방법은 있다.

수렵과 채집을 하며 살았던 원시 인류는 먹을 것을 찾기 위해 먼 거리를 이동해야 했다. 얼마나 멀리 이동했는지에 대한 추정치는 연구자마다 다르다. 한 연구진이 원시 인류의 골격을 조사한 결과, 하루에 평균적으로 8~10킬로미터를 이동했다고 한다.[10] 현대의 수렵·채집하는 이들을 추적한 연구자들은 정반대의 수치를 주장한다. 이 연구자들은 그들이 음식을 찾기 위해 하루에 약 29킬로미터를 걷는다고 보고하며 원시 인류도 비슷한 거리를 걸었으리라 추정한다.[11]

9킬로미터든 29킬로미터든 원시 인류가 많이 걸었다는 사실은 의심할 여지가 없다. 그들은 음식을 찾기 위해 한 쉼터에서 다음 쉼터로 멀고 넓은 범위를 이동했을 것이다. 생존하기 위해서는 주변 환경을 잘 기억해야 했다. 물을 구할 만한 장소, 사냥터, 과일 덤불과 나무, 그 밖의 먹을거리가 모여 있는 지역 같은 곳들 말이다. 뇌가 하나의 거대한 신경망이라는 사실을 고려하면, 이로 인해 걷기 운동과 기억 사이에 직접적인 연결이 형성됐고 후대 인류에게서 그 연결이 더욱 강해졌다고 가정하는 것이 합리적이다.

요컨대 걷기는 기억의 질에 긍정적인 영향을 미친다. 물론 유전도 뇌와 기억에 큰 영향을 미치지만, DNA는 우리가 바꿀 수 없는 선천적 요소이므로 여기서 다루진 않겠다.

기억력을 높이는 소프트웨어 관리

하드웨어를 적절하게 유지하고 개선하는 것은 모든 일의 절반에 불과하다. 앞서 언급했듯이 뇌에는 소프트웨어적 요소도 포함되어 있으므로 뇌를 최대한 바람직하게 활용하려면 이 부분도 관리해야 한다. 이제부터 그 방법을 살펴볼 것이다.

앞에서 설명한 것처럼 기억 자체는 뇌의 관심사가 아니다.

기억은 오직 생존을 촉진하고 보장하는 데 도움이 될 때만 뇌의 흥미를 끈다. 따라서 우리가 보존하길 원하는 메시지가 생존에 필수적이라고 뇌를 설득한다면 그 메시지를 부호화하고 저장해 필요할 때마다 인출할 수 있게 된다. 이 과정은 메시지가 뇌 내부의 자체적인 언어(내부의 알고리듬) 형태로 전달될 때만 최적의 방식으로 이뤄진다. 그리고 이 언어는 다섯 가지 요소(동기, 집중, 감정, 감각, 다양한 감각의 결합)에 의존한다.

동기

동기motivation는 우리가 어떤 일을 해야 할 이유와 의도가 있을 때 활성화된다. 해부학의 관점에서 말하자면, 동기는 피질의 이마 부분인 전전두엽피질prefrontal cortex과 피질하부의 신경망에서 발생한다. 우리가 무언가를 기억하려는 동기(예를 들어, 집에서 나갈 때 문을 잠가야 한다는 것)가 생기면 메시지가 해당 신경망에 도착하고 뇌는 내부 알고리듬에 따라 메시지를 시행한다. 문을 잠그는 것이 생존과 관련 있다고 간주하기 때문이다.

무언가를 기억해야 할 때는 동기를 활용해 뇌를 속이면 도움이 된다. 예를 들어, 누군가가 당신에게 자신을 소개할 때 그 사람의 이름을 기억하는 것이 왜 중요한지 자문해보자. 이렇게 묻는 것만으로도 (답이 무엇이든 상관없이) 동기 신경망이 활성화된다. 이유는 단순하다. 이와 같은 반응을 유발하면 뇌는 그 정보가 생존에 중요하다는 메시지를 받기 때문이다.

동기를 자극하는 방법이 또 있는데, 뇌 연구에서 도출된 결론은 아니다. 이 면에서는 마케팅 분야 종사자들이 뇌 연구자들보다 훨씬 앞서 있었다. 이메일의 받은 편지함이나 우편함에 떼지어 몰려드는 홍보물을 보면 "최신! 중요! 세일!" 같은 제목이 눈에 띈다. 목표는 전부 같다. 동기 신경망의 활성화다. 이메일이나 전단지를 보면 생존 확률에 대한 메시지를 간접적으로 전달 중임을 알 수 있다. 요컨대 무언가가 새롭거나 중요하다고 생각되면 우리 눈에 더 잘 띄고 따라서 기억할 확률이 크게 올라간다.

집중

집중concentration은 중요한 사실에 주의를 기울이는 것이다. 집중에 대응하는 신경망은 동기와 마찬가지로 전전두엽피질에 위치하며, 메시지를 받아서 자극이 되면 기억하는 데 도움이 된다.

어떤 메시지에 주의를 기울일 때, 우리의 정신은 자체 언어를 바탕으로 그 메시지가 생존과 관련이 있다는 사실을 이해하고 최선의 방식으로 기억하게 된다. 이를 명확히 설명하기 위해 문 잠그기를 떠올려보자.

당신은 퇴근하고 집에 돌아와서 문을 잠갔다. 그런데 잘 준비를 하다가 문득 문을 잠갔는지 의문이 들었다. 왜일까?

그 이유는 문을 잠그는 동안 의식적으로 주의를 기울이지 않았기 때문이다. 집중은 단순한 자각과는 다르다. 집중은 뇌의 특정 영역과 관련이 있으며, 기억을 보존하려면 이 영역이 활성화돼야 한다. 따라서 집중은 기억력을 향상시키는 효과적인 기법 중 하나다. 그러면 어떻게 해야 집중을 활용해 더 잘 기억할 수 있을까? 방법은 간단하다. 문을 잠글 때 혼잣말로 "문을 잠갔다"고 말하는 것이다. 혼잣말로 되뇌는 것 자체가 중요한 건 아니다. 언어를 사용해 주의를 기울이는 자각 과정을 통해 집중이 활성화되면, 나중에 기억을 인출할 때 문을 잠갔다는 사실을 떠올리는 데 도움을 받을 수 있다.

감정을 자극하는 상상

감정을 불러일으키는 상상을 활성화해야 할 때마다 나는 강렬한 감정을 유발하는 상황을 떠올린다. 그렇게 하면 특정한 외부 자극이 생존에 매우 중요하다는 메시지를 자체 알고리듬을 통해 뇌에 전달할 수 있다.

이번에 살펴볼 예시도 문과 관련이 있다. 다만 이번에는 자동차 문이다. 나는 자동차 문을 잠근 다음 몇 초간 눈을 감고 상상한다. 차 안에 앉아 있는데 무장한 강도가 다가온다. 강도가 난폭하게 문을 열려고 하지만 문을 잠가놔서 안전하다. 이런 이미지는 생명의 위협을 느끼게 하고, 그 느낌을 잠긴 문과 연결한다. 따라서 나는 자동차 문을 잠갔는지 의문이 들 때마다 임무에 실패한 강도를 떠올리며 문을 잠갔다는 사실을 확인한다.

이 사례는 감정을 불러일으키는 상상을 기억과 결합하면 기억력을 강화할 수 있음을 알려준다. 하지만 그게 전부가 아니다. 우리의 이야기에는 속편이 있다. 이번에는 다음 날 차 문을 잠갔는지 기억하려 한다고 해보자. 똑같이 무장한 강도를 떠올려도 효과는 덜할 것이다. 그 강도는 어제의 상상이기에 더는 생명의 위협이 되지 않기 때문이다. 우리는 이 문제도 해결할 수 있다.

다음 날 차 문을 잠그면서 친절한 요정 무리가 청소를 하기 위해 차 안으로 들어오려고 애쓰는 모습을 떠올려보자. 이는 첫 번째 상황과 완전히 다른 감정을 만들어내지만, 기억에는 똑같이 효과적이다. 이제 나는 "내가 차 문을 잠갔나?" 하는 생각이 들 때마다 요정들의 웃는 얼굴을 떠올리며 차 문을 확실히 잠갔다는 사실을 기억하게 된다.

언뜻 생각하면 이상하게 느껴질 수 있다. 사랑스러운 요정들은 생존에 위협이 되지 않으며, 오히려 그들을 생각하면 미소가 지어진다. 하지만 바로 이것이 핵심이다. 뇌의 관점에서 상상 속 요정들과의 만남은 강한 감정을 불러일으킨다. 다만 이번에는 긍정적인 감정이다. 요정들과의 만남은 생존을 누리고 있음을, 상황이 좋다는 사실을 의미한다. 뇌는 즐거운 순간을 포착하고 이와 유사한 순간을 만들 방법을 찾아내 생존 가능성을 높이길 원한다. 긍정적이든 부정적이든 감정을 기억과 결합하면 생존과 연관된 동기가 유발되어 기억력이 향상된다.

다양한 감각 결합

다양한 감각을 활성화해 메시지를 내면화하면 서술 기억 신경망의 여러 장소에 메시지가 수신되어 확실하게 새겨진다. 이것을 어떻게 일상에서 적용할 수 있는지 예를 들어보자.

한 남자가 이름을 말하면서 자신을 소개한다(남자의 이름을 오런이라고 하자). 그의 이름은 청각 통로를 통해 우리의 뇌 기억 신경망에 도달한다. 우리가 그와 악수를 하며 손에 닿는 느낌에 집중하면 그의 이름은 감각 통로를 통해서도 전달된다. 예시를 더욱 분명하게 이해하기 위해 좀 더 나아가자. 우리는 여기서 만족하지 않고 오런의 이름을 확실히 기억하기 위해 후각을 활성화할 수도 있다. 오런과의 만남이 이뤄지는 동안 다른 경로들로 전달되는 정보와 함께 후각에도 집중하는 것이다. 운이 좋다면 오런이 좋은 향수를 뿌렸을 수도 있고, 그에게서 나는 특유의 향을 자연스럽게 맡을 수도 있다. 뇌는 코가 맡은 냄새가 좋든 나쁘든 상관없이 오직 메시지에만 관심을 기울인다. 서술 기억 신경망이 청각, 촉각, 후각 등 다양한 경로에서 메시지 폭격을 받으므로, 뇌는 브레인 코드를 통해 오런이 매우 중요한 개념임을 이해하고 그의 이름을 기억 속에 확실히 새기게 된다.

신경과학자 크리스 프리스 Chris Frith 는 여기서 더 나아갔다.

그는 《인문학에게 뇌과학을 말하다》[12]에서 주머니에 신맛 나는 사탕을 몇 개 넣어두는 습관을 들였다고 말한다. 새로운 사람을 만나면 사탕을 먹으면서 이름을 조용히 중얼거린다는 것이다. 이렇게 프리스는 메시지를 듣는 청각을 미각과 결합해 이름에 대한 기억을 강화했다.

다양한 감각을 함께 사용해 기억력을 향상시키는 것 말고도 경로 결합을 활용하는 방법이 하나 더 있다. 새로운 것을 기존의 것과 연결하는 방법 또한 효과적이다. 이 개념을 이해하기 위해 오런과 만나는 상황을 다시 살펴보자. 그의 이름을 들었을 때 내 머릿속에는 같은 이름을 가진 사람이 떠올랐다. 내 조카 중 한 명인데, 그의 이름도 오런이다. 오런이라는 이름은 나의 신상과 관련되어 생존을 촉진하는 기억이므로 서술 기억 신경망에 이미 깊이 새겨져 있었다. 따라서 내 뇌는 똑같은 이름을 가진 새로운 사람에게 큰 가치를 부여하고 나중에 필요할 때 그의 이름을 쉽게 인출하게 된다.

뇌는 미래만 생각한다

지금까지 살펴봤듯이, 기억은 뇌가 감각 및 언어 자극을 특정 사건에 대한 메시지로 처리해 여러 신경망에 등록한 결과다. 하지만 이 과정을 거치지 않는 기억도 있다. 바로 거짓 기억^{false} ^{memory}이다. 이름에서 알 수 있듯이 거짓 기억은 실제로 일어나지 않은 사건에 대한 기억이며, 일반적인 방식으로는 형성되지 않는다. 예를 들어, 내가 몇 주 전에 경기장에 직접 가서 농구를 봤다고 확신하지만 사실 간 적이 없다고 해보자. 거짓말 탐지기를 사용해도 나는 진실을 말했다고 나올 것이다. 그러나 누군가가 경기를 녹화한 영상을 확인한다면 내가 관중석에 없었다는 사실이 분명해질 것이다.

20세기 말까지 뇌 연구자들 사이에서 널리 받아들여진 의견에 따르면 거짓 기억은 뇌가 잘못 작동한 결과였다. 하지만 심리학자 엘리자베스 로프터스$^{Elizabeth\ Loftus}$가 수행한 흥미로운 실험은 그 설명이 유효하지 않음을 증명했다.[13]

로프터스는 학생들과 학부모들을 초대해 짧은 인터뷰를 진행했다. 그는 자녀에 대해서는 전혀 언급하지 않고 학부모들과 몇 분간 일상적인 얘기만 나눴다. 그런 다음 학생들을 각 방으로 데리고 가면서 이렇게 말했다.

"학생의 부모님과 흥미로운 대화를 나눴어요. 주로 학생 얘기를 했죠. 특히 다섯 살 때 일어났던 일을 말씀하시더라고요. 쇼핑몰에서 갑자기 길을 잃었다고 하시던데……."

그리고 걸음을 멈춰 학생을 돌아보며 다시 말했다.

"그때 정확히 무슨 일이 일어난 건지 말해줄 수 있을까요?"

로프터스가 말한 사건은 거짓이었다. 하지만 학생 대다수(90퍼센트 이상)는 한 치의 망설임도 없이 쇼핑몰에서 길을 잃었던 상황을 자세하게 묘사했다. 거짓말 탐지기 결과도 진실이라고 나왔다. 이를 통해 완벽하게 정상인 뇌도 거짓 기억을 만들어낼 수 있다는 결론이 도출됐다.

로프터스의 실험은 신경과학자들이 이미 알고 있던 사실, 즉 뇌는 과거에 관심이 없고 오직 미래에만 주의를 기울인다는 것을 확인시켜줬다. 학생들의 뇌는 부모님이 기억하는 이야기라면 틀림없이 중요한 정보라고 생각했을 것이다. 그런 다음 집중과 감정을 통해 이야기에 중요성을 부여한 후 거짓 기억을 기억 신경망의 일부로 받아들였다. 더 나아가 학생들의 뇌는 그 이야기를 개인사의 중요한 사건으로 여겼을 것이다. 이처럼 생존에 도움이 될 만한 정보는 기억 속에 저장되어 실제처럼 보인다.

표준적인 정신(일반적으로 사회 표준에 부합하는 정신)은 어떤 정보가 자신의 생존에 도움이 된다고 믿을 때마다 이런 방식으로 작동한다. '개인사'의 한 부분도 이 범주에 속한다. 내가 동료 연구자들과 와이즈만 연구소에서 수행한 실험에 따르면, 실제 기억과 거짓 기억은 뇌 기능 측면에서 차이가 없다는 점이 분명하

게 밝혀졌다.[14]

망각은 생존율을 높인다

우리는 놀라운 기억력을 가진 사람들을 보면 부러워한다. 걸어다니는 백과사전처럼 이름과 날짜 같은 정보를 쉽게 회상하는 능력에 감탄한다. 하지만 이런 사람들은 그 비범한 능력이 일상에 방해가 될 때가 많으므로 마냥 놀라워할 수만은 없다.

왜 그럴까? 바로 뇌 기능을 둘러싼 모든 것의 핵심이 '균형'에 있기 때문이다. 기억 신경망을 효과적으로 관리하려면, 뇌가 방대한 장기 기억 저장소에서 잡음과 필요한 신호를 구분하고 그 순간의 생존과 관련된 기억만 자각하도록 해야 한다. 지나치게 많은 기억은 뇌 활동에 부하를 일으켜 일상생활을 어렵게 만든다.

어떤 면에서 어렵다는 것인지 바로 이해되지 않을 수 있으니 다음 사례를 보자.

기억 과부하가 있는 남자가 한 여자와 첫 데이트를 한다. 남자는 마침내 자신이 찾던 짝을 발견했다고 굳게 믿지만, 뛰어난 기억력이 방해가 된다. 안 좋게 끝났던 지난 연애가 떠오르면서 감정이 흔들린 것이다. 정말로 맛있는 식사를 하려고 자리에 앉았을 때조차 수년 전에 먹었던 불쾌한 음식의 기억이 떠올라 즐길 수가 없다. 그렇게 첫 데이트는 마지막 데이트가 된다.

저장된 기억이 지나치게 많으면 뇌는 주된 임무인 생존 돕기를 수행하기 어려워진다. 그런 이유로 우리 뇌는 바람직한 망각에 많은 에너지를 투자한다. 여기서 중요한 것은 '적절한 균형'이다. 과도한 망각은 과도한 기억만큼이나 문제가 된다. 둘 다 생존 능력에 방해되기 때문이다.

진짜 망각과 가짜 망각

바람직한 망각은 여과filtering를 통해 이뤄진다. 기억의 첫 번째 선별은 부호화 단계가 시작되기도 전에 발생한다. 집중은 부호화에 적절하고 가치 있는 것이 무엇인지를 규정하는 매개자 역할을 한다. 메시지를 의식은 하지만 주의를 기울이지 않는다면 메시지는 부호화되지 않고 사라진다. 메시지가 부호화 단계를 통과해도 기억 신경망에 자리 잡는다고 단언할 수는 없다. 두 번째 여과 단계는 매일 밤 우리가 잠든 동안에 이뤄진다. 뇌는 기억 신경망에서 생존에 불필요하다고 간주되는 세부 정보를 선별해

삭제한다. 바람직한 망각은 경우에 따라 일시적으로, 더 정확하게 말하자면 가짜로 이뤄진다. 다음 사례를 살펴보자.

재키는 25년 전 대학생일 때 통계학 강의를 들었다. 대학을 졸업한 후에는 수년 동안 영어 교사로 일했다.

하루는 딸 케이트가 그에게 통계학 숙제를 도와달라고 부탁한다. 과거에 통계학 공부를 한 적이 있다는 엄마의 말을 기억한 것이다.

재키가 말한다.

"백만 년도 더 된 일이야. 이제는 아무것도 기억 안 나."

재키는 솔직하게 말한 것이었지만, 케이트가 집요하게 부탁하자 결국 도와주기로 한다. 며칠 동안 통계학 교과서를 살펴본 재키는 통계학 지식이 다시 떠오르는 것 같다고 말한다.

이 예시는 가짜 망각을 분명하게 보여준다. 재키가 학생 시절에 배운 통계학 지식은 신경망의 적절한 부분에 장기 기억으로 부호화돼 저장됐다. 모든 장기 기억과 마찬가지로 재키의 신경망에는 해당 기억을 되살리는 데 필요한 '조리법'이 포함되어 있다. 이는 케이크와 케이크 조리법을 함께 받은 것과 비슷하다. 기억 조리법은 평생 보존되며, 발아 전의 씨앗처럼 필요할 때까지 보존하는 데 많은 에너지가 들지 않는다. 혈류를 타고 이동하는 산소, 비타민, 단백질이 꾸준히 공급되면 뇌 속에서 기억이 유지된다. 재키는 오랫동안 그 기억이 필요하지 않았고, 현재의 생존을 위해서도 필요하지 않았다. 따라서 통계학에 대한 기억을 완전히 '배양'하는 것은 에너지 낭비다. 그 대신 에너지는 생존을 위해 지속적으로 필요한 다른 기억을 유지하는 데 쓰였다. 뇌는 통계학에 대한 기억을 조리법이나 휴면 종자 같은 상태로 보관했다. 조리법과 씨앗은 여전히 존재하지만 기억 자체는 존재하지 않았다. 나중에 그 기억이 필요한 날이 오면, 뇌는 조리법과 씨앗이 있는 곳으로 돌아가 기억을 구워내고 씨앗을 발아시킨다.

가짜 망각 사례는 또 있다. 예닐곱 살에 외국으로 이주한 사람이 더 이상 모국어를 사용하지 못하는 경우다. 정말로 모국어를 사용하지 못하냐고 물으면 그들은 완전히 잊었다고 말하지만 실상은 반대일 때가 많다. 대다수의 경우, 모국을 방문하면 기적 같은 일이 벌어진다. 며칠만 지나도 사람들이 하는 말을 이해하고 머지않아 현지인들과 대화를 나누게 된다. 언어를 중심으로 일어나는 이 과정은 재키의 경험과 비슷하다. 재키 역시 모든 지식을 망각했다고 확신했다. 망각이라고 해서 반드시 기억이 지워지는 건 아니다. 뇌는 우리의 의식으로부터 기억을 일시적으로 숨길 때가 많다. 다음 사례가 이해에 도움이 될 것이다.

한 교사가 출근 준비를 하고 있는데, 그날따라 잠에서 깬 어린 아들의 몸 상태가 좋지 않다. 다행히 친구가 아들을 돌봐주기로 한다.

학교로 가는 동안 교사는 집에 두고 온 아들이 신경 쓰인다. 하지만 학생들 앞에 서서 수업에 열중하자마자 아들 생각은 마음속에서 사라진다.

종소리가 울리고 수업이 끝나 아이들이 집에 갈 때가 돼서야 교사는 아들을 떠올린다. 그리고 친구에게 서둘러 전화해 아들의 상태를 묻는다.

뇌는 생존을 촉진해 우리가 제대로 기능하게 한다는 목적으로만 존재한다는 사실을 기억하자. 교사가 아들의 상태를 잊은 것은 수업할 때 아들에 대한 일시적 망각이 생존에 도움이 됐기 때문이다.

나는 와이즈만 연구소에서 야딘 두다이와 아비 멘덜슨Avi Mendelsohn이 이끌고, 알렉산드르 솔로모노비치Alexander Solomonovich가 참여한 연구에 함께하는 특권을 누렸다. 이 연구 과정에서 뇌 앞쪽의 한 영역이 기억을 일시적으로 억제한다는 사실이 밝혀졌다. 연구 결과가 게재된 학술지의 편집자들은 그 작은 영역(몇 밀리미터에 불과했다)에 적절한 이름을 붙여줬다. '기억의 문지기memory's gatekeeper'라고 말이다.[15]

이번 장을 시작하면서 만난 남자를 기억하는가? 자신의 기억력 저하를 걱정하던 남자 말이다. 당신이 그를 잊었다고 해도 괜찮다. 이제 이해하겠지만, 뇌의 유일한 목적은 생존에 기여하는 것이다. 그런 관점에서 보면 알지도 못하는 사람을 기억하는 일은 당신에게 중요하지 않으므로 그를 망각하는 것은 바람직하다.

내가 언급한 은발 신사가 이 장을 읽고 있다면 기억력 검사는 도움이 되지 않으니 그만두는 게 좋다는 걸 납득하길 바란다. 독자들 또한 걱정하지 않아도 된다.

기억력을 향상시키는 또 다른 두 가지 방법

첫 번째, 직관 발달시키기

직관을 사용하는 다양한 기술 적용 방법을 배우면 피질하부의 기억과 학습 효과를 높일 수 있다. 길 찾기, 주차하기, 믿어도 되는 사람인지 판단하기, 음악 외워서 연주하기 등은 모두 피질에서 최소한의 입력만 받고도 수행 가능한 기술이다. 그럼 어떻게 해야 직관을 향상시켜 이런 일을 효과적으로 할 수 있을까?

개선하고 싶은 기술에 대한 기존 규칙 파악하기

가령 집에서 피자 가게로 가는 길을 찾는다면 하나의 경로를 정해 연습한다. 주차할 때는 운전대를 돌리고 페달을 사용해 제어하는 자동차의 움직임에 주의를 기울인다. 믿어도 되는 사람인지 알아보려면 특정한 감정, 예를 들어 탐욕을 드러내는 표정의 특징을 알아내 파악하려 해본다. 음악을 듣고 외워서 연주하려면 특정 멜로디와 음표 및 코드 사이의 밀접한 관계를 아는 게 도움이 된다. 피질하부의 신경망은 이런 기술의 규칙에 내재한 패턴을 인식함으로써 의식적인 방식이 아닌 직관적인 방식으로 기술을 사용하도록 한다.

실전 경험 쌓기

기술을 수차례 반복해서 사용하고 수행하면서 성공과 실패에 대한 즉각적인 피드백을 받는 것이 좋다. 내비게이션을 이용하지 않고 피자 가게를 찾아 운전한다면, 설령 길을 잘못 들더라도 주변 지역을 탐색하는 직관적인 학습을 할 수 있다. 또한 그 과정에서 여러 번 멈춰 고민한다고 해도, 피질하부는 길 찾기 기술의 규칙을 더욱 명확하게 하고 성공과 실패를 반복하며 학습한 끝에 피자 가게를 찾게 될 것이다. 사람의 마음을 읽는 능력도 마찬가지다. 사람들의 표정을 더 많이 관찰하고 더 자주 교류할수록, 시각 정보를 활용해 믿어도 되는 사람을 성공적으로 식별하는 방법을 더 잘 이해하고 배울 수 있다. 음악을 듣고 연주할 때도 익숙한 곡을 악보를 보지 않으려 노력하면서 더 많이 연주할수록, 나중에는 악보 없이 직관적으로 곡을 더 잘 연주하게 된다.

우리는 뇌의 직관적인 능력을 얼마든지 향상시킬 수 있으며, 이런 학습은 삶의 경험을 통해 자연스럽게 이뤄진다. 뇌의 유연성, 즉 신경가소성(자극에 반응하는 방식을 변화시키는 뇌의 능력)이 우리에게 유리하게 작용하는 것이다.

두 번째, 의식 기억 개선하기

브레인 코드에 따르면, 뇌가 생존에 중요하다고 인식한 메시지는 덜 중요하다고 간주한 메시지보다 더 오래 기억된다. 우리가 기억하길 원하는 정보가 생존에 (즉각적으로나 장기적으로) 필요하다고 뇌를 설득하려면 중요성을 강조해야 하는데, 이를 위해서는 다양한 뇌 기능을 사용해야 한다. 여러 기능을 조합하면 그 메시지가 매우 중요하다는 신호를 뇌에 보낼 수 있기 때문이다.

시도해볼 만한 방법을 몇 가지 소개한다.

집중하기

몇 초 동안이라도 집중하면 자각을 강화해 기억하고자 하는 메시지에 몰두할 수 있다.

감정과 연결하기

메시지와 관련된 즐거움을 유발하자(세차 요정들을 기억하는가?).

다양한 감각 활용하기

둘 이상의 감각을 통해 메시지를 전달하면 기억 신경망에서 부호화하는 데 도움이 된다. 예를 들어, 선글라스를 내려놓기 전에 선글라스를 눈으로 보고, 만지고, 다시 한번 확인하면 나중에 "선글라스를 어디에 뒀지?"라고 묻는 상황을 피할 수 있다.

새로운 기억과 기존 기억 결합하기

이미 뇌 속에 확고하게 자리 잡은 기존 기억 중에서 새로운 메시지와 관련된 것을 찾아 결합하면 매우 효과적이다. 선글라스를 서랍에 넣는 경우, 평소에 열쇠를 보관하던 서랍이라는 사실을 되새기면 도움이 된다.

이제 기억력 향상으로 향하는 문이 열렸다. 3장에서는 감정의 작동 방식을 알아봄으로써 기억할 만한 가치가 있는 순간에 이름을 붙일 준비를 해보자.

03 뇌를 이해해 감정을 통제하는 방법

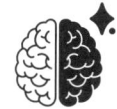

"나는 이성적인 사람이야."

이런 말은 우리에게 익숙하다. 자기 자신에 대해 이렇게 말해보지 않은 사람은 거의 없을 것이다. 대다수의 사람은 '논리적' 또는 '합리적'이라는 뜻의 라틴어 라티오날리스^{rationalis}에서 유래한 단어인 '이성^{rationality}'이 우리 삶을 지배한다고 확신한다. 실망시켜서 미안하지만, 뇌 연구에 따르면 그 가정은 잘못됐다. 과학 연구 결과들은 원시 인류와 마찬가지로 감정이 우리의 모든 것을 지배한다는 사실을 분명하게 보여준다.[1]

하지만 좋은 소식이 있다. 뇌는 유연하기 때문에 우리는 감정을 통제할 수 있고, 감정을 제멋대로 굴며 연기하는 배우가 아닌 감독의 제안에 귀 기울이는 배우로 바꿀 능력이 있다. 이 능력을 갖추기 위해서는 우선 감정에 대해 더 많이 알아야 한다.

감정은
경험을 만든다

감정은 두려움, 호기심, 좌절, 갈망, 낙관, 비관 등 일일이 언급하기 어려울 정도로 많은 경험을 만들어내는 뇌 기능이다. 각 유형의 경험은 뇌에서 독립적인 신경망으로 구성된다. 미세한 신경망으로 이뤄져 그물처럼 뒤얽힌 이 시스템은 인간의 고유한 특징이 아니라 뇌를 가진 모든 생명체에 수백만 년 동안 존재한 특징이다. 하지만 인간의 감정 범위는 특히 고도로 발달했다. 감사, 동정심, 이타심 같은 감정은 아직까지 인간에게만 있는 것으로 추측된다.

언어는 문화에서 중심적인 위치를 차지하지만, 감정에 비하면 그 역할은 부차적이다. 언어는 기껏해야 감정을 **묘사**할 뿐이다. 감정 경험은 감정과 관련된 뇌 신경망이 활성화되지 않으면 존재하지 않는다. 예를 들어, 정치인들은 조만간 치러질 선거 결과를 확신한다고 공언하면서도 속으로는 결과에 대한 두려움과 절망을 느낄 수 있다. 자신감 신경망이 활성화되지 않는다면 그들이 하는 말은 입 밖으로 꺼내는 진술일 뿐이지 감정은 아니다.

진화의
두 가지 핵심 감정

쾌락과 두려움은 모든 동물이 느끼는 기본 감정이다. 이는 진화 과정에서 오직 피질하부만을 갖게 된 어류와 파충류 같은 동물에게도 해당된다.

쾌락과 두려움은 수많은 종의 진화 과정에서 핵심 역할을 맡았다. 두 감정은 번식과 생존에 관련된 모든 필수 정보를 매 순간 뇌에 제공한다. 쾌락은 현재 상황이 좋다는 신호를 보내고 두려움은 생존과 번식 능력에 영향을 미칠 정도로 큰 어려움이 닥쳤다고 경고한다.

인간 뇌에서 쾌락과 두려움에 관련된 영역이 활성화되면 해당 정보가 신경망 구조로 흘러들어가 다양한 정신 및 신체 활동을 담당하는 부분을 자극한다.

첫 번째, 쾌락: 행복을 알려주는 신호

먹기와 짝짓기는 뇌의 쾌락 영역을 활성화한다. 욕구를 충족하려는 충동은 생존과 번식의 보장을 위해 형성됐다. 피질이 없는 뱀은 무언가를 먹어야 할지 말아야 할지 생각하는 능력이 없다. 그저 쾌락 때문에 먹이를 먹는다. 짝짓기도 마찬가지다. 뱀은 종의 운명을 이어가는 것에 대한 걱정으로 짝을 찾지 않는다.

쾌락으로 생긴 충동이 통제를 벗어날 때도 많다. 알코올 중독과 마약 중독이 그 사례다. 술을 마시거나 마약을 섭취하면 쾌락 영역이 활성화된다. 중독자의 뇌 신경망은 알코올과 마약이 위험하고 끔찍한 부작용을 초래한다는 사실을 알지 못한다. 신경망이 인식하는 것은 그 물질이 쾌락을 가져다준다는 것뿐이다. 생물체가 수많은 세대에 걸쳐 진화하는 과정에서 쾌락과 생존 사이에는 연결 고리가 형성됐다. 뇌는 쾌락 추구를 멈추지 말라는 메시지를 모든 중추에 전달한다. 이것이 바로 중독의 원인이다. 뇌는 쾌락을 반복해서 경험하도록 조직되어 있다. 그래서 사람들은 인간성을 잃는 지경에 이르러서도 술 한 잔이나 마약 한 알을 얻기 위해 어떤 짓이든 한다.

한번은 마약 금단 증상을 겪는 사람들과 이야기할 기회가 있었다. 그들은 마약을 얻기 위해 얼마나 어처구니없는 짓을 저질렀는지 말해줬다. 모든 재산을 처분하고, 부모님의 돈을 훔치고, 길모퉁이에서 구걸하고, 주거 침입까지 했다. 그중 한 명은 배관을 타고 건물 꼭대기 층으로 올라가 좁은 창문을 통해 남의 집에 침입해 귀중품을 훔친 이야기를 들려줬다. 허약해 보이는 그 남자가 나에게 말했다. "저를 좀 봐요. 제가 어떻게 그런 힘을 냈는지 모르겠어요."

그동안 중독을 더 잘 이해하고 효과적인 해독 방법을 찾기 위한 연구에 많은 자원이 투입됐다. 마약 중독 외에도 도박이라는 또 하나의 중독이 경제와 사회에 막대한 피해를 미치기 때문에 연구 자금이 지원되기도 했다. 2002년, 이스라엘에서는 한 은행 직원이 6,500만 달러를 횡령해 은행이 파산하는 사건이 발생했다.[2] 그는 법정에서 오빠의 막대한 도박 빚을 갚기 위해 돈을 횡령했다고 말했다.

도박 중독자들은 돈을 전부 잃을 위험이 있다는 걸 알고 있다. 하지만 돈을 거는 행위 자체에서 느껴지는 흥분과 금전적 보상의 가능성이 뇌의 쾌락 중추를 자극하고 행위를 계속하도록 이끈다. 도박 중독자의 행동은 복권을 사거나 휴일에 카지노를 방문해 여가를 즐기는 사람들과 완전히 다르다. 도박 중독자는 한 치의 망설임도 없이 무작정 더 많은 돈을 인출하고 판돈이 커질수록 더 큰 쾌락을 느낀다. 반면, 도박을 게임처럼 가볍게 즐기는 사람들의 동기는 약간의 돈을 버는 것이므로 과도한 위험을 감수하려 하지 않는다. 그들의 자제력은 도박을 하는 상황에서도 우세하게 작동하는 뇌의 이성적인 부분에서 비롯되는데, 도박 중독자의 뇌에는 이 과정이 빠져 있다.

우리는 11장에서 식습관을 다루면서 다시 이 문제로 돌아올 것이다. 지금 여기서 기억해야 할 핵심은 뇌가 쾌락에 매우 큰 중요성을 부여한다는 점이다. 그 이유는 쾌락이 인간종의 지속을 위한 생존과 번식을 보장하는 동기와 얽혀 있기 때문이다. 앞서 마약 중독과 도박 중독에서 다룬 쾌락의 문제적 특징도 함께 기억해두자.

두 번째, 두려움: 위협을 알려주는 신호

인간을 비롯해 뇌가 있는 모든 동물의 일상을 좌우하는 기본 감정이 하나 더 있다. 바로 두려움이다.

두려움이라는 감정과 그 중요성을 이해하려면 우선 우리 뇌 깊숙이 자리한 편도체amygdala의 구조를 알아야 한다. 편도체라는 이름은 아몬드를 뜻하는 그리스어에서 유래했으며 피질하부에 위치한 신경망이다. 외부에서 들어오는 모든 자극은 뇌에 전기 신호로 전달되는데, 두 가지 경로를 따라 이동한다. 첫 번째는 자극이 바로 편도체로 향하는 가장 빠른 경로다. 이곳에서 위협이 평가되고 그에 맞는 반응이 일어난다. 두 번째 경로는 자극이 피질로 이어지는 느린 경로다. 이곳에서는 메시지를 해석하는 인지 과정이 이뤄진다.

자극이 첫 번째 경로와 두 번째 경로를 거칠 때 무슨 일이 벌어지는지 마음속에 그려볼 수 있도록 나의 이웃 모세를 소개한다.

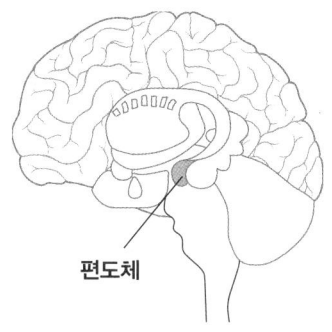
편도체

모셰는 작은 정원을 가꾼다. 그가 한창 잡초를 뽑고 있는데 어딘가에서 바스락거리는 소리가 들린다. 주위를 둘러보던 모셰는 덤불 아래에서 길고 검은 형체를 발견한다. 순간 그는 정원에 뱀이 있다고 인식한다. 심박수가 솟구치면서 도망칠 준비를 한다. 하지만 몇 초 후, 검은 형체가 관개용 파이프라는 걸 깨닫고는 긴장을 풀고 자신의 반응을 떠올리며 허탈한 웃음을 짓는다.

이 사례에서 발생한 일은 다음과 같다. 처음 찰나의 순간 가장 빠른 정보 전달 경로가 활성화되면서 편도체가 경보를 울렸고, 편도체와 연결된 모든 피질하부 영역에 경보가 울려퍼졌다. 여기서 모든 영역이란 운동·감각·인지 경로와 신체 기관 제어 경로를 말한다. 이 경로들은 자동적으로 모셰가 뱀에 맞서 방어 태세를 취하도록 했다. 그사이에 똑같은 정보가 좀 더 늦게 피질에 도달해 형체에 대한 정확한 식별이 이뤄졌으며 "진정해, 그냥 파이프야!"라는 새로운 메시지가 전달됐다.

위협을 인지한 뇌가 정보를 처리하는 방식을 보여주는 일화를 하나 더 살펴보자.

어느 날, 밤늦게 차를 몰고 집으로 가는 길이었다. 그런데 차에 둔 집 열쇠가 제자리에 없는 듯한 느낌이 들었다. 열쇠가 없으면 집에 들어갈 수 없었다. 내 몸은 상황에 맞게 반응했다. 편도체는 열쇠 분실을 위협으로 판단했고 나는 겁에 질렸다. 주차장에 도착하자마자 열쇠를 찾기 시작했는데 갑자기 안도감이 밀려왔다.

나는 혼자서 중얼거렸다.

"이상하군."

두려움을 가라앉힐 만한 일은 일어나지 않았고 여전히 열쇠를 찾는 중이었기 때문이다. 바로 그때 열쇠가 눈에 들어왔다.

왜 열쇠를 찾기 **전**에 안도감을 느낀 것인지 분석해보자. 내가 자각하기도 전에 시각 정보(열쇠)가 피질하부에 도달했고, 열쇠를 잃어버렸다는 판단하에 편도체가 울린 경보가 사그라들었기 때문이다. 인간 뇌의 편도체가 위협을 감지하는 능력의 기원은 유전적이며, 그 기능은 피질이 없는 동물에게서 일어나는 반응과 비슷하다. 특정한 자극(냄새, 강한 열, 심한 추위, 시끄러운 소리, 빠른 움직임 등)은 심지어 피질이 아직 완전히 발달하지 않은 아기의 뇌에서도 편도체를 활성화시킨다. 피질이 발달함에 따라 뇌는 폭발, 지나가는 자동차, 빠르게 움직이는 오토바이, 화상 같은 다른 기본적인 자극에 의미를 부여한다.

편도체가 활성화시키는 뇌 영역 중 하나는 시상하부^{hypothalamus}다. 시상하부는 피질하부에 위치한 복잡한 신경망으로, 편도체가 위협이 있다는 메시지를 전달할 때 활성화되는 중요한 부위다. 시상하부는 두 개의 가지로 이뤄져 있다. 하나는 위협에 직면했을 때 행동을 조절하는 '행동 가지^{behavioral branch}'로, 위협적인 상황에 적절하게 반응하도록 한다. 다른 하나는 호르몬 분비를 담당하는 '호르몬 가지^{hormonal branch}'로, 위험에 처했음을 신체에 알려 최악의 상황에 최적으로 대비하도록 한다.

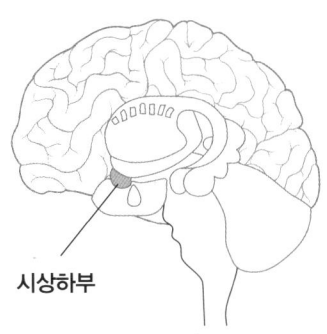

시상하부

세 가지 F 전략

행동 가지는 몸이 세 가지 방식 중 하나로 반응하도록 명령을 내린다. 이 반응들은 '세 가지 F 전략three F strategies'으로 불린다.

- 위협에 맞서 **투쟁**Fight하기.
- 위험으로부터 **도피**Flight하기.
- 그 자리에서 **경직**Freeze되기.

각 개인의 유전적 특성과 주변 환경에 따라 세 전략 중 하나가 우세를 점한다. 따라서 시상하부가 활성화될 때 어떤 사람은 맞서 싸우는 것을 선호하고, 어떤 사람은 도망가며, 또 어떤 사람은 얼어붙는다. 다른 동물들과 달리 더 발달된 인간 뇌는 어느 F 전략을 사용할지 결정하고, 각 전략을 어느 정도로 쓸지도 고려한다.

F 전략의 작동 방식을 이해하기 위해 두 사람의 행동을 살펴보자.

두 사람은 투쟁 전략이 필요한 상황에 처해 있다. 한 사람은 즉시 주먹을 휘두르고, 다른 사람은 비꼬는 말을 하는 것으로 만족한다. 둘 다 같은 전략을 동원하지만, 사용 강도는 다르다. 여기서 유전적 특성과 주변 환경이 전략을 선택하는 데 그치지 않고 강도 또한 결정한다는 점을 기억하는 것이 중요하다.

위협에 대한 반응 강도를 조절하려면 정신적 유연성이 필요하다. 때로는 위협에 대응하기 위해 매우 강력하게 반응해야 할 때도 있고, 적절한 말로도 충분할 때가 있다. 만일 누군가가 신체적 공격을 가한다면 투쟁 또는 도피하는 것이 현실적인 반응이다. 그러나 당신의 생계가 달린 직장에서 상사가 목소리를 높인다면 투쟁이나 도피 전략을 동원하는 대신 분노가 가라앉을 때까지 경직되어 있는 것이 더 나을 수 있다. 하지만 성격이 완고한 사람들은 위협 상황과 무관하게 동일한 전략을 고수하는 경우가 많다. 항상 높은 강도로 투쟁하거나, 언제나 도피하거나, 매번 경직된다. 감성 지능이 높은 사람일수록 상황에 맞는 전략이 무엇인지 정확하게 판단한다. 세 가지 전략 중에서 하나를 선택하는 일은 자동으로 이뤄지며 반응 강도 역시 마찬가지다. 예를 들어보자.

> 슈퍼마켓 계산대에서 일하는 직원이 앞에 서 있는 고객의 가방을 흘끗 본다. 고객은 혹시 직원이 자기가 뭔가를 훔쳤다고 의심하는 건가 생각하며 위협을 느낀다. 이때 고객에게 우세한 전략은 투쟁이다. 화가 난 고객은 직원에게 소리를 지른다.

만약 사건이 끝난 후 고객이 과민 반응했다고 느끼고 같은 상황에서 더 교양 있게 행동해야 했음을 깨닫는다면, 뇌의 유연성에 기반해 행동을 변화시킬 수 있다. 단순히 그렇게 생각만 한다고 해서 행동에 변화가 일어나는 것은 아니다. 반응을 절제해야 한다는 생각에 집중하고 동기가 강하게 유발되면 뇌는 그 생각이 중요하다는 점을 인식한다. 그제야 비로소 행동에 변화가 생긴다.

양날의 검, 코르티솔

세 가지 F 전략이 활성화되려면 호르몬이 더 많이 분비돼야 한다. 이 작업은 시상하부의 또 다른 가지인 호르몬 가지의 몫이다. 호르몬 가지는 분비샘gland에서 혈류로 방출되는 호르몬의 양을 조절한다.

시상하부가 편도체에서 받은 신호에 맞춰 조절하는 호르몬 중 하나는 코르티솔이다. 위협에 대응하기 위해 선택한 전략의 일환으로 신체 근육을 최적으로 가농하려면 코르티솔이라는 화학 물질이 필요하다. 하지만 문제가 있다. 코르티솔 수치가 계속 높게 유지되면 뇌와 그 밖의 신체 시스템이 손상된다. 위협이 과하거나 자주 발생하지만 않는다면 걱정할 필요가 없다. 그러나 위협적인 상황이 누적되고 제대로 관리되지 않으면 코르티솔은 친구에서 원수가 된다.

이런 상황(오랫동안 심각한 위협을 느끼는 상황)은 뇌에서 편도체와 시상하부를 활성화하는 메커니즘이 수백만 년 동안 변하지 않았기 때문에 발생한다. 우리는 원시 인류에게나 중요했던 활동 패턴을 똑같이 처리하는 뇌를 갖고 태어난다. 이 메커니즘은 오늘날 우리가 살아가는 환경과 생활 방식에 더는 적합하지 않다.

조상들의 활동 패턴이 어떻게 형성됐는지 살펴보기 위해 원시 인류 한 명과 함께 있다고 상상해보자.

식구의 먹을거리를 마련하고자 사바나 초원을 가로질러 사냥하던 도중, 원시 인류가 위험하게 다가오는 멧돼지를 발견한다. 눈을 통해 중요한 메시지를 받은 신경망은 그 메시지를 편도체로 전달하고, 그 결과 그는 위협에 대처하기 위해 망설임 없이 행동에 나선다. 최적의 도피 모드로 들어간 것이다. 근육이 힘차게 작동해 멧돼지를 피할 수 있도록 혈중 코르티솔 수치가 매우 높아진다. 다행히도 사냥꾼이 사냥감이 되는 일은 발생하지 않는다. 위험한 상황이 끝나자 편도체는 차분한 상태로 돌아간다. 코르티솔 수치 역시 평상시 상태로 내려간다. 위협이 짧게 지속됐으므로 코르티솔 수치가 상승했다고 해서 신체나 뇌가 손상을 입진 않는다.

이런 뇌의 작동 패턴은 인류가 존재한 초창기부터 지금까지 기본 값으로 유지되며 우리를 지켜줬다. 하지만 21세기에 대처해야 하는 위협은 성격이 전혀 다르다. 현대의 위협에 맞서기 위해 우리는 사냥꾼의 후손 중 한 명과 동행할 것이다. 그는 부지런히 일하는 프로그래머 루카다.

어느 날, 회의를 소집한 팀장은 직원들이 해고될 것이라는 소문을 들었다고 전한다. 팀장은 힘주어 말한다.

"언제가 될지는 모르겠습니다. 몇 명이 될지도 모르겠고요. 그래도 다들 이 가능성에 대비하도록 미리 얘기해주고 싶었습니다."

브레인 코드는 중간 상태를 인식하지 못하므로 루카는 그 소식을 상당히 심각한 실존 위협으로 받아들인다. 따라서 시상하부가 활성화되어 코르티솔을 비롯한 스트레스 호르몬들을 분비시킨다. 하지만 사냥꾼의 경우와 달리 코르티솔이 혈류에 유입되는 흐름은 짧게 끝나지 않는다. 위협은 금방 사라지지 않고 루카가 몸담은 직장의 불안정한 상태가 끝날 때까지 지속된다.

문제가 해결되어 일자리를 지켜도 항상 새로운 위협이 도사리고 있다. 제안서를 제출해야 하는 마감일이 다가올 수 있다. 아니면 출근길에 도로가 꽉 막힌 상황처럼 조금은 덜 심각한 경우도 있을 것이다.

오늘날의 환경을 먼 과거와 비교하면 현대의 생활 방식 및 문화가 위협과 생존에 대한 개념의 범위를 크게 확장했음을 알 수 있다. 삶에서 위협으로 인식하는 사건이 늘어나면서 많은 사람이 필요 이상의 코르티솔을 체내에 축적하고 있다. 혈액 속으로 유입되는 코르티솔은 신체에 치명적인 결과를 초래하는 시한폭탄과 같다. 심각하게는 심장 질환과 당뇨부터 뇌 기능 장애와 암까지 면역계의 붕괴로 인한 각종 질병이 발생할 수 있다. 이는 21세기의 인간이 겪어야만 하는 운명일까? 받아들이는 것 말고 다른 선택지가 없는 걸까?

두려움을 이기는 훈련법

좋은 소식이 있다. 우리는 유연한 뇌의 힘을 알게 됐고 이를 통해 상황을 변화시킬 수 있다는 것이다. 우리는 편도체가 적절한 중간 상태에서 기능하도록, 즉 감정 기능을 통제하도록 편도체를 훈련시킬 수 있다. 이 일이 어떻게 가능한지 알아보기 위해 프로그래머 루카에게 돌아가보자.

팀장의 발언은 문제를 일으켰지만, 루카의 생존에 즉각적인 위협을 가하지는 않는다. 해고는 먼 미래에나 닥칠 일처럼 보인다. 루카는 처음에는 큰 충격을 받겠지만 그렇게 끔찍한 상황은 아니라고 생각할 것이다(친구들도 그에게 똑같이 말했을 것이다). 실업이 확정된 것은 아니며, 설령 해고되더라도 프로그래밍 기술 덕분에 새로운 일자리를 꽤 빠르게 구할 수 있을 것이다. 어쩌면 급여도 더 나을지 모른다. 만약 새로운 직장을 찾는 데 시간이 걸린다면, 몇 달 동안 실업 수당을 받으며 케이크를 구울 시간도 있을 것이다. 참고로 제빵은 루카가 최근에 일이 너무 바빠서 즐기지 못한 취미다.

루카는 이런 생각을 반복해서 되새긴다. 그는 자신의 말을 진심으로 믿으려 하지만 말만으로는 뇌 활동에 변화를 일으킬 수 없다. 여전히 위협 모드인 편도체는 시상하부에 명령을 내려 부신adrenal gland이라는 분비샘이 코르티솔을 대량으로 분비하도록 한다. 그렇다면 편도체가 **실제** 위협 수준에 맞게 반응하도록 조절해 코르티솔 수치를 낮추려면 어떻게 해야 할까?

첫 번째, 위협에 익숙해지기

루카가 위협을 통제하기 위해 해야 할 첫 번째 일은 위협에 익숙해지는 것이다. 우리가 위협을 느끼는 이유를 이성적으로 이해하는 것만으로는 충분하지 않다. 우리는 우리를 위협과 연결시켜야 한다. 위협을 경험하고 파헤쳐야 한다. 살면서 경험한 다른 위협적인 사건들에 주의를 기울이는 게 한 가지 방법이다. 이때 중요한 점은 긍정적인 결과로 이어진 사건을 선택해 위협 경험을 생산적으로 만드는 것이다.

이렇게 하면 피질의 자각 담당 영역과 피질하부의 편도체

사이에 양방향 신경 경로가 형성된다. 우리가 감정을 불러일으키는 경험에 주의를 집중하면 뇌는 그 경험이 생존을 촉진한다고 인식한다. 그 결과, 편도체에서 피질로 직접 정보를 흘려보내는 경로가 강화된다. 전전두엽피질의 자각 영역과 편도체 사이에 길이 생기면 정보는 반대 방향으로도 이동할 수 있다. 이제 편도체를 조절하기 위한 정보가 피질에서 피질하부로 흘러가며, 이는 편도체가 더욱 균형 있게 활동하도록 만든다. 더 나아가 우리가 지금까지 살펴본 높은 수준의 경계 태세보다 현실에 더 부합한 위협 강도로 반응하도록 한다.

두 번째, 두려움 조절 스위치

또 다른 방법으로 '두려움 조절 스위치' 기법이 있다. 해고 위협은 루카에게 강렬하게 다가왔다. 하지만 루카가 이 뜻밖의 사태를 자세히 파헤친다면 아마 이렇게 결론지을 것이다. 1에서 10까지의 척도로 평가할 때 위협 강도는 기껏해야 3쯤이라고 말이다.

두려움 조절 스위치를 활용하는 간단하고 효과적인 방법은 위협 강도를 조절하는 다이얼을 상상하는 것이다. 현재 루카의 다이얼은 10으로 설정되어 있다. 루카는 상상력을 발휘해 다이

얼을 천천히 돌려 적절한 수준까지 강도를 낮춘다. 물론 편도체의 작용을 완화한다고 해서 해고 위협이 사라지지는 않는다. 하지만 위협의 강도를 줄이면 루카는 삶을 정상으로 돌리고 체내 코르티솔 수치를 덜 해로운 수준까지 낮출 수 있다.

의미 부여는 정신적 면역력을 키운다

쾌락과 두려움은 감정 스펙트럼의 양극단에 있다. 쾌락이 활성화되면 생존이 보장된 것처럼 느껴지고 기분이 좋아진다. 반면, 두려움이 활성화되면 멸종 위험이 감지되고 스트레스와 긴장을 느낀다.

우리는 일상 속에서 동시에 여러 일을 끊임없이 수행할 때가 많다. 따라서 그때그때 다른 수준의 두 감정으로 상황에 반응한다. 우리는 항상 쾌락과 두려움이라는 스펙트럼의 특정 지점에 위치해 있다. 뇌는 우리가 쾌락 쪽으로 움직일 때마다 점수를 얻는 것처럼 느끼게 만들어 우리를 최대한 쾌락 쪽으로 몰고 간다. 생존 가능성을 높이기 위해서다.

책상 위에 차 한 잔이 놓여 있다. 나는 글쓰기에 몰두한 상태고, 한 동안 차를 한 모금도 마시지 않아서 생존 점수가 점차 낮아지고 있다. 주의가 흐트러진 나는 찻잔을 향해 손을 뻗는다. 전혀 자각하고 있진 않지만 생존 점수가 올라가기 시작한다. 차를 마실 때마다 쾌락과 생존 가능성이 높아지기 때문이다. 생존 점수가 올라간 것을 인식한 뇌는 내가 계속해서 같은 행동을 하도록 동기 영역을 활성화한다. 손이 찻잔에 다가갈수록 점수는 더 올라간다. 차를 마시는 순간 쾌락은 정점에 달한다. 찻잔을 입까지 들어올리게 하는 동기는 내가 의식적으로 자각한 것이 아니다. 내가 자각하지 못하는 사이에 뇌가 부여한 점수가 차를 마시는 동기를 유발한 것이다.

일상 활동은 대부분 우리가 완전히 자각하지 못하는 사이에 이뤄진다. 신경과학자 크리스 프리스는 책 《인문학에게 뇌과학을 말하다》[3]에서 이 점을 분명하게 증명한 케임브리지대학교 심리학과의 실험을 설명한다.

케임브리지대학교의 한 교수는 자기도 모르는 사이에 실험 대상이 됐다. 그는 강의를 할 때면 항상 왼쪽이나 오른쪽으로 치우치지 않고 가운데에만 서 있었다. 어느 날 교수는 행정 업무를 해야 한다는 이유로 강의실에 10분 늦게 도착해달라는 학교 직원들의 요청을 받았다. 실험 수행자들은 교수가 도착하기 전에 강의실에 있는 학생들에게 간략한 지침을 전달했다. 강의실 왼쪽에 앉은 학생들에게는 교수가 바라볼 때마다 고개를 끄덕이며 눈을 마주치라고 요청했다. 반대로 오른쪽에 앉은 몇몇 학생들에게는 교수가 그쪽을 쳐다볼 때마다 하품을 하도록 지시했으며, 또 일부 학생들에게는 시계를 보라고 했다.

강의실에 도착한 교수는 아무 의심 없이 강의를 시작했다. 강의가 끝날 때쯤 실험 수행자들은 교수가 강의실 왼쪽 끝에 서 있는 것을 발견했다. 교수에게 뭔가 이상한 점을 느끼지 못했냐고 묻자 "전혀요"라고 답했다. 무슨 일이 일어났는지 들은 교수는 "말도 안 돼요. 전혀 몰랐어요"라고 말했다.

무슨 일이 일어난 걸까? 내가 차 한 잔을 마신 경험과 마찬가지로 교수의 행동을 관리한 유일한 주체는 피질하부였다. 강의실 왼쪽에 앉은 학생들의 긍정적 반응에 뇌가 쾌락 척도에 높은 점수를 부여했기 때문에 그쪽으로 움직이려는 동기가 유발된 것이다. 하지만 그는 자신이 그런 식으로 반응하고 있다는 사실을 자각하지 못했다. 왼쪽으로 움직이기로 한 결정에 의식적인 정신(피질)이 관여하지 않았기 때문이다.

뇌 작동 방식은 원시 인류 이래로 전혀 변하지 않았다. 의식적인 자각 없이 쾌락을 추구하는 성향은 피질이 없는 생물들에게도 지배적이다. 하지만 피질이 없는 생물과 달리 피질이 발달해 사고 능력을 갖추게 된 우리는 의식적으로 동기를 유발할 수 있다. 예를 들어, 기말고사에서 가장 높은 점수를 받은 학생에게 상을 준다고 약속하면 전체 성적이 평소보다 훨씬 높아질 것이다. 상을 받는다는 쾌락에 대한 자각은 뇌의 동기 영역을 자극해 학생들이 더 열심히 공부하도록 이끈다. 직장에서는 급여 인상과 상여금이 같은 효과를 낸다. 추가적인 수입이 쾌락을 끌어올린다는 사실을 자각하면 직원들은 업무에 더욱 집중한다.

의미를 창조하는 능력에 기반해 동기를 유발하면 직원들의 성과가 향상된다는 이해는 그동안 많은 관심을 끌었다. 자신의 일에 의미를 부여하는 직원들은 소속감과 함께 스스로를 가치 있는 사람이라고 느낀다. 이는 피질에서 장기적 생존을 촉진하는 반응을 활성화한다(당장의 생존만 고려하는 피질하부의 반응과 대조된다). 이와 같은 직원들은 효율적으로 일할 뿐만 아니라 창의적이고 주도적으로 행동하며 만족스러운 삶을 영위한다. 그동안 많은 기업이 직원들에게 자율성을 부여하고 유의미한 도전 과제를 제공하는 식으로 이런 발견을 적용해왔다. 그 결과, 직원들은 기업 재무에 긍정적인 영향을 미치는 것으로 효과를 증명해냈다.

한번은 고위험 지역을 순찰하는 경사와 대화할 기회가 있었다. 그가 낮은 급여와 긴 근무 시간, 직무의 위험성을 언급했을 때, 나는 그에게 경찰직을 관두고 민간 보안 업체로 이직할 생각은 없냐고 물었다. 그는 망설이지 않고 대답했다.

"경찰을 관둘 일은 없어요. 고위험 지역을 순찰하는 경찰들이 하루 만에 다 없어지면 무슨 일이 생길지 상상해보세요. 한 가지 확실한 건 경찰, 구급 의료대원, 장의사의 일이 넘쳐나리라는 겁니다."

이는 의미가 동기를 유발하는 힘을 증명한 사례다. 경사의 마음속에서 경찰 업무는 지역 주민들의 장기적 생존과 연결되어 있다. 이는 그에게 동기를 유발하고 계속 경찰 일을 하기로 결심하는 데 중요한 역할을 한다.

의미의 또 다른 측면은 피질이 없는 동물들을 관찰하면 알 수 있다. 동물들의 동기는 오로지 쾌락 추구나 위협에 대한 도피에 기반하며, 이는 특정한 행동으로 나타난다. 어떤 물고기는 직접 낳은 치어를 잡아먹는다. 우리에게는 끔찍하게 들리겠지만, 그들에게 치어를 잡아먹는 것은 피질하부의 쾌락 점수를 높이는 방법이다. 그 결과, 제한된 먹이를 둘러싸고 과도한 경쟁이 일어나지 않아 종의 생존이 보장된다.

하지만 피질이 있는 동물들에게는 이런 일이 벌어지지 않는다. 그런 동물들은 자손이 무력하지 않을 때까지 돌봐야 한다는 목적에서 동기를 얻는다. 그들에게 자손은 섭취해야 할 유기 물질이 아니라 양육하고 돌봐야 할 친족이다. 인간도 마찬가지다. 게다가 우리는 언어를 사용하니 우리가 느끼는 의미를 명료하게 표현하고 논리적으로 설명할 수 있다.

이제 막 아기를 낳아 밤낮으로 돌보는 부모는 피곤에 찌들겠지만 그렇게 할 동기가 있다. 아기의 신체 및 정신 발달을 위해 음식을 먹이고, 기저귀를 갈고, 교감하는 것이 얼마나 중요한지 알기 때문이다. 부모의 동기는 단순히 아기를 생존하게 하는 의무뿐만 아니라 아기를 향한 사랑과 목적의식이기도 하다. 사랑과 목적의식은 아기가 새로 태어난 어려운 시기에 결의를 다지게 해준다. 그러므로 부모는 수면은 부족할지 몰라도 여전히 좋은 건강 상태와 행복감을 유지할 수 있다.

뇌 연구가 증명한 바에 따르면, 삶과 행동에서 의미를 찾는 사람들은 일상의 부정적 자극으로부터 자신을 보호하는 '정신적 면역력'을 발달시킨다.[4] 부정적 자극은 모욕, 오해, 다툼 등 다양한 형태로 나타난다. 의미 있는 삶은 자신에게 유리한 요소가 부족한 상황에서 행복을 달성할 가능성을 높여준다.

행복은 정의하기 어려운 개념으로, 다양한 방식으로 해석될 수 있다. 철학자 아리스토텔레스^{Aristotle}는 2천 년도 더 전에 행복이 목적과 쾌락의 결합에서 비롯된다는 점을 간파했다. 예를 들어보자. 아내가 나에게 딸이 처음으로 "아빠"라고 말했다고 전해줬을 때 내 뇌 안에서는 쾌락 감정이 활성화됐다. 더 나아가 내가 딸에게 이미 중요한 의미를 부여해둔 덕분에 쾌락과 의미가 결합되면서 행복감이 유발됐다. 물론 이런 기쁨은 잠시 동안만 지속된다. 뇌는 금세 행복감에 적응하고, 따라서 행복감이 옅어지기 때문이다. 하지만 그와 같은 경험은 또 찾아오기 마련이다.

쾌락과 두려움의 균형을 유지하는 동기 유발 삼각형

뇌의 관점에서 보면, 목적의식은 전전두엽피질이 활성화된 결과다. 특정 목표를 달성하려는 목적에 대한 동기를 유발하려면 우선 관련된 피질 영역을 활성화해야 한다. 이를 위해 사용할 수 있는 한 가지 방법은 과학 연구에 기반한 '동기 유발 삼각형motivation triangle'이다.[5]

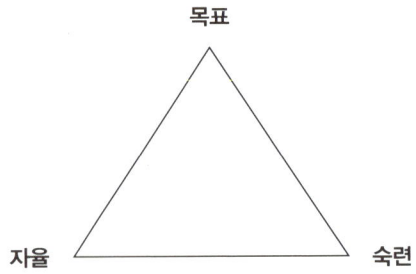

목표

목표는 동기 유발 삼각형의 첫 번째 요소다. 여기서는 '밤 9시 이후 간식 먹지 않기'를 예로 들어보자. 목표를 쉽게 달성하기 위해 처음에는 평일에만 규칙을 지키기로 제한할 수 있다. 집중력을 발휘해 일주일에 다섯 번 저녁 시간이 어떻게 진행될지 자세하게 상상하면, 뇌는 이 목표가 얼마나 중요한지 분명히 이해하고 시행해야 한다는 사실을 인식하게 된다.

자율

동기 유발 삼각형의 두 번째 요소인 자율은 우리가 완벽하게 독자적으로 행동하고 결정과 실행을 통제하는 것을 의미한다. 자율은 목표를 달성하려는 동기를 강화한다. 저녁 9시 이후에 간식을 먹지 않겠다는 목표를 첫 5일 동안 달성하면, 앞으로도 이 목표를 지킬 수 있다는 자신감을 얻게 될 것이다.

숙련

동기 유발 삼각형의 마지막 요소는 숙련이다. 첫 5일 동안 목표를 성공적으로 달성하면 두 번째 차례를 완수하는 데 필요한 결심이 생긴다. 이 훈련을 반복할수록 저녁에 간식을 먹지 말자는 생각과 그 목적에 관련된 뇌 영역 사이의 연결이 강화된다. 처음에는 힘든 도전이었던 것이 갈수록 수월해진다. 간혹 유혹에 굴복하는 일이 있더라도 당황할 필요는 없다. 늘 일어날 수 있는 일이니 그냥 다시 계획을 지키면 된다. 목표가 중요하다는 의미가 각인되면, 뇌는 자동으로 계획을 실행할 것이다. 뇌를 속일 필요도 없이 말이다.

동기 유발 삼각형은 삶의 모든 영역에 성공적으로 적용시킬 수 있다. 이 방법의 가장 열렬한 옹호자는 오스트리아 빈 출신의 유대인 정신과 의사이자 심리치료사 겸 신경과학자인 빅터 프랭클Viktor Frankl이다. 그는 아우슈비츠를 비롯한 강제 수용소 네 군데에서 살아남았다. 프랭클이 《죽음의 수용소에서》[6]라는 그의 유명한 책에서 주장한 바에 따르면, 수용소에서 살아남은 이들은 의미와 관련된 신경망을 강하게 활성화한 사람들이었다. 그들은 자유를 얻은 다음에 어떻게 살 것인지에 대한 계획을 자세히 세움으로써 생존 욕구를 넘어 생존 동기를 강화했다. 프랭클을 살아남게 했던 것은 아우슈비츠에서 잃어버린 원고를 다시 집필해 출간하려는 욕구였다.

대뇌피질의 뇌 활동이 의미와 연결되면 피질하부에서도 최적의 뇌 활동이 유발된다. 4장에서는 뇌에서 긍정적인 감정 활동을 유발하는 방법을 알아보자.

04 긍정감을 높이는 뇌 훈련법

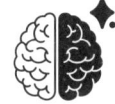

인간이 진화 덕분에 갖게 된 감정의 총합은 다른 동물보다 훨씬 크다. 우리는 감사와 동정심, 이타심 같은 고유한 감정을 누린다. 피질하부 신경망 활동을 조사하는 뇌 연구자들은 긍정과 부정 감정의 유형을 수백 가지나 발견했지만, 이 책에서는 몇 가지만 다루고자 한다.

긍정 감정으로는 사랑, 애정, 이타심, 자비, 배려, 관용, 갈망, 충실함, 감사, 결의, 자애, 기쁨, 호기심 등이 있다. 부정 감정으로는 증오, 슬픔, 비관, 당혹감, 상실감, 질투, 좌절, 실망, 권태, 외로움, 혐오, 소외감, 패배감 등이 있다.

감정은 우리를 지배한다. 하지만 우리는 한 가지 특정한 감정에만 좌우되지 않는다. 긍정 감정과 부정 감정은 매 순간 각각 다른 강도로 혼합되어 우리에게 영향을 미치고, 모든 감정이 결합되어 기분^{mood}을 형성한다. 다양한 감정은 제각기 고유한 신경망, 즉 독립적으로 작동하는 소프트웨어에 토대를 둔다. 우리는 별다른 어려움 없이 서로 다른 감정들을 동시에 경험하는데, 심지어 모순되어 보이는 감정들도 함께 겪는다.

나는 지금 이 책을 쓰면서 여러 감정을 **동시에** 느낀다. 책이 독자들의 흥미를 끌 것이라는 낙관을 느끼면서, 한편으로는 내가 생각을 제대로 표현하지 못하고 있는 건 아닐까 불안하다. 몇몇 장을 완성해 기쁘면서도 스스로 정한 마감 기한을 지키지 못할까 봐 걱정된다. 책을 완성하고 있다는 만족감도 들지만, 아직 쓸 내용이 산더미인데 시간이 너무 빨리 지나가고 있어 좌절감도 든다. 몇 시간 후면 어린 딸과 소중한 시간을 함께 보낸다는 생각에 기쁘기도 하고, 어제 갑자기 일이 생겨서 어머니를 뵙기로 한 약속을 지키지 못해 아쉽기도 하다. 이것 말고도 자각하지 못하는 감정도 있다.

이렇게 다양한 감정은 인간이 생존과 번식을 위해 수백만 년에 걸쳐 뇌를 형성해온 진화 과정의 결과다. 긍정적이든 부정적이든 모든 감정은 중요하다. 그렇다면 우리는 부정 감성에서 어떤 이득을 얻을 수 있을까?

유대교 율법의 주요 원천인 탈무드가 설득력 있는 이유를 제공해준다. 질투는 명백하게 부정적인 감정으로 간주되지만 탈무드 현자들에 따르면 "필경사(글씨를 쓰는 일이 직업인 사람을 말한다-옮긴이)들의 질투는 지혜를 낳는다." 질투는 우리를 긍정적인 방향으로 발전시킬 수 있다. 하지만 이는 균형을 이루는 것을 전제로 한다. 그러려면 적절한 강도의 질투가 필요하다. 분노도 마찬가지다. 분노는 부정 감정으로 규정되지만 때로는 긍정적으로 작용한다. 여러 연구에 따르면 적당히 분노하는 경우, 즉 분노를 적절하게 조절하면 분노하지 않을 때보다 생각에 더 집중하고 소신을 더 분명하게 밝히며 주변 사람들을 설득할 가능성이 더 높아진다.[1] 또한 분노는 우리를 분노하게 하는 사람들을 억제할 수 있으므로 문제가 물리적 충돌로 확대되는 상황을 방지한다. 더 나아가 그들에게 대처할 충분한 힘을 갖는 데 도움이 된다.

감정을 조절해 감정적 온도를 적당하게 맞추는 능력은 긍정 감정을 다룰 때도 중요하다. 동정심이 지나치게 강한 사람을 떠올려보자. 그런 사람이 상처를 입어 길거리에 쓰러져 있는 고양이를 마주친다면 어떤 일이 벌어질까? 그는 상처 입은 고양이를 보는 즉시 동정심의 물결에 압도되어 정상적인 행동을 할 수 없게 된다. 지나친 동정심은 의학, 심리학, 교육, 사회복지 같은 전문 분야에서 방해가 되기도 한다. 이와 비슷하게, 긍정 감정으로 보는 낙관이나 기쁨이 항상 넘치는 사람들은 상황에 맞게 행동하는 데 어려움을 겪는다.

감정을 다루는 문제의 핵심은 균형이다. 우리는 적절한 순간에 적당한 감정으로 반응하고, 현재 상황에 맞는 바람직한 강도의 감정을 적용해야 한다. 이를 위해 아침에 일어나 다양한 긍정 감정에 집중하는 것도 좋은 방법이다. 나중에 부정 감정이 필요한 상황에 처했을 때 그 감정을 적용하는 것도 좋지만, 상황에 맞는 적절한 강도로 사용해야 하는 것을 잊지 말자!

모든 부정 감정과 긍정 감정은 두 가지 기본 핵심 감정인 두려움과 쾌락의 파생물이라고 할 수 있고, 편도체에도 비슷한 영향을 미친다. 좌절과 질투 같은 부정 감정은 편도체를 자극해 우리가 환경을 위협적으로 인식하도록 한다. 반대로 기쁨과 애정 같은 긍정 감정은 현재 상황에 만족하도록 한다.

우리가 얼마나 이성적으로 사고하고 현실을 제대로 인식하는지는 그 순간에 경험하는 감정이 좌우한다.

안면이 전혀 없는 두 손님이 식당에 있을 때 다음과 같은 일이 일어난다. 두 손님 모두 분주한 종업원이 주문을 받으러 올 때까지 한참을 기다려야 한다. 한 손님은 질투와 분노, 좌절에 사로잡힌 반면 다른 손님은 낙관과 기쁨, 동정을 느낀다. 이 상황에서 두 손님이 어떤 생각을 하고 있을지 마음을 들여다보자.

긍정 감정들로 뒤섞인 손님은 종업원을 보며 혼자 중얼거린다.

"저렇게나 열심히 일하고 있다니 안쓰럽네. 내가 학생이었을 때 식당에서 일하지 않은 게 얼마나 다행인지 몰라. 늦어도 괜찮으니까 그냥 기다리지, 뭐."

한편 부정 감정들로 뒤섞인 손님은 이렇게 투덜거린다.

"왜 나한테만 이런 일이 생기는 거야? 앉아서 기다린 지가 언젠데 아직도 무시당하고 있다니. 아니, 종업원이 바로 옆을 지나가는데 날 쳐다보지도 않잖아! 이걸로 됐어. 정말 지긋지긋하군."

두 손님의 경험은 완전히 똑같고 현실도 동일하지만 각자 전혀 다른 방식으로 상황을 해석한다. 게다가 두 손님 모두 현실에 대한 자신의 인식이 옳다고 확신한다.

두 손님은 서로 다른 감정 조합을 갖고 있어 같은 상황을 다르게 인식한다. 감정 조합은 현실에 대한 관점이 얼마나 이성적이고 균형 잡혀 있는지를 좌우한다. 이들이 느끼는 감정 조합에 차이가 나는 이유는 둘의 정신 구조가 다르기 때문이다. 첫 번째 손님의 기본 상태는 긍정적이다. 따라서 부정 감정을 가질 별다른 이유가 없다면 긍정 감정의 조합을 경험한다. 두 번째 손님의 경우 부정 감정이 기본 상태다. 따라서 긍정 감정이 표면으로 드러나려면 상당한 양의 외부 자극이 필요하다. 이 같은 기본 상태의 차이는 삶의 질, 코르티솔 수치, 심박수와 혈압에도 영향을 준다.

예로 든 상황은 감정이 현실 인식에 얼마나 다양한 색깔을 입히고 삶의 질에 얼마나 지대한 영향을 미치는지 보여준다. 다행히도 감정은 우리의 통제 범위를 넘어서지 않는다. 뇌의 경이로운 유연성 덕분에 우리는 이성을 사용해 감정에 영향을 미치는 것이 가능하며, 따라서 두 번째 손님보다 더 밝은 감정으로 삶을 색칠할 수 있다. 물론 부정 감정을 완전히 떨쳐버리자는 뜻은 아니다. 부정 감정을 표출했을 때 이득이 없는 상황에서는 긍정 감정을 기본 상태로 만들자는 것이다.

감정 조절 능력을 향상시키는 첫 번째 단계

감정 조절에 도움이 되도록 감정에 대한 자각을 강화하는 실용적인 방법을 소개한다. 이 방법을 사용하면 감정을 유익한 방식으로 통제하는 데 도움이 될 것이다. 지금부터 설명할 방법은 40일 동안 매일 진행하는 걸 전제로 한다.

감정 목록 작성하기

먼저 노트에 긍정 감정 10가지와 부정 감정 10가지, 총 20가지의 감정 목록을 작성한다. 긍정 감정 목록에는 관용, 감탄, 결의, 열정, 의기양양 등이 포함될 수 있다. 부정 감정 목록의 예로는 적개심, 질투, 공격성 등이 있다. 나열할 감정이 떠오르지 않는다면 인터넷에 긍정 감정과 부정 감정의 사례를 검색하자. 그럼 선택지가 부족하지 않을 것이다!

감정을 반드시 긍정과 부정 두 범주로 나눌 필요는 없다. 또 어떤 감정을 반드시 좋거나 나쁜 것으로만 생각할 필요도 없다. 일상에서 두 유형이 똑같이 중요하게 작용하는 것처럼, 이 연습에서도 둘 다 똑같이 중요하다.

목록을 완성하면 노트의 다음 페이지로 넘어가 연습 첫 번째 날을 시작한다. 하루에 5분씩 목록에 적은 감정 중 하나를 골라 생각하면 되는데, 이 연습을 20일 동안 진행한다. 연습은 혼자 있을 때, 정서적으로 편안함을 느낄 때 하길 권한다. 다른 일을 하느라 주의가 분산되지 않아야 한다.

선택한 감정과 관련된 과거 사건을 5분 동안 떠올린다. 예를 들어, 목록에 처음으로 적은 감정이 낙관이라면 낙관을 느꼈던 과거 사건을 생각하면 된다. 사건 자체가 낙관적일 필요는 없다. 낙관이라는 감정을 경험한 사건이면 된다. 사건은 적어도 세 가지를 회상한다. 또 그 내용을 노트에 직접 적길 권한다.

다음 날에는 목록에서 다른 감정을 고른다. 증오를 선택했다면 증오를 경험한 사건을 5분 동안 집중해서 생각하고 첫날과 똑같은 활동을 한다. 다음 날에도 또 다른 감정을 골라 같은 방식으로 진행한다. 20일 동안 목록에 적은 모든 감정에 대해 생각한다.

이제 후반부 연습으로 넘어간다. 후반부는 전반부보다 많은 노력을 기울여야 한다. 준비가 됐는가? 지금부터는 단순히 특정한 감정을 느꼈던 사건을 기억하는 것만으로는 충분하지 않다. 대신, 각 사건에서 경험한 감정 자체에 주의를 기울여야 한다.

21일째에는 목록의 첫 번째 감정으로 돌아간다. 앞에서처럼 낙관을 사례로 들어보자. 우선 눈을 감는다. 그리고 연습 첫날 낙관과 관련해 적어둔 사건들을 기억 속에서 되살린다. 사람들, 주변 환경, 소리, 광경, (혹시 냄새가 났다면) 냄새, 그리고 사건에 대한 그 밖의 세부 사항들을 떠올린다.

지난 20일 동안 다양한 감정을 살펴본 후에 사건의 순간들을 자세히 되살리면, 감정 영역을 더 높은 수준으로 활성화하고 해당 사건에서 경험한 낙관을 다시 느낄 가능성이 높아진다. 오해할까 봐 말하지만, 이 작업은 절대 쉽지 않다. 인내와 끈기, 그리고 무엇보다 상당한 집중력이 필요하다.

남은 19일 동안 활동을 반복하면서 감정 목록과 관련된 모든 사건에 대한 연습을 완료한다. 연습에 더 깊이 집중할수록 사건과 연관된 감정을 경험하기도 더 쉬워질 것이다.

배운 것 활용하기

지금까지 설명한 연습을 꾸준히 하면 자각과 감정을 담당하는 뇌 영역 사이의 연결을 향상시킬 수 있다. 그리고 감정에 대한 자각이 강화되고 통제력도 향상되어 어떤 상황에서도 딱 맞는 수준의 적절한 감정을 불러오는 일이 가능해진다. 왜냐하면 앞서 설명한 연습처럼 과거에 낙관을 경험했던 사건을 떠올리면 불안과 같은 부정 감정을 느낄 때 낙관이라는 긍정 감정으로 전환하기가 수월해지기 때문이다. 일자리를 잃을까 봐 두려움을 느낀다고 해보자. 새롭고 더 나은 기회로 나아갈 가능성을 기대하면서 낙관을 느낀 과거 사건을 떠올리면, 실직한 상황에서 느껴지는 불안이라는 부정 감정을 낙관으로 전환할 수 있다. 마찬가지로 가족과의 불편한 상황을 해결하기 위해 그들과 터놓고 대화를 나눌 때, 과거에 겪은 즐거움을 떠올리면 해당 상황에서 느끼는 불쾌감을 긍정 감정으로 바꿀 수 있다.

행동을 변화시키기 위해서는 우선 한 감정을 다른 감정으로 전환해야 한다. 가족과 불편한 상황에 놓였을 때 감정을 전환하려면, 과거에 가족과 정말 가까웠던 순간에 집중해보는 것이다. 서로 도와주겠다고 제안하고 그 도움을 기꺼이 받았을 때처럼 가족을 신뢰했던 순간 말이다. 이렇게 신뢰를 바탕으로 가족 관계를 개선하고자 하는 동기는 부정 감정을 긍정 감정으로 전환하는 데 도움이 된다.

하지만 부정 감정을 최대한 빨리 억누르거나 제거해야 할 끔찍한 괴물로 간주해서는 안 된다. 긍정적이든 부정적이든 모든 감정은 우리에게 도움이 된다. 따라서 각 감정을 마주하고, 알아가고, 시험할 기회를 마련해야 한다. 그리고 특정 상황에서 그 감정이 우리에게 적합한지 스스로에게 물어야 한다. 또한 부정 감정의 원인을 면밀히 살펴보면 그 감정을 유발한 상황을 이용하거나 변화시켜 이점으로 전환할 방법을 찾을 수도 있다. 삶이 레몬을 내밀면 레모네이드를 만들라는 말도 있지 않은가!

감정 조절 능력을 향상시키는 두 번째 단계

이제 감정이 모든 것을 지배한다는 점을 이해했으니, 감정 불꽃의 세기를 통제해 끓어 넘치게 하지 않으면서 생각과 행동을 정확하게 조절하는 방법을 알아보자. 이 기술을 습득하려면 시간이 걸린다. 현대 사회는 뇌의 감정적인 활동을 소홀히 해왔기 때문이다. 감정 조절을 연습하려면 새로운 언어를 익혀야 한다.

감정을 더 분명하게 자각하기

감정 통제를 촉진하는 뇌 활동 능력을 완벽하게 다듬으려면, 우선 감정 통로에 주의를 기울여야 한다. 앞으로 20일 동안 하루에 하나씩 다음의 감정 유형을 선택해 이를 경험했던 상황을 떠올려보자.

- 호기심
- 걱정
- 만족감
- 외로움

용기	결의
적개심	불안
갈망	열정
질투	슬픔
행복	평온
그리움	수치
체념	감탄
모욕감	자유로움

감정 경험 불러오기

앞서 나열한 각 감정에 대해 20일 동안 하루에 하나씩 깊이 탐구하자. 매일 하나의 감정에 집중하고 그 감정을 경험했던 상황을 떠올린다. 기억의 세부 사항을 탐색하다 보면 감정이 나타나는 게 느껴질 것이다. 최대한 효과를 보려면 사건을 집중해서 생각하는 것이 좋다. 무엇을 봤고 무엇을 들었는지 스스로에게 묻자. 냄새, 촉감, 맛, 움직임 등을 떠올리자. 각 감정에 대한 느낌을 충실히 경험하자.

감정의 강도 조절하기

여기까지 이르면 감정의 세계에 익숙해졌을 것이다. 이제 감정의 강도를 조절하는 연습을 할 수 있다. 각 감정을 1에서 10까지의 척도(1은 매우 낮은 강도, 10은 매우 높은 강도)로 경험한다는 생각에 집중해보자. 앞에서 나열한 각 감정을 20일 동안 하루에 하나씩 다양한 강도로 경험해보는 것이다. 예를 들어, 호기심을 연습하는 첫 번째 날에는 매우 낮은 강도의 호기심을 경험했던 사건을 떠올려본다. 그날 늦은 오후에는 호기심의 강도가 높았던 사건을 떠올리며 가장 강한 호기심을 느껴본다.

이 연습을 모두 마치면 감정 조절 훈련의 상위 단계에 도달하게 된다. 감정의 강도를 바꿀 수 있는 능력을 얻게 되는 것이다. 이 기술을 익히면 필요할 때마다 상황에 맞춰 감정의 강도를 조절할 줄 알게 된다. 예를 들어보자. 만약 모욕감을 너무 강하게 느끼는 상황에 처한다면, 강도가 덜한 모욕감을 느낀 과거 사건을 떠올려 감정을 조절할 수 있다. 학습이 일정 수준 이상으로 진행되면 당신의 뇌는 이런 감정 조절 작업을 자동으로 수행할 수 있게 된다.

감정의 세계는 광범위하지만 딱 기본적인 수준으로만 이성의 세계를 지배한다. 기억하자. 우리는 모두 이성을 사용해 감정을 조절하는 도구를 갖고 있으며, 이를 통해 신체와 정신 건강을 향상시킬 수 있다.

05 뇌를 활용해 최선의 기분을 만드는 방법

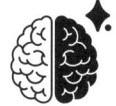

"어떻게 지내?"

"괜찮게 지내, 고마워. 너는?"

"나도 그래, 고마워."

이는 누구에게나 익숙한 대화이며, 대부분은 사회 규범에 따르는 정중한 인사치레다. 하지만 신경과학자나 정신과 의사가 "지금 기분이 어떠세요?"라고 묻는다면 그는 내담자의 대답을 중요하게 생각할 것이다. 왜냐하면 기분이 세상을 인식하는 데 영향을 미친다는 사실은 뇌 연구자들 사이에서 널리 인정되기 때문이다. 기분은 운동 능력과 인지 능력(기억, 사고, 집중 등), 그리고 전반적인 건강 상태에 영향을 미침으로써 세상에 대한 인식을 좌우한다.

세상에 대한 인식을 좌우하는 기분

기분과 감정의 작동 원리를 이해하려면 뇌가 하나의 큰 신경망이라는 사실을 기억해야 한다. 모든 뇌 기능은 거대한 신경망 속에서 서로 연결되어 있다. 뇌 기능 사이에서 연결이 이뤄진 근본적인 진화적 이유는 이 연결이 생존에 기여했기 때문이다. 우리의 뇌는 우리가 태어나는 순간부터 다양한 기능과 연결되는데, 이는 인류의 오랜 역사에 걸쳐 그 유용함을 증명했다. 2장에서 기억을 중심으로 살펴본 운동과 인지 영역뿐만이 아니라 감정과 인지 영역, 감정과 운동 영역 또한 서로 연결되어 있다.

기분은 감정 세계와 관련된 뇌 기능이다. 4장에서는 감정을 긍정과 부정, 즉 쾌락과 두려움 유형으로 구분했다. 이제 우리는 기분을 이해하기 위해 감정을 다른 방식으로 구분할 것이다. 그렇다고 해서 4장에서 도입한 구분과 모순된다거나 이를 부정하는 건 아니다.

기분과 관련된 모든 문제를 이해할 때 가장 유용한 감정 구분은 다음과 같다. 뇌 활동을 증가시키는 충동을 일으키는 감정과 뇌 반응을 유발하지 않고 수동적 상태로 두는 감정을 구분하는 것이다. 뇌 활동을 유도하는 감정 사례로는 기쁨과 질투가 있다. 우리는 기쁨은 긍정적이고 질투는 부정적이라고 분류하지만, 두 감정을 긍정과 부정으로 구분하는 것은 기분과 무관하다. 기분을 고려할 때는 두 가지 모두 뇌 활동을 증가시키는 범주로 분류한다. 반면, 만족감과 슬픔 같은 감정은 이런 효과를 일으키지 않으므로 뇌를 수동적 상태로 두는 범주로 분류한다.

　뇌의 유일한 목표는 생존이다. 따라서 뇌는 매 순간 이 목표를 달성하기 위한 최선의 기분을 선택한다. 다시 말해, 만일 뇌가 지금 당장 생존을 위해 적극적으로 노력해야 한다고 '생각'하면 기분 스펙트럼의 끝에 있는 뇌 활동을 증가시키는 기분을 선택한다. 반대로 뇌 활동을 늦추는 것이 생존에 도움이 된다면 스펙트럼의 또 다른 끝에 있는 수동적인 기분을 선택한다.

　일상 속에서 우리의 기분은 상황에 따라 이런 방식으로 변화한다. 예를 들어보자. 애도 중인 사람에게 적절한 기분은 스펙트럼에서 수동적이고 조용한 쪽에 속하는 기분이다. 뇌 활동이 느려지면 슬픔을 처리하는 데 집중할 수 있어 생존에 도움이 되기 때문이다. 반면, 직장에서 승진한 사람은 스펙트럼 중 뇌 활동을 증가시키는 부분에서 열정적인 기분을 유발해 새로운 역할에서 성공하는 데 도움을 받는다. 다소 극단적으로 보이지만, 이 두 가지 정반대 사례의 기분은 정상적이다. 일상 속에서 우리가 정상으로 간주하는 기분은 상황에 따라 스펙트럼의 중간 범위를 오가는데, 그 범위를 벗어나는 경우는 드물다.

　방금 '정상'이라는 용어를 사용했지만, 다양한 기분과 관련된 정상성의 정도를 결정하는 것은 다름 아닌 사회다. 무엇이 정상인지는 문화마다 달라진다. 예를 들어보자. 어떤 사회에서 외향적이고 매우 감정적인 행동이 표준으로 여겨진다면 정상적인 마음 상태는 뇌 활동을 증가시키는 스펙트럼 쪽에 가까울 것이다. 그런 사회에 속한 사람들은 대체로 다른 이들보다 더 큰 행복감을 느끼겠지만 반대의 기분 역시 두드러진다. 덜 외향적인 문화권 사람들보다 더 크게 분노하고 좌절감과 질투, 불안도 더 심할 것이다. 마찬가지로 수동적인 삶의 방식을 따르는 사회는 일반적인 기분이 뇌 활동을 늦추는 스펙트럼에 가까울 것이다. 그런 사회에 사는 사람들은 침착하고 절제하며 조용하고 느긋한, 어쩌면 슬퍼하는 경향도 있을 것이다. 하지만 그들이 어디에 살든지 이 지배적인 기분이 스펙트럼 양단에 위치해 있고 적정 수준 이상으로 오래 지속된다면 기분 장애 mood disorder 로 진단될 수 있다.

뇌 활동을 감소시키는 기분 장애

어떤 기분 장애는 우울증으로 나타나 뇌 활동을 지나치게 둔화시킨다. 통계적으로 서구에서는 약 15퍼센트의 사람이 일생에 한 번 이상 우울증을 경험한다고 한다.

우울증은 이유 없이 나타나지 않는다. 우울증은 생활 사건(life event. 삶의 패턴에 중요한 변화를 일으키는 사건을 말한다-옮긴이)에 의해 촉발되며, 생활 사건의 심각성은 우울증의 정도 및 지속 기간과 직접적인 관련이 있다. 예를 들어, 은행에서 미처 알지 못했던 거액의 빚이 있다는 통보를 받으면 즉시 기분이 우울 쪽으로 방향을 튼다. 이 같은 상황에서 몇 시간 또는 며칠 정도 기분이 가라앉는 것은 서구 문화 규범에 비춰볼 때 정상으로 간주된다. 하지만 울적한 기분이 그보다 오래 지속되면 문제가 될 수 있다. 실제로 2주 이상 지속되는 우울한 기분은 임상 우울증(clinical depression. 일상적인 슬픔이나 기분 저하와 달리 치료를 요하는 건강 문제로 분류되는 상태다-옮긴이) 진단 기준 중 하나다.

임상 우울증

임상 우울증은 최악의 경우 감정과 활동적 반응을 일으키는 욕구를 완전히 마비시킨다. 중증 임상 우울증을 앓는 사람들의 태도가 수동적인 이유가 바로 이 때문이다. 하루 종일 침대에 누워 있고 아무와도 소통하지 않으며 생각이 느리고 기억하는 데 어려움을 겪는다. 양치질 같은 간단한 행동조차도 극도로 어려워진다. 그들에게 "기분이 어때요?"라고 물으면 어깨를 으쓱하거나 "모르겠어요"라고 중얼거릴 가능성이 높다. 감정이 마비되어 있으므로 슬프지도 않고 그저 무심할 뿐이다.

임상 우울증에도 스펙트럼이 있다. 앞서 설명한 이들은 스펙트럼의 극단에 위치한 사례다. 중간 지점에 있는 사람들은 무기력과 절망감을 느끼고, 자존감이 결여되고, 원래 즐거웠던 일들을 더 이상 즐길 수 없는 등 기분 저하에 빠지며 부정 감정이 몸집을 불린다. 부정 감정도 활동을 촉진하는 잠재력이 있기 때문에 임상 우울증 경증 단계에 있는 사람들은 어느 정도 활동적이다. 하지만 뇌 기능이 급격하게 저하되면 운동과 감각 및 인지 능력이 둔화된다. 기억력, 사고력, 집중력 손상 같은 증상은 알츠하이머병에서도 공통적으로 나타나기 때문에 장년기 임상 우울증 환자가 알츠하이머병으로 잘못 진단받는 경우도 드물지 않다.

심각한 임상 우울증 환자가 자살 시도를 할 것이라는 우려는 상태가 조금 나아진 순간에 증가한다. 심각한 우울증에 빠진 사람은 삶을 끝낼 방법조차 생각하지 못할 정도로 에너지가 부족하기 때문이다. 기분이 약간 나아지면 자살을 생각할 만큼 충분한 에너지를 갖게 되는데, 고통이 지속될 경우 이를 실행에 옮길 수 있다. 그러니 가까운 사람이 우울증을 앓고 있다면 혹시 죽음을 생각하고 있는지 직접 물어보는 게 좋다. 만약 자살 생각이 든다고 하면 상태를 면밀히 관찰하고 전문가의 도움을 받아야 한다. 경험적 연구에 따르면 임상 우울증은 생명을 위협할 수 있다.

따라서 자살 가능성을 절대 과소평가하지 말아야 한다.

어떤 사람들은 끊임없는 악몽에 시달리며 괴로워하고 의미 없는 삶을 살 바에는 자살하도록 두는 편이 낫다고 주장한다. 내 대답은 이렇다. 증상이 아무리 심각해도 우울증은 대개 일시적이며 길어야 보통 1년 이내에 지나간다. 심지어 약물 치료 같은 외부 개입이 없어도 마찬가지다. 뇌 활동의 둔화는 실제 또는 상상의 어려움에 대처하기 위해 뇌가 동원하는 전략이다. 따라서 바람이 강하게 불어 꺾이듯 휘어져도, 폭풍이 지나가면 곧게 펴지는 갈대처럼 뇌 또한 우울증을 통해 생존을 도모하며 평상시의 균형 상태로 돌아가려 한다. 다른 방식으로 비유할 수도 있다. 우리의 몸은 질병에 걸렸을 때 세균과 싸우면서 체온이 상승한다. 그러다가 (의료적 개입 없이도) 싸움에서 승리하면 체온이 다시 정상으로 돌아간다. 감염이 통제된 것이다.

뇌에서 일어나는 다른 수많은 과정과 마찬가지로 연구자들은 뇌가 기분을 균형 잡힌 상태로 유지하는 방식에 대한 명확한 설명을 아직 제공하지 못했다. 뇌는 우울 상태를 성공적으로 회복할 수 있지만, 전문가의 개입이 불필요하다고 단정 짓는 것은 옳지 않다. 대체로 시간이 좋은 약이라는 것 또한 사실이지만('항상'이 아니라 '대체로'라고 말한 것에 유의하라), 회복 기간에 자살 생각이 환자의 머리 위를 구름처럼 맴돌며 위험에 빠뜨릴 수 있다. 적절한 치료를 받으면 전체 회복 과정을 단축하고 고통을 줄일 가능성이 높다는 점을 이해하는 것도 중요하다.

    항우울제의 효과가 입증됐음에도 정신과 의사들은 회복을 돕기 위해 정신 사회적 수단을 사용하는 방향으로 나아갔다. 정신 사회적 수단이란 가족과 친구의 도움을 받는 심리 치료를 말한다. 뇌 연구는 외부 자극에 대한 노출과 신체 활동이 회복 과정에 중요한 도움을 준다는 생각을 뒷받침한다.

    1990년경부터 전 세계적으로 임상 우울증으로 고통받는 사람들의 수가 급증하고 있다. 신경과학자들을 비롯한 전문가들은 원인을 극심한 물질주의 사회가 유발하는 압박감의 증가에서 찾는다.[1] 이번 장의 앞부분에서 논의한 내용을 적용하면, 임상 우울증은 뇌가 생존을 위한 끊임없는 투쟁의 압박감에서 일시적으로 벗어나기 위해 사용하는 교묘한 보호 수단이라는 걸 알 수 있다. 또한 뇌는 우울증에 빠지면 주변 사람들의 도움을 받는다는 걸 알고 있다. 현대 사회에서는 이 사실이 직장 내 휴가 제도 등에 반영되어 있다. 우울증 진단을 받으면 증상에 따라 휴가 같은 휴식만 취해도 충분할 수 있지만, 중증일 경우 입원이 필요할 수도 있다.

산후 우울증

    정신과 의사들은 산후 우울증postpartum depression(주산기 우울증perinatal depression이라고도 불린다)을 특수한 유형의 우울증으로 간주한다. 이 우울증이 산모의 생존 촉진과 관련이 있고 또 오래전부터 우리와 함께 존재했다는 사실을 알면 놀랄지도 모른다. 뇌 연구 결과에 따르면 산후 우울증은 수천 년간 원시 인류의 생활 방식을 특징지은 부족 사회 구조에 깊이 뿌리박혀 있다.[2] 영양 상태, 피로, 정신적 스트레스, 신체 건강 같은 자극을 처리하는 과정 중 뇌가 현 상황에서 자기 자신과 신생아를 돌볼 신체적 및 정신적 힘이 없다는 결론을 내리면, 산모의 뇌는 기능을 둔화시켜 우울한 상태에 접어들게 된다. 산모가 지친 것을 알아차린 부족 구성원들은 아기를 대신 돌봤고, 이를 통해 산모와 아기 모두의 생존을 보장할 수 있었다.

그 후 수천 년 동안 온갖 사회적 격변이 일어났지만, 이런 뇌 활동 패턴은 현재까지 살아남았다. 오늘날도 산모의 뇌는 스스로와 신생아를 돌볼 힘이 부족하다고 판단하면 우울증을 유발해 가까운 사람들이 개입하도록 만든다. 겉모습만 다르지 전과 동일한 과정이다. 산후 우울증은 부족 사회 시기에 존재했던 것과 같은 유형의 우울증이며 여전히 산모와 아기의 생존에 기여하는 것이 목적이다. 그저 환경, 즉 사회 구조만 달라졌을 뿐이다.

산후 우울증은 산모가 자살을 생각하거나 시도하는 중증으로 발전할 수 있지만, 임상 우울증과 마찬가지로 폭풍이 지나가면 균형이 찾아온다.

계절성 정동 장애

생존 촉진과 관련된 또 다른 유형의 우울증으로 계절성 정동 장애seasonal affective disorder, SAD가 있다. 이를 이해하려면 동물의 세계를 살펴봐야 한다. 추위가 심하고 먹이가 부족한 겨울에 곰과 청설모 같은 포유류의 뇌가 어떻게 생존을 촉진하는지 알아보자.

겨울의 어려움을 극복하기 위해 뇌가 생각해낸 해결책은 잠이다. 겨울잠은 계절에 따라 나타나는 일종의 깊은 우울증으로, 신체 장기의 활동과 신진대사를 상당 수준 느리게 만든다. 겨울잠에 빠진 동물들은 평소라면 꼭 필요했을 영양분을 섭취하지 않고도 겨울철 환경에서 살아남을 수 있다. 겨울잠을 자는 동물들은 깊은 우울증에 빠져 있지만, 슬프지 않고 그저 감정 없이 무심할 뿐이다. 곰의 겨울잠은 추운 계절 내내 계속되지 않아서 동면을 틈타 곰을 더 자세히 관찰하려고 했던 연구자들이 구사일생으로 살아남는 일이 벌어지기도 했다. 위협을 감지한 곰들은 우울을 떨쳐내고 침입자를 공격한 후 다시 겨울잠에 들었다.

SAD는 곰과 청설모만의 전유물이 아니다. 인간의 뇌도 진화를 거치면서 비슷한 방식으로 겨울을 극복하도록 조정됐다. 사냥과 채집의 가능성이 희박한 혹독한 겨울철에 우울감을 느끼는 것은 원시 인류에게 도움이 됐다. 우울한 사람들은 무심하고 생각을 적게 하며 근육도 적게 사용한다. 이 상태에서는 에너지가 덜 필요하므로 약간의 음식과 물로도 겨울을 버틸 수 있었다.

물론 현대인의 삶은 전혀 다르지만, 브레인 코드의 일부인 SAD는 완전히 사라지지 않았다. 스웨덴 같은 매우 추운 나라에서는 SAD의 비율이 높다. 기후가 온난한 지역일지라도 겨울철이 혹독할수록 같은 유형의 우울증을 경험하는 사람들의 비율이 더 높다. SAD를 겪는 사람들에게는 광 치료 light therapy를 권하는데, 치료에 사용되는 빛의 양과 여름철 열기 사이에는 직접적인 연관이 있다. 뇌가 많은 빛에 노출되면 행복한 기분과 밝고 환한 여름날 사이의 연관성이 재현되므로 SAD 증상이 완화된다.

SAD 현상은 다른 상황에서도 일어난다. 예를 들어, 농부들이 일을 거의 또는 아예 하지 않는 휴경 기간이 그렇다. 맥락과 상황이 어떻든 간에 SAD는 기분 장애로 간주된다.

뇌 활동을 증가시키는 기분 장애

'고양된 기분 elevated mood'은 극도의 행복감, 기쁨, 유쾌함, 열정을 느끼는 감정 상태다. 하지만 좌절감, 질투, 짜증, 불안 같은 감정도 고양된 기분에 속한다. 기분에 대해 말할 때는 긍정과 부정이 아닌 활동과 수동으로 구분해야 한다는 것을 기억하자. 고양된 기분에 속하는 감정들은 뇌 활동을 증가시킨다는 점에서 크게 다르지 않다. 그런 이유로 일상에서 불안을 호기심으로 전환하는 것은 슬픔으로 전환하는 것보다 훨씬 수월하다.

뇌 활동을 증가시키는 기분 스펙트럼의 끝에는 양극성 장애bipolar disorder가 있다(예전에는 조울증이라고 불렀다). 양극성 장애의 원인은 아직 밝혀지지 않았다. 양극성 장애 환자들은 감정이 극단적으로 바뀌는 경험을 한다. 눈 깜짝할 사이에 들떴다가 울적한 기분이 되곤 한다. 압도적인 기쁨에서 통제 불가한 분노로, 또 질투나 깊은 불안으로 급격히 전환된다. 이런 감정의 격변은 통제를 벗어나 있으며, 이 모든 감정의 공통점은 감정, 사고 작용, 행동적 충동과 관련된 격렬한 뇌 활동을 일으킨다는 것이다.

이렇게 뇌가 매우 격렬하게 활동할 때 감정에 벌어지는 일은 뇌 활동이 둔화됐을 때와는 정반대다. 그럼에도 우울증과 마찬가지로 조증 기간 또한 결국 자연스럽게 지나간다.

어떤 면에서 보면 양극성 장애 기간에 경험하는 고통은 우울증 기간에 겪는 고통만큼 심각하진 않다. 왜냐하면 양극성 장애 환자는 일상생활을 하지 못하는 우울증 환자와 달리 활동적이기 때문이다. 하지만 양극성 장애에도 많은 위험이 따른다. 주로 극단적인 행동이 동반되기 때문에 환자만이 아니라 주변 사람들도 위험해질 수 있는데, 이런 행동에는 돈 낭비, 성 허용성(sexual permissiveness. 사회 집단의 규범보다 더 자유롭고 광범위한 성적 태도와 행동을 말한다-옮긴이), 무절제 도박, 알코올과 약물 남용, 위협, 폭력 행위, 난폭 운전 등이 포함된다. 정신의학에서는 이 상태를 '정신운동 안절부절증psychomotor restlessness'으로 규정한다. 목표가 없고 결과를 고려하지 않은 채로 끊임없이 활동 상태에 있으려는 충동을 갖는다는 뜻이다.

　이 모든 과도한 활동에는 많은 에너지가 필요하지만, 양극성 장애 환자들은 해당 기간에 배고픔이나 피로를 느끼지 않으므로 자신을 완전히 고갈시킨다. 극단적인 상황의 지속은 신체 붕괴라는 필연적인 결과를 낳는다. 조증 기간에 대한 데이터에 따르면 조증은 일회적 현상이 아니다. 대부분의 사람은 평생 동안 비슷한 기간을 계속해서 겪는다. 각 사람들이 경험하는 기간의 수와 빈도에 대한 정확한 정보는 없지만, 양극성 장애는 우울증과 결합되어 조증과 울증의 파도가 번갈아가며 몰아칠 가능성이 높다. 다행히도 많은 경우, 규칙적으로 약물을 복용하면 재발을 막을 수 있다.

　뇌는 왜 양극성 장애 환자들에게 이런 어려움을 겪게 하는 걸까? 뇌의 진화 과정을 살펴보면 부분적인 답을 찾을 수 있다. 겉보기에는 말도 안 되는 듯하지만, 조증이 원시 인류의 생존 확률을 높여 목숨을 구했을 가능성이 있다. 부족 간 영토 갈등이 벌어지거나 굶주린 육식동물을 마주치는 등 극단적인 사건이 일어났을 때, 원시 인류는 신체만이 아니라 인지 기능 또한 최고 상태여야 했다. 집중을 방해하는 일을 무시하고 음식과 수면도 절제해야 했다. 조증은 이 모든 일을 가능하게 했고 그들이 살아남도록 도왔다. 그렇다면 이 설명에서 다음과 같은 함의가 도출된다. 만약 조증이 사회의 지배적인 규범에 따라 가치 있는 역할을 한다면 사회에 받아들여질 만한 상태로 간주될 수 있다는 것이다.

원시시대 이후로 어떤 사람들은 조증의 힘을 활용해 악랄한 목적을 달성하고자 했다. 제2차 세계대전 중에 나치 독일 국방군은 상부에서 지급하는 약물을 복용했는데, 이것은 훗날 각성제로 드러났다. 약물을 복용한 그들의 뇌는 조증 상태에 빠졌고, 전선의 혹독한 환경을 견디며 며칠간 잠도 자지 않고 용감하게 전투를 수행했다.[3] 전쟁이 끝날 무렵 밝혀진 바에 따르면, 아돌프 히틀러 또한 영구적인 조증 상태였다. 주치의 테오도어 모렐이 처방한 각종 흥분제 때문에 조증 상태가 지속됐던 것이다.[4]

일반적으로 조증 상태는 심각한 고통으로 간주된다. 다행히도 치료에 꽤 효과적인 약물이 있는데, 그중 하나가 리튬이다. 리튬은 우리 몸에 미량으로 존재하는 천연 무기질이다. 뇌 연구자들은 리튬이 어떻게 기분을 안정시키는지 정확히 알아내지 못했지만, 양극성 장애 환자들은 적당량의 리튬을 매일 복용하면 균형 잡힌 정신 상태를 유지할 수 있다. 문제는 리튬을 과도하게 복용하면 몸에 치명적이라는 점이다. 따라서 의사들은 환자의 상태에 따라 덜 강력한 약물을 처방하는 것을 선호한다. 우울증의 경우에는 약물 치료와 심리적 및 사회적 지원을 병행하면 치료 성공률과 균형 회복 속도를 높일 수 있다.

기분을 개선하는 방법

우리 또는 가까운 사람이 감정 스펙트럼의 수동적인 부분에 해당하는 부정 감정(슬픔, 우울감, 피로, 소진, 외로움 등)을 경험한다고 해보자. 그럴 때 뇌가 부정 감정을 같은 스펙트럼에 존재하는 긍정 감정으로 전환하는 것은, 뇌 활동을 증가시키는 감정으로 전환하는 것보다 더 수월하다. 긍정적 수동 감정의 예로는 침착함, 평화로움, 만족감, 감사 등이 있다.

뇌가 부정 감정을 긍정 감정으로 전환하도록 도우려면 과거 사건에 집중하는 것이 좋다. 예를 들어, 과거에 우리가 경험한 지배적인 감정이 평화로움이라고 해보자. 평화로운 사건과 관련된 광경, 소리, 촉각, 냄새, 맛을 집중해서 떠올린다. 그런 다음 내면의 상태에 주의를 기울여 깊게 이완해 평화로움을 경험한다.

반대도 마찬가지다. 우리가 뇌 활동을 증가시키는 감정 스펙트럼에 해당하는 부정 감정(불안, 분노, 좌절감, 질투, 경악, 공황)을 경험한다고 해보자. 그럴 때는 같은 스펙트럼에 있는 긍정 감정

(욕망, 호기심, 흥분, 열의)으로 전환하는 것이 수월하다.

이번에도 뇌의 감정 전환을 도우려면 과거 사건에 집중해야 한다. 과거에 경험한 지배적 감정이 흥분이라고 하자. 흥분되는 사건과 관련된 광경, 소리, 촉각, 냄새, 맛에 초점을 맞춘다. 그런 다음 내면의 상태에 집중해 흥분을 경험한다. 그런 긍정적 기억에 집중하면 뇌는 과거의 즐거운 순간과 연결된 감정을 현재에서 재현해낼 수 있다.

6장에서는 우리의 감각이 얼마나 놀라운지에 대해 더 자세히 알아볼 것이다. 실제로 감각은 감정의 작동 방식에서 핵심을 이루며, 둘의 관계는 여전히 뇌 연구자들을 깜짝 놀라게 한다.

06 감정을 작동하는 핵심 방식, 여덟 가지 감각

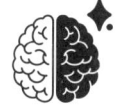

내가 이번 장을 20세기에 집필했다면, 감각에서 오는 메시지가 처리되는 피질 내 특정 부위에 집중했을 것이다. 당시 시각에 관심이 있던 신경과학자들은 시각을 담당한다고 알려진 피질 부분에 초점을 맞췄다. 그들은 눈에서 오는 모든 정보를 전달받아 식별하고 해독하는 곳이 피질이라고 믿었다. 또 우리가 피질이 말해주는 것과 주변 상황에 맞춰 반응하며 생존한다고 여겼다. 연구자들은 다른 감각에 대해서도 같은 방식으로 접근했다. 청각을 연구하는 신경과학자들은 청각 자극을 처리하는 피질 부위에 집중하면서 귀에서 전달되는 신호의 특성을 살폈다. 촉각에 대한 지식을 확장하려고 한 연구자들은 피부에서 메시지를 전달받는 피질 영역에 집중했다.

피질의 정보 처리에 중점을 두는 이 접근법은 당시에 널리 받아들여진 두 가지 가정에서 비롯됐다. 첫 번째 가정은 뇌에서 가장 중요한 부위가 피질이라는 것, 두 번째 가정은 모든 뇌 기능이 피질의 서로 다른 영역에서 일어난다는 것이다. 하지만 21세기에 들어서 우리는 두 가정이 잘못됐다는 사실을 깨달았다.

첫 번째 가정부터 살펴보자. 오늘날 이 분야를 이끄는 연구자들의 주장에 따르면, 뇌 깊숙한 곳에 위치한 피질하부의 역할이 피질보다 더 중요하다.[1] 그들이 이렇게 주장하는 이유 중 하나는 피질하부의 정보 처리 속도가 피질보다 빠르기 때문이다. 두 번째 가정도 잘못됐다는 것이 밝혀졌다. 이제 연구자들은 뇌가 서로 다른 영역에서 각 기능을 담당하는 것이 아니라, 하나의 거대한 신경망을 이룬다는 사실을 분명히 알고 있다. 피질에서 담당하는 모든 기능은 다른 뇌 기능에도 직접 영향을 미친다.[2]

예를 들어보자. 행복감을 느끼는 사람은 과거에 행복했던 사건을 기억하려 하고 행동에서도 에너지가 넘치며 몸이 가벼워지는 느낌을 받는다. 행복한 사람의 눈은 주변에서 부정적인 이미지보다 긍정적인 이미지를 더 많이 받아들이려 한다. 이처럼 감정은 기억, 주의 집중, 움직임, 시각에 영향을 미친다. 이런 상호작용은 다른 감각 정보를 받는 뇌 영역과 신체를 조절하는 운동 및 인지 기능과 관련된 뇌 영역 사이에서도 일어난다.

이제 이 발견들을 바탕으로 우리의 여덟 가지 감각에 대해 알아보자. 그렇다, 다섯 가지가 아니라 여덟 가지 감각이다.

시각: 관심 있는 것만 보인다

누군가에게 시각을 담당하는 신체 부위를 말해보라고 하면 한 치의 망설임 없이 "당연히 눈이죠"라고 대답할 것이다. 하지만 사실은 눈이 아니라 뇌다.

우리의 눈에 빛이 들어오면 수정체가 눈 뒤쪽 망막에 위치한 시각 수용체 visual receptor(다른 말로는 광수용체 photoreceptor)로 빛을 모은다. 시각 수용체는 망막에 맺힌 빛의 패턴 또는 이미지의 광학적 메시지를 전기 신호로 변환한다. 시각 정보는 수용체에서 첫 번째 처리를 거친 후 시신경을 따라 뇌로 전달된다. 피질에 도달한 정보는 후반 처리를 거쳐 얼굴, 물체, 움직임, 색깔, 거리 등 시각이 제대로 기능하기 위해 필요한 대상을 인식하도록 한다.

21세기 초까지 뇌 연구는 후두엽 occipital lobe이라는 피질 영역에서 일어나는 시각 처리에만 초점을 맞췄다. 하지만 뇌 연구자들과 신경과학자들은 시각과 관련된 피질하부 영역이 존재한다는 사실에 주목하면서, 앞이 보이지 않더라도 사물을 지각하는 맹시 blindsight 현상에 여러 차례 놀라움을 금치 못했다.[3] 맹시는 외상이나 뇌졸중으로 피질이 손상됐으나 피질하부의 기능은 정상인 사람들에게 발생한다. 이들은 앞을 볼 수는 없지만, 피질하부가 손상된 시각 장애인에게는 없는 지각 능력을 지니고 있다. 즉,

방해물을 볼 수는 없지만 피해갈 수는 있다(맹시와 시각에 대해서는 7장에서 더 자세히 다룰 것이다).

진화적 관점에서 뇌 작동 방식을 이해하면 많은 통찰을 얻을 수 있다. 뇌의 주된 임무는 생존 촉진이며 모든 뇌 기능은 오직 이를 달성하기 위해 발달했다. 따라서 우리는 시각이 나머지 감각들과 함께 생존을 돕기 위해 작동한다는 자연스러운 결론에 도달한다. 연구자들에 따르면 우리 뇌는 현실을 창조한다. 다시 말해, 뇌는 사물을 있는 그대로 보는 것에는 관심이 없고 오직 생존 가능성을 높이는 방식으로만 본다.

이 뇌 작동 방식을 이해하기 위해 건전지를 찾고 있는 사람을 상상해보자. 그가 서랍을 열고 안을 들여다본다. 나중에 아들이 그에게 자신의 선글라스를 봤냐고 묻는다면 그의 대답은 '아니'일 가능성이 높다. 선글라스가 **실제로** 서랍 안에 있었더라도 눈치채지 못했을 것이다. 피질의 한 부위가 눈에 들어온 선글라스 정보를 인식하지 못하도록 막았기 때문이다. 우리가 집중하지 않으면 뇌는 그것이 생존과 관련이 없다고 여긴다. 선글라스에 대한 정보가 피질에서 처리될 때, 그가 그것이 중요하지 않다고 간주했으므로 뇌는 선글라스에 주의를 기울이지 않은 것이다.

뇌 연구로 밝혀진 또 다른 중요한 통찰은 다양한 뇌 기능이 서로 긴밀하게 연결되어 있다는 사실이다. 예를 들어보자. 성인이 된 후 어린 시절에 자주 봤던 풍경을 바라보면, 그와 관련된 어린 시절의 기억이 떠오를 가능성이 높다. 더 나아가 기억과 감정을 담당하는 영역과 시각 영역 사이의 연결은 우리가 어린 시절 그 풍경을 보면서 느낀 감정을 다시 경험하게 한다. 심지어 행동 또한 어느 정도 그 시절처럼 변할 수 있다.

다양한 뇌 기능 간의 상호작용은 양방향으로 이뤄진다. 특정한 감정을 경험할 때 우리는 그 감정과 밀접하게 연관된 시각 메시지를 가장 강하게 인식한다.

기쁨이 밀려오는 날, 우리가 나무 두 그루 앞에 서 있다고 해보자. 한 나무에선 꽃이 피고 다른 나무는 말라가고 있다. 이때 우리는 아마도 꽃이 핀 나무에 주목할 것이다.

미각과 후각: 맛을 확장시키는 연결

그리스의 철학자 아리스토텔레스가 자신과 동시대인들이 알고 있던 다섯 가지 감각을 설명한 지 2천 년이 넘었다. 그는 미각과 후각을 서로 다른 감각으로 구분했다. 하지만 연구로 밝혀진 바에 따르면 감각 구분은 그렇게 단순하지 않다. 오늘날은 이렇게 이해하고 있다. 미각은 우리 앞에 놓인 음식 및 다른 사물의 화학 물질을 식별하게 해주는 감각의 총합이다. 그런 식별을 위해 우리는 맛과 냄새의 감각을 사용한다. 공기 중에 떠도는 화학 물질을 식별할 때는 후각만 사용하지만, 음식을 먹을 때는 미각과 후각을 함께 활용한다.

혀가 감지할 수 있는 기본적인 맛의 수에는 한계가 있다. 과거에는 네 가지 맛이 일반적이었지만, 지금은 여섯 가지가 있다고 본다. 단맛, 짠맛, 신맛, 쓴맛, 감칠맛, 기름맛이다. 하지만 일부 전문가들은 인간이 금속맛이나 물맛 같은 맛을 감지하는 수용체도 갖고 있다고 주장한다.

현대 사회의 삶은 전반적으로 풍요롭다. 음식도 풍부하고 쉽게 구할 수 있다. 하지만 원시시대는 그렇지 않았다. 그 당시 대부분의 사람은 주기적인 식량 부족을 경험했다. 뇌는 식량난에 대처하는 방법으로 배가 불러도 만약을 대비해 음식을 구하면 최대한 많이 먹도록 유도하는 전략을 개발했다. 이 전략은 여전히 시행되고 있다. 전략을 더 효과적으로 만들기 위해 뇌는 에너지가 풍부한 음식을 선호하도록 유도한다. 음식이 부족한 시기에도 오랫동안 살아남을 수 있도록 말이다. 그 결과, 에너지가 풍부한 음식 맛은 우리에게 쾌락의 감정을 일으키며 즉각적인 식욕을 자극한다. 그런 음식 맛은 달콤하고 기름진데, 이 두 가지가 결합되면 유혹을 뿌리치기가 어렵다. 레스토랑에서 디저트 메뉴를 보는 사람들의 반응을 생각해보라. 푸짐한 식사를 충분히 만끽하고도 우리는 기꺼이 초콜릿 케이크나 설탕과 버터가 잔뜩 들은 디저트를 주문하지 않는가.

　인류의 기원부터 이어진 이 신경망 활동의 기본 모드는 현재 유행하는 비만의 핵심 원인이다. 하지만 다행히도 비만은 우리의 운명이 아니다. 뇌의 유연성 덕분에 우리는 설탕과 지방이 많은 음식을 봤을 때 유발되는 반응을 재조정하고 뇌에 붙박인 원시적 패턴을 완화해 유혹을 뿌리칠 수 있다. 건강을 위해 식습관을 바꾸고 싶다면, 달고 기름진 음식을 앞에 두고도 무심해져야 한다. 이때 필요한 도구는 다음과 같다.

- 설탕과 지방이 몸에 미치는 해로운 영향에 대한 자각.
- 변화를 원하는 강한 내적 동기.
- 무심해지기 위해 선택한 방법을 지속적으로 연습하는 능력(여기에는 점진적으로 음식을 절제하는 연습이 포함될 수 있다).

　연습 단계에서는 특히 지속성이 중요하며, 이는 모든 과정에서 가장 달성하기 어려운 부분이다.

　달고 기름진 음식에 무심해질 수 있는 한 가지 방법은 피하고 싶은 음식들을 거부감을 일으키는 생각과 결부시키는 것이다. 이 방법의 성공 여부는 연결을 가능하게 하는 원동력, 즉 동기에 달렸다. 처음에는 혐오감을 불러일으키는 생각(가령 구토나 설사)과 달고 기름진 음식을 연결하는 데 적극적이어야 하지만,

나중에는 연결이 자동적으로 이뤄지면서 음식에 무심해지는 목표를 달성하게 된다.

뇌가 음식을 영양가 있고 중요하다고 인식하게 하는 맛은 두 가지가 더 있다. 단백질과 식물에서 나오는 짠맛과 고기 맛이다. 둘을 합해서 감칠맛(우마미ぅまみ味)이라 부르는데, 일본어로 '맛있는 맛'이라는 뜻이다. 감칠맛에는 신체가 건강하게 기능하는 데 필수적인 두 가지 영양소인 단백질과 무기질이 담겨 있으며, 우리에게 필요한 무기질에는 나트륨, 철, 아연, 칼슘, 인 등이 있다.

뇌는 이 물질들을 오랜 기간에 걸쳐 영양가 있는 것으로 부호화했지만, 설탕과 지방보다는 덜 중요한 것으로 평가한다. 원시시대에 에너지는 생존에 가장 중요한 요소였고 지방과 설탕은 즉시 사용할 수 있는 훌륭한 에너지원이었기 때문이다. 따라서 단백질과 무기질은 뇌에서 덜 중요하게 여겨져 이를 섭취해도 설탕과 지방만큼의 쾌락을 불러오진 않는다. 하지만 적절한 양을 섭취하면 여전히 맛있다고 느낀다. 나트륨 같은 무기질이 일시적으로 부족한 사람은 짠 음식을 먹고 싶은 강렬한 충동을 경험한다. 뇌가 무기질 결핍을 인식하고 부족한 무기질의 맛과 쾌락 감정을 일시적으로 강하게 연결하기 때문이다. 철분이 부족한 사람이 흙을 먹고 싶다는 무분별한 욕구를 느끼고, 나트륨이 부족한 사람이 돌을 핥고 싶다는 욕구를 느끼는 것도 그래서다.

뇌는 진화 과정에서 독성이 있거나 상한 음식을 가리는 두 가지 화학 성분을 인식하도록 발달했다. 바로 혀 표면에 위치한 신맛과 쓴맛 미각 수용체를 활성화하는 화학 성분들이다. 과일에서 느껴지는 신맛은 과일이 익지 않았으며 해충을 억제하기 위한 독성 물질이 들어 있을지 모른다는 경고를 전달한다. 독성 물질은 보통 과일이 익으면 사라지고, 충분히 익으면 맛이 더 달콤해진다. 이제 뇌는 과일을 먹어도 괜찮다는 메시지를 보낸다. 쓴맛도 경고 전달 역할을 한다. 고기가 세균에 감염됐다는 사실을 알려주기 때문이다. 쓴맛은 세균이 고기를 부패시키는 과정에서 분비하는 위험한 독성 물질에서 비롯된다.

내가 이제 맛의 목록이 끝났다고 말한다면 당신은 한 가지를 놓쳤다고 하며 동의하지 않을지도 모른다. 매운맛은 어떻게 된 것인가? 고추, 카레, 고추냉이의 알싸한 맛처럼 매운맛도 맛의 일종이라고 생각할 수 있다. 하지만 그렇지 않다. 엄밀히 말하면 우리가 경험하는 것은 매운맛이 아니라 입안의 통각 수용체가 활성화된 반응이기 때문이다.

여섯 가지 맛의 수용체는 혀 표면과 입안에 분포되어 있고, 뇌는 이 수용체를 통해 맛을 구분한다. 하지만 우리 몸은 여기서 만족하지 않고 후각을 더해 앞서 언급한 확장된 맛을 만들어낸다. 이 조합 덕분에 우리는 수백수천 가지 음식과 음료를 구분할 수 있다. 음식이 입안에 들어오면 일부 화학 성분들이 입 뒤쪽에서 코로 이동한다. 입을 통해 숨을 들이마시고 콧구멍을 통해 숨을 내쉬는 통로가 바로 입과 코 사이의 연결부다. 이 연결부 중 코의 위쪽 부위에 후각 수용체가 있다. 후각 수용체는 음식에서 떨어져나와 공기 중에 떠다니는 화학 물질을 흡수하고, 해당 정보(각각의 냄새 정보는 고유한 주파수를 갖고 있다)를 고유한 전기 신호로 변환해 냄새와 관련된 뇌 영역으로 전달한다.

음식에서 나온 화학 물질이 비강(코 안쪽 공간)으로 올라가려면 입과 코 내부의 압력이 달라야 한다. 압력의 차이는 우리가 음식을 먹을 때 부드럽게 숨을 내쉬면서 만들어지는데, 이는 자각 없이도 이뤄진다. 다음에 음식을 씹는 동안 코로 숨을 내쉬지 않도록 해보자. 그러면 놀랍게도 전에는 맛있게 먹었던 음식에서 아무런 맛도 느껴지지 않을 것이다. 맛이 사라진 건 아니다(여전히 음식이 달콤한지 시큼한지 쓴지 짭짤한지 구분할 수 있다). 단지 맛에 대한 경험을 확장시키는 고유한 향이 사라졌을 뿐이다. 화학 물질이 콧속 후각 수용체에 도달하지 못해 이전에는 전달받던 메시지를 더 이상 받지 못하게 된 것이다.

확장된 맛과 관련된 뇌 영역은 입에서 보내는 메시지를 전달받아 처리해 먹고 싶거나 피하고 싶은 충동을 일으킨다. 다시 말하지만, 이 모든 과정은 생존 촉진을 위한 것이다. 뇌는 이 목표를 염두에 두고 피질과 피질하부의 다른 영역들을 동원한다. 많은 연구에 따르면, 시각 기능과 확장된 미각 기능은 함께 연결되어 있다.[4] 뇌는 붉은색 음식을 가장 영양가 높고 매력적이라고 인식한다. 이런 선호는 우연히 만들어지지 않았다. 붉은 과일은 당도가 높다는 뜻이며, 붉은 고기는 높은 단백질 함량을 나타낸다. 미각에 관련된 뇌 영역과 다른 영역 간의 연결은 "배고픔이야 말로 최고의 양념이다"라는 오랜 격언으로도 뒷받침된다. 뇌의 미각 영역은 음식이 부족한 상황에서 쾌락 스위치를 눌러 평상시라면 먹지 않았을 음식을 삼키게 만든다. 우리는 이 행동을 합리적으로 해석하며 맛이 그리 나쁘지 않다고 여기겠지만, 사실은 뇌가 보낸 메시지 때문에 음식을 맛있다고 느끼는 것이다.

후각은 식사를 할 때만이 아니라 공중에 떠다니는 화학 성분이 음식인지 다른 것인지 식별하는 일도 가능하다. 어떤 냄새는 화재와 같은 위험을 알리고, 어떤 냄새는 먹을 기회가 있음을 알린다. 예를 들어, 주방에서 풍기는 냄새는 우리가 곧 맛있는 식사를 할 것임을 알려준다. 이처럼 화학 물질 입자를 분석하기 위해 설계된 후각은 매우 중요하지만, 과거의 연구자들은 후각의 가치를 과소평가하며 시각의 중요성을 더 강조했다. 이런 선호는 피질에서 시각 영역의 크기가 다른 감각 영역보다 훨씬 크다는 사실에 기반한 것이었다. 인간의 경우, 시각 담당 영역은 피질의 약 3분의 1을 차지한다. 하지만 최신 연구들은 이 관념을 불식했다. 한 연구에 따르면, 사람에게서 후각을 제외한 나머지 감각 기관을 무력화했을 때 특정 냄새의 출처를 추적하는 능력이 개와 비슷해졌다고 한다.[5] 감각 중에서 후각에만 주의를 기울이면, 뇌에서 후각 영역을 통해 몸으로 들어오는 정보를 처리하기 위한 최적의 조건이 형성된다.

동물들이 후각을 사용하는 목적은 위험과 기회를 감지하는 것 말고도 또 있다. 동물들은 종 내에서 관계를 형성하고 강화하기 위해서도 후각을 사용한다. 냄새는 동물들의 몸에서 방출되거나 분비물의 형태로 나타난다. 많은 종의 암컷은 짝짓기할 준비가 되면 특유의 냄새를 발산한다. 그 냄새는 공기 중으로 퍼지고, 동일한 생물 종에 속하는 수컷들의 콧속으로 들어간다. 냄새를 맡은 수컷들은 암컷을 찾아 짝짓기를 시도한다. 그리고 많은 경우, 수컷들은 소변 냄새로 자신의 영역을 표시한다.

기본적으로 한 동물이 분비하는 화학 물질은 다른 동물에게 감지되어 특정한 행동을 유도한다. 이 화학 물질을 페로몬이라고 한다. 과학자들은 비교적 최근까지 페로몬이 더 이상 인간의 행동에 영향을 미치지 않는다고 믿었다. 하지만 그렇지 않다는 주장을 뒷받침하는 연구들도 많다. 1971년, 마사 매클린톡Martha McClintock은 공동생활을 오래 한 여성들(학교 기숙사, 수녀원, 교도소 등에서 생활하는 여성들)의 월경 주기가 동기화된다는 사실을 처음으로 보여줬다.[6] 한마디로, 대체로 같은 시기에 배란을 한다. 이 동기화 현상은 훗날 '매클린톡 효과McClintock effect'라는 이름으로 알려졌다. 후속 연구에 따르면, 여성들의 땀에서 나온 페로몬이 공기 중으로 전달되면서 동기화를 유발한다고 한다.[7] 선사시대에는 매클린톡 효과가 유익하게 작용했을 것이다. 부족 내 모든 여성이 같은 시기에 배란을 하면 아기들이 태어나는 시기가 비슷해 여성들이 서로 수유와 육아를 도울 수 있었기 때문이다.

신경과학자 노암 소벨Noam Sobel의 연구는 인간들이 주고받는 냄새가 행동에 무의식적으로 영향을 미친다는 사실을 밝히는 데 기여했다. 한 연구에 따르면, 여성의 눈물에는 특정한 화학 물질이 포함되어 있는데,[8] 이 물질이 남성의 코에 감지되자 뇌에서 행동을 조절하는 신경 활성 작용이 일어났다. 또 다른 연구에 따르면, 사람들은 다른 사람과 악수를 한 다음 무의식적으로 자신의 손 냄새를 맡는 경향이 있다.[9] 해당 연구는 그 이유를 이렇게 결론지었다. 악수를 할 때 손바닥이 상대의 땀을 흡수하는데, 그 땀에 고유한 화학 물질이 포함되어 있다는 것이다. 우리 뇌의 깊은 영역은 냄새를 맡는 식으로 화학 물질을 분석해서 상대방의 건강이나 감정 상태를 알아내려고 한다. 이 모든 과정은 무의식적으로 일어나며, 적절하게 행동하고 반응할 방법을 파악해 스스로와 상대방의 생존을 촉진하는 것이 목적이다.

많은 신경과학자는 이런 발견이 빙산의 일각에 불과하다고 여긴다. 타인과의 상호작용 중 상당 부분은 뇌가 후각으로 감지한 화학 물질이 유발하는 행동에 의해 주도되고 있을지 모른다.[10]

촉각: 손만 잡아도 감정은 전달된다

우리가 어떤 물체를 만지거나 다른 사람이 우리의 피부를 만질 때, 해당 부위에 가해지는 압력은 피부에 변화를 일으킨다. 압력 수용체는 피부 변화를 감지하고 그 정보를 신호로 번역해 뇌로 전달한다. 신호를 처음 전달받는 뇌 영역은 피질하부에 위치해 있다. 이 영역의 역할은 피부 접촉이 생존을 위협하는지 판단하고 그에 맞게 반응하는 것이다. 만약 접촉이 위협적이라면 우리는 그로부터 빠져나가기 위해 민감하게 반응할 수 있다.

촉각 신호의 여정은 피질하부에서 끝나지 않는다. 피질 영역까지 전달되는 신호는 신호가 발생한 원인을 정확하게 식별하고 몸 어느 부위에서 온 것인지 확실하게 파악하도록 처리된다. 내가 당신에게 눈을 감으라고 말하고 손에 펜을 쥐여주면, 당신은 오직 촉각만으로 그것이 펜인지 쉽게 식별하고 펜이 손에 있다는 사실 또한 알게 된다.

뇌 연구는 촉각의 또 다른 차원도 밝혀냈다. 우리는 촉각 정보가 감정, 주의, 기억 같은 광범위한 뇌 기능을 동시에 활성화한다는 사실을 알고 있다. 연구에 따르면, 실험 참가자들은 따뜻한 음료가 담긴 컵을 손에 쥐었을 때 주변 사람들에게 다정함, 공감, 동정심을 느꼈고, 행동 역시 감정에 맞춰 나타났다.[11] 반대로 컵에 차가운 음료가 담겼을 때는 참가자들의 감정 또한 냉담했다. 부드러운 안락의자와 거친 나무 의자에 나눠 앉은 참가자들을 관찰한 연구에서도 비슷한 결과가 나왔다.[12]

이 현상은 우리의 기본적인 특징일 뿐이라는 사실을 이해해야 한다. 참가자가 원래 냉담했다면 따뜻한 음료를 받는다고 해도 감정이 따뜻해지지는 않는다.

20세기의 신경과학자들은 타인과의 상호작용에서 촉각이 담당하는 주된 역할은 좁은 범위의 감정 신호를 전달하는 것이라고 가정했다. 그러나 최근 몇 년 동안 우리는 촉각으로 전달되는 감정 범위가 훨씬 넓다는 사실을 이해하게 됐다. 여러 나라의 참가자들을 대상으로 수행된 한 연구에서 배우들은 실망, 분노, 사랑, 좌절감 같은 감정을 오직 촉각을 통해 다른 참가자들에게 표현하는 임무를 받았다.[13] 실험의 첫 단계에서 배우들은 눈을 가린 참가자들의 손을 만져서 특정한 감정을 전달해야 했다. 말은 한마디도 할 수 없었다. 놀랍게도 미국의 참가자들 가운데 약 75퍼센트가 다양한 감정을 정확하게 식별했다.

연구자들이 내린 결론은 촉각이 감정 식별을 돕고, 의사소통을 향상시킨다는 것이었다. 스페인에서는 감정을 제대로 식별한 비율이 높은 편이었다. 연구자들은 이에 대해 사람들이 신체를 활용해 자유롭게 소통하는 문화권에서는 그런 소통이 제한된 곳보다 촉각의 감정 식별 능력이 더 잘 발달했기 때문이라고 설명했다.

촉각은 감정과 관련이 있을 뿐만 아니라 신체 건강에도 뚜렷한 영향을 미친다. 미국에서 진행된 한 연구는 촉각과 신체 건강 사이의 관계를 이해하는 데 크게 기여했다. 이 흥미로운 연구에 따르면, 인큐베이터 안에 있는 동안 어머니와 접촉한 미숙아는 그렇지 못한 미숙아보다 더 빠르게 잘 발달했다.[14]

다른 연구에서는 마사지가 신생아의 근육만이 아니라 면역계까지 향상시킨다는 사실이 밝혀졌다.[15] 이처럼 피부 접촉이 감정과 신체 기능에서 중요한 역할을 한다는 것이 입증됐지만, 현대 사회에서는 자유로운 신체 접촉을 장려하지 않는다. 이를 해결할 수 있는 한 가지 방법은 누군가의 어깨에 손을 올리거나 손을 잡는 것만으로도 바람직한 의사소통이 가능하다는 신경과학자들의 발견에 있을지도 모른다.[16] 이런 지식이 확립되고 더 널리 적용된다면, 사회 규범을 지키는 동시에 정신과 신체적 행복감을 향상시킬 수 있을 것이다.

통각: 통증으로 보내는 위험 신호

감각 기관은 제각기 다양한 자극을 인식하는 능력을 제공한다. 자극은 외부에서 (시각, 미각, 촉각, 청각을 통해) 올 수도 있고 내부에서 올 수도 있다. 특이하게도 외부와 내부 모두에서 뇌로 전달되는 메시지가 있는데, 바로 통증이다.

통증은 불쾌하고 고통스럽다. 대부분은 통증을 경험하지 않기를 원하지만 이는 생존에 필수적이기 때문에 무시할 수 없다. 통증은 부상이나 질병을 경고한다. 뜨거운 것에서 손을 떼라고 알려준다. 뼈가 부러졌을 때 최대한 움직이지 말고 의사의 도움을 받으라고 말해주기도 한다.

통증의 중요성은 통각 없이 태어난 아기들의 기대 수명 데이터로 증명된다.[17] 그런 아기들의 수명은 평균적으로 6년을 넘지 않는다. 수명이 짧은 이유는 보통의 아기보다 더 자주 심각한 부상을 입어서 중증 감염 같은 합병증으로 사망하기 때문이다.

나는 네 살 때 호기심에 뜨겁게 달궈진 다리미를 잡은 적이 있다. 극심한 통증을 느끼며 곧바로 손을 뗐지만, 어린 시절의 강렬한 기억으로 남아 있다. 만일 극심한 통증을 느끼지 못하는 어린아이였다면 다리미에서 손을 떼지 않아 더 심한 화상을 입어서 생명을 위협할 정도로 심각한 감염에 걸렸을 것이다.

뇌의 통증 처리 첫 번째 단계의 목적은 통증의 정확한 위치와 성격, 이유를 파악하는 것이다. 다음 처리 단계에 이르러서야 뇌는 통증의 감정적 경험을 형성한다. 통증의 목적은 생존에 위협이 되는 대상을 경고하는 것이므로 통증에 뒤따르는 기본적인 감정 경험은 고통이다. 반대로 뇌가 상황이 위협적이지 않다고 판단하면, 최대한 빨리 행동해야 할 동기가 없으므로 통증에 고통을 더하지 않는다. 심지어 가벼운 통증은 쾌감을 불러오기도 한다. 예를 들어보자. 뜨거운 물로 샤워하면 피부의 통각 수용체가 활성화돼 통증 신호가 뇌로 전달된다. 뇌는 그 신호를 처음에는 화끈한 통증으로 해석하지만, 후기 처리 단계(감정적 경험을 형성하는 단계)에서는 해로운 경험이 아닌 즐거운 경험으로 규정한다. 뇌가 뜨거운 물을 샤워와 관련짓기 때문이다. 따라서 약간의 통증이 있다고 자각하더라도 고통이 뒤따르진 않는다. 오히려 예상되는 결과는 생존이므로 즐거운 느낌을 불러일으켜서 나중에 샤워를 또 하도록 동기를 유발한다.

헬스장에서 운동하는 사람들도 비슷한 경험을 한다. 이들은 대부분 아령이나 역기를 들거나 러닝머신 위를 빠르게 달리며 운동한다. 다음 날은 움직일 때마다 통증이 느껴지겠지만 심각하게 고통스럽진 않다. 통증 신호는 뇌에 도달하고, 뇌는 근육과 골격으로 신호의 위치를 파악한다. 그 정보가 감정적 경험으로 처리될 때 느껴지는 감정은 쾌락이다. 통증이 부상보다는 생존 촉진을 위한 신체적 노력의 결과임을 뇌가 이해하기 때문이다.

출산과 관련된 통증 또한 즐거움의 감정을 동반할 가능성이 있다. 임신한 여성이 새로 태어날 아기가 생존에 위협이 되지 않고 오히려 자신과 가족의 삶을 향상시키리라 확신한다면, 진통 자체는 불가피하더라도 출산에 대한 감정적 경험은 즐거움이 될 때가 있다. 수술을 받거나 치과 의사에게 시술을 받는 경우도 마찬가지다. 환자가 수술이나 시술이 자신의 생존에 도움이 되리라 확신한다면 고통이 경감되기도 한다.

지금까지 우리는 신체 손상으로 인한 통증을 살펴봤다. 하지만 통증의 출처가 신체가 아닐 때도 통증이 느껴지고 고통이 동반되는 두 가지 상황이 있다. 첫 번째 상황은 다른 사람이 통증을 느끼는 것을 보고 자신과 동일시하며 겪는 정신적 통증이다. 진화는 우리 뇌가 타인에게 공감하도록 감정을 발달시켰다. 인간에게 공감 능력이 있다면 상호협조할 가능성이 높아지기 때문이다. 이것은 뇌의 교묘한 속임수라고 할 수 있다. 우리가 타인의 통증을 덜어주기 위해 가능한 모든 일을 하도록 부추기기 때문이다. 우리는 타인의 통증을 우리의 통증처럼 처리하도록 하는 충동을 경험한다.

두 번째 상태는 만성 통증이다. 일반적으로 신체 손상이 발생하면 통증과 고통이 뒤따른다. 몇 달이 지나면 신체가 치유되고 손상된 조직에서 오는 신호가 멈추지만, 통증과 고통이 계속

될 때도 있다. 통증을 담당하는 신경망이 신체가 치유된 사실을 감지하지 못하고 여전히 신호를 처리하기 때문이다.[18]

만성 통증은 뇌 연구에서 중요한 주제로 떠올랐다. 놀라운 발견 중 하나는 통증 자체가 빙산의 일각에 불과하다는 것이다. 만성 통증이 있는 사람에게는 모든 뇌 기능(운동과 감각 및 인지 기능, 그리고 신체 건강과 관련된 기능)에서 퇴행이 발생할 수 있다는 점이 밝혀졌다.[19] 통증과 관련된 신경망이 뇌의 다른 많은 부분과 연결되어 있기 때문이다. 실제로는 존재하지 않는 통증의 신호가 기존 원인과는 관련 없는 다른 뇌 기능들로 확산되어 통증을 **느끼게** 한다. 더 이상 통증의 원인이 존재하지 않는데도 말이다. 신경망이 퇴행한다는 것은 통증 신호가 원래 통증이 있었던 위치나 감각과 일치하지 않는다는 뜻이다. 그렇게 고통이 발생하면 뇌는 다른 기능을 둔화시키는 방식으로 반응한다. 이런 상황이 지속되면 뇌는 관련이 없다고 판단한 연결을 끊어버리기 때문에 기능 저하가 더 악화된다.

만성 통증을 완화하는 효과적인 자연 치료법은 통증 감각을 조절하는 핵심 요소 중 하나가 위협 또는 불안을 경험하는 방식이라는 이해에 바탕을 둔다. 하지만 이런 종류의 치료를 시도하기 전에, 현재 느껴지는 통증이 신체 부위에서 실제로 발생한 손상의 결과가 아님을 확실히 해야 한다. 따라서 이 판단은 의사에게 맡겨야 한다.

우리는 통증을 경험하면서 위협을 느낄 때가 많다. 왜냐하면 뇌가 통증 신경망에서 받은 신호에 대한 감정이 바로 위협감이기 때문이다. 그러므로 위협감을 억제하면 통증 신경망의 활동을 방해할 수 있고, 만성 통증이 발생하는 모든 과정을 끝내는 데 도움이 된다.

이 이론을 실제로 적용하기 위한 첫 번째 조건은 강한 동기유발이다. 만성 통증을 앓는 사람들은 보통 만성 통증에서 벗어나고 싶다는 동기가 있지만, 뇌가 상황을 복잡하게 만든다. 뇌의 주된 임무는 통증 없는 삶을 촉진하는 것이 아니라, 생존을 보장하는 것이기 때문이다. 따라서 뇌가 통증 및 고통이 생존에 도움이 된다고 판단한다면(가령 힘든 일상에서 벗어나게 해주거나 주변 사람들의 공감을 이끌어낸다고 판단한다면) 동기가 아무리 강해도 변화는 쉽지 않다. 그러므로 치료를 시작하려면 먼저 이 방해물부터 극복해야 한다. 다시 말해, 만성 통증에서 벗어나기 위해서는 위협감을 없애는 것이 우선이다.

위협감의 강도를 통제하려면 위협에 기울이던 주의를 인생에서 의미 있는 순간으로 돌려야 한다. 즉, 유의미한 활동에 몰두하고 그것에 좋은 느낌을 받았던 때를 기억하는 것이다. 예를 들어, 다이버는 수중을 탐험하면서 목격한 멋진 풍경을 떠올리고, 아마추어 목수는 잘 만들어진 진열장을 보며 만족감을 느낀 순간을 상기한다. 또 대부분의 사람은 자전거 타기를 배우거나 운전

면허 시험에 통과할 때 경험한 성취감을 기억할 것이다. 이런 순간에 정신적으로 깊이 몰입할수록 위협감은 감소한다. 이 활동의 목표는 동기 유발과 상상력을 활용해 위협감을 줄이고 통증의 강도를 완화하는 것이다.

뇌는 이런 상황을 반복해서 재현하고 다시 경험함으로써 위협 상태를 생존 상태로 전환한다. 시간이 지나면서 이런 전환은 통증 신경망을 '단락'시킨다. 다시 말하지만, 이 치료법을 시행하기 위한 전제 조건은 의사에게 통증의 원인이 신체가 아님을 확인하는 것이다.

평형감각: 신체 균형은 근육만으로 유지할 수 없다

자리에서 일어나 한쪽 팔을 앞으로 똑바로 뻗고 머리를 앞으로 기울여보자. 이 정도로는 균형을 잃고 넘어지지 않는다. 우리는 이를 당연한 능력으로 여기지만, 균형을 잡는 능력은 감각 능력, 정보 처리, 특정한 근육을 정밀하게 수축하는 운동 반응을 포함한 복잡한 뇌 활동의 결과다. 이 과정에 관여하는 신체 부위에 영구적 혹은 일시적인 부상을 입으면 해당 능력을 잃게 되고, 앞서 말한 대로 움직이면 쏠린 팔과 머리의 무게를 추가로 받쳐

줄 무언가가 없으므로 결국 넘어지고 만다.

신체의 여러 부분은 균형 상태를 유지하기 위해 다음과 같이 협력한다.

- 수용체들로 이뤄진 시스템이 신체의 위치 변화를 뇌에 보고한다.
- 뇌는 수용체로부터 받은 신호를 처리한다.
- 뇌는 넘어지지 않는 데 필요한 만큼 근육을 수축하고 골격이 움직이도록 지시한다.

이 과정을 설명하기 위해 처음에 든 예시로 돌아가자. 팔을 뻗는 동시에 머리를 앞으로 숙이면 뇌는 신체 위치가 변했다는 신호를 받는다. 균형과 관련된 뇌 영역은 이 신호를 처리하고, 신체를 안정적으로 유지하는 데 필요한 근골격계 조정이 이뤄지도록 반응한다. 이런 변화는 우리가 넘어지지 않는 데 필수적이지만, 우리는 이를 거의 자각하지 못한다.

수용체는 신체 위치의 변화 신호를 소뇌^{cerebellum}로 보낸다. 소뇌는 균형과 운동을 담당하는 피질하부 안쪽 영역이다. 다른 많은 동물과 마찬가지로 인간은 서로 다른 세 신체 부위에 위치한 세 가지 유형의 균형 감지 장치를 갖고 있다.

전정 신경계vestibular system는 내이inner ear에 위치하며, 머리의 움직임을 보고한다.

고유감각 신경계proprioceptive system는 등과 팔다리를 따라 분포해 있고, 움직일 때마다 변화하는 관절과 근육의 기계적 긴장(mechanical tension. 근육이 늘어나거나 수축될 때 가해지는 긴장을 뜻한다—옮긴이)을 보고한다. 소뇌는 이 정보를 처리해 3차원 공간에서 우리 몸이 어디에 있는지를 밀리미터 단위로 정밀하게 파악한다.

시각 배열visual array은 눈 뒤쪽 망막의 일부이며, 소뇌를 기준으로 평평한 정도를 파악한다. 시각 배열의 기준선이 평평하면 우리가 평면 위에 서 있거나 걷는다는 뜻이다. 기준선이 위쪽으로 기울어지면 수직으로 오른다는 뜻이고, 기준선이 아래쪽으로 기울어지면 내려간다는 뜻이다. 이 정보는 매우 중요하다. 신체에 작용하는 힘의 균형은 상황에 따라 다르므로 균형 시스템이 해당 정보를 고려해야 하기 때문이다.

앞서 언급했듯이 뇌는 하나의 거대한 신경망이다. 다양한 뇌 부위가 연결된 덕분에 뇌는 소뇌에 도달하는 온갖 정보를 활용해 균형을 유지한다. 한 가지 예로 뇌가 머리 움직임에 대한 정보를 활용하는 방식을 들 수 있다. 이 정보는 전정 신경계에서 오며, 우리가 움직이면서 특정한 물체에 시선을 집중하는 능력을

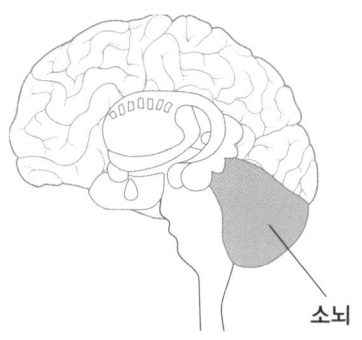
소뇌

제공한다. 우리는 이동 중에도 책이나 휴대폰, 노트북 화면의 글을 읽을 수 있다. 이때 뇌는 머리가 움직이는 동안 머리의 위치를 추적하고, 눈을 움직여 머리의 움직임을 보정한다. 머리가 약간 위로 움직이면 눈은 약간 아래로 움직이고 그 반대도 마찬가지다. 이 능력 덕분에 원시 인류는 사냥감을 추적하면서 목표에 집중할 수 있었다.

고유감각 신경계에서 소뇌로 전달되는 신호도 전정 신경계와 마찬가지로 우리가 넘어지지 않는 데 필요한 기능에만 한정되지 않는다. 고유감각 신경계의 능력에는 미세한 운동 능력과 근육 조정 능력이 포함되며, 이는 글을 쓰거나 악기를 연주하는 것부터 바늘에 실을 꿰거나 자물쇠에 열쇠를 넣는 것까지 수많은 일상 활동을 수행하는 데 반드시 필요하다.

이 작동 방식을 설명하기 위해 한 가지 예시를 살펴보자. 열쇠로 문을 열 때 고유감각 신경계는 열쇠를 든 손의 정확한 위치 정보를 소뇌에 계속해서 갱신해 보낸다. 물론 자물쇠의 위치는 변하지 않는다. 따라서 우리는 자물쇠를 잘 보기만 하면 된다. 그러면 소뇌가 우리 손을 열쇠 구멍으로 안내할 것이다. (소뇌가 열쇠 구멍의 정확한 위치를 파악할 수 있도록) 일단 열쇠 구멍에 시선을 집중하면 눈을 감고도 문을 열 수 있다.

균형을 유지하기 위해 소뇌가 고유감각 감지 장치에서 오는 정보를 처리한 후에도 정보는 계속해서 피질로 이동한다. 그곳에서 추가적인 처리를 거친 다음에야 우리는 우리가 어느 공간에 있고 어떤 자세로 있는지 자각하게 된다.

길거리를 지나가는 사람들을 관찰해보면 제각기 다른 자세를 취하고 있음을 알 수 있다. 어떤 사람은 구부정하게 걷고, 그 사람의 친구는 똑바로 서서 걷는다. 옆에서는 고개를 숙인 사람이 지나가고, 다른 사람은 머리를 꼿꼿이 세우고 걸어간다. 저쪽에는 몸을 움츠린 사람이 있지만, 그 사람의 동행자는 어깨를 펴고 있다. 사람들의 자세는 가지각색이지만 공통점이 하나 있다. 넘어지지 않고 균형을 유지한다는 것이다.

20세기의 뇌 연구자들은 자세를 그다지 중요하게 생각하지 않았다. 하지만 최근 몇 년 동안 상황이 달라져 이 주제에 점점 더 많은 관심이 몰리고 있다. 신경과학자들은 뇌가 생존을 촉진하기 위해 완전히 다른 기능들을 연결해 거대한 신경망을 이룬다는 비교적 새로운 이해를 바탕으로 한 전체론적 치료법에서 연구 아이디어를 얻고 있다.

대표적인 것 중 하나는 모세 펠든크라이스Moshe Feldenkrais가 창안한 펠든크라이스 방법이다. 그는 사람들의 자세와 전반적인 건강 상태, 정신적 행복감이 밀접하게 연결되어 있다고 믿었다. 이 관계는 과학적으로도 증명됐다.[20] 예를 들어, 외향적인 사람은 꼿꼿한 자세를 유지할 때가 많은 반면, 내향적인 사람은 어깨가 구부정하고 몸이 앞으로 굽는 경향이 있다.

운동 기능을 담당하는 뇌 영역과 성격 특성이 형성되는 부위 사이에서 발견된 연결은 인간이 사회적 동물로 살아가기 위해 필요한 것으로 추정된다.[21] 선사시대에 인간의 뇌는 공동생활이 생존에 도움이 된다는 사실을 인식하고, 이를 장려하기 위해 사회적인 것으로 규정되는 몇 가지 기능을 창조했다. 그중 하나가 타인의 자세를 관찰해 감정과 건강 상태를 추론하는 능력이다.

한번은 집 근처를 걷고 있는데 한 남자가 빠른 걸음으로 다가오는 것을 봤다. 걸음은 빨랐지만 허리를 굽히고 고개를 수그린 채 손을 축 늘어뜨리고 걷는 중이었다. 나는 그에게 정신적인 문제가 있을 것이라고 결론지었다. 나중에 다른 이웃을 통해 최근 그 남자가 안타깝게도 정신분열증 진단을 받았다는 소식을 전해 들었다. 약을 복용하지 않으면 거리를 방황한다고 했다.

앞으로 뇌 연구를 통해 자세와 정신 기능 사이의 밀접한 관계에 대한 이해가 계속 축적되다 보면, 언젠가 정신의학 분야의 진단과 돌봄에 큰 도움이 될 것이라고 확신한다.

이미 3장에서 언급했고 앞으로 9장과 11장에서도 설명하겠지만, 우리가 유연한 뇌를 가지고 있다는 이해는 전문 의료진에게 약물 처방에 의존하지 않고도 뇌 기능을 조절할 수 있는 새로운 선택지를 제공한다. 자세를 통해 성격 특성과 기분을 파악하고 그것들에 영향을 미치는 능력 또한 의료적으로 활용될 수 있다.

자세와 성격의 관계는 양방향이다. 다시 말해, 자세는 성격 특성에 영향을 미치며 성격 특성 또한 자세에 영향을 미친다. 이런 이해는 실질적으로도 응용 가능하다. 자세를 교정해 성격 특성을 개선할 수 있기 때문이다. 자세가 구부정한 사람이 어깨와 허리를 펴고 올바른 자세를 취하면 자신감이 향상될 가능성이 높다. 자신감이 향상되면 위협감이 줄어들어 더 적극적인 성격으로 바뀔 수도 있다. 불안과 위협감은 혈중 코르티솔 수치를 높이는데, 이는 스트레스에 대한 반응으로 건강에 악영향을 미친다. 따라서 부정 감정을 줄이면 코르티솔 수치가 낮아지면서 신체와 정신 건강이 향상된다.

청각: 감정은 무엇을 듣느냐에 따라 달라진다

청각은 총 세 가지 방식으로 우리에게 도움을 주고 영향을 미친다.

- 목소리와 소리를 인식하게 한다.
- 주변 물체의 위치 정보를 제공해 공간 자각을 돕는다.
- 감정에 영향을 미치고 자동적 행동을 유발하는 충동을 일으킨다.

소리를 듣는다는 놀라운 현상은 주변의 공기 흐름을 소리로 변환하는 능력으로 인해 생겨난다. 공기의 움직임은 음파를 형성하고, 음파는 귀로 들어와 이도auditory canal라는 통로를 따라 중이middle ear로 전달되어 고막을 진동시킨다. 이 진동은 세 가지 귓속뼈인 망치뼈, 모루뼈, 등자뼈를 움직여 소리를 증폭시킨다. 다음 단계에서는 음파가 내이의 복잡한 구조인 전정, 반고리뼈관, 달팽이관으로 전달되어 전기 신호로 변환된다. 그리고 신호는 신경을 통해 뇌로 들어가 해석되고 변환된다. 우리는 이 모든 과정을 거쳐 소리를 듣는다.

음파는 진동 속도(주파수)와 세기에 따라 달라진다. 주파수는 헤르츠Hz 단위로, 세기는 데시벨db 단위로 측정된다. 인간의 청각계는 주파수가 20헤르츠에서 2만 헤르츠인 음파만 처리할 수 있으므로 다소 제한되어 있다. 이 범위에서 벗어난 소리는 전혀 못 듣는다. 그래서 우리는 항상 음파에 둘러싸여 있지만 의식하지 못할 때가 많다. 우리가 듣지 못하는 소리에는 저주파(20헤르츠보다 낮은 음파)와 초음파(2만 헤르츠보다 높은 음파)가 있다.

소리 크기도 마찬가지다. 우리의 소리 크기 지각 능력은 10데시벨에서 150데시벨까지다. 10데시벨 이하, 150데시벨 이상의 소리는 전기 신호로 정확하게 변환하기가 어렵기 때문이다. 게다가 극도로 큰 소리는 청각 기관을 손상시켜 청력 상실을 초래한다.

뇌는 귀에서 오는 전기 신호를 처음에는 피질의 측면 영역에서 처리한다. 더 심층적인 처리는 그 인접 부위에서 이뤄진다. 그곳에서 소리는 언어 혹은 고유한 의미를 가진 것으로 인식하고 기억된다. 그 결과, 우리는 고양이의 울음소리, 트럭이 후진하는 소리, 음악 등 특정한 소리가 무엇인지 기억하게 된다.

어떤 사람들은 음의 높낮이를 처리하는 특별한 능력을 갖고 있다. 이 능력은 상대 음감 또는 절대 음감이라는 향상된 능력으로 분류된다. 상대 음감을 가진 사람은 소리 간의 주파수 차이를 인식하고 기억한다. 물론 대부분의 사람도 두 소리의 차이는 인식하지만 상대 음감을 가진 연주자는 악보를 보지 않고도 멜로디를 연주할 수 있다. 왜냐하면 연주 경험이 쌓이면서 음표 사이의 주파수 간격을 정확하게 인식하는 능력이 생기기 때문이다.

반면, 절대 음감을 가진 사람은 상대 음감과 달리 개별적인 소리를 식별하고 기억할 수 있다. 대부분의 사람은 특정한 소리나 새로운 멜로디를 짧은 시간 동안만 기억한다. 하지만 높은 수준의 절대 음감을 지닌 사람들은 다양한 음계에 포함된 음의 이름을 배우면 아무 소리를 듣고도 음을 찾아낸다.

청각 정보를 추가로 처리한 다음에는 목소리나 소리가 어디서 오는지도 파악할 수 있다. 강의 도중에 휴대폰 벨이 울린다고 하자. 우리는 일단 소리 자체와 그 의미를 인식하는데, 뇌는 거기서 멈추지 않고 훨씬 더 많은 정보를 제공한다. 그 결과, 우리는 소리가 강의실 안 어느 곳에서 발생했는지 대략 파악하고 어쩌면 누구의 휴대폰인지도 알 수 있다.

이것이 가능한 이유는 우리가 두 귀를 가졌기 때문이다. 두 귀는 어느 정도 거리가 떨어져 있기 때문에 휴대폰 벨 소리가 서로 다른 세기로 각기 다른 시각에 도달한다. 따라서 두 귀에서 뇌로 전달하는 청각 신호는 서로 다를 수밖에 없다. 신호들이 뇌의 특정 영역에서 통합 처리를 거치면 우리는 신호들의 차이를 바탕으로 공간상에서 소리의 위치를 파악하게 된다. 예를 들어, 소리가 오른쪽 귀에서 더 크게 들리면 뇌는 벨 소리의 주인이 오른쪽에 있다고 이해하는 식이다.

귓불은 소리의 위치를 파악하는 데 중요한 역할을 한다. 다양한 방향에서 들려오는 목소리와 소리는 제각기 귓불의 다른 부분에 닿아 음파의 주파수와 세기가 미묘하게 달라진다. 청각 자극의 이 미세한 차이 덕분에 우리는 소리가 어디서 오는지를 꽤 정확하게 파악할 수 있다.

우리의 청각은 일상에서 충실히 작용하고 있는데, 선사시대의 조상들에게는 더 필수적이었다. 그들에게 있어서 목소리를 알아듣고 소리의 위치를 파악하는 것보다 훨씬 중요한 것은 소리를 만들어낸 대상이 무엇인지, 그리고 그 정보에 따라 어떻게 반응할지 뇌가 내리는 행동 지침이었다. 맹수의 포효와 관련된 주파수와 세기는 위협감을 활성화해 도피 가능성을 최대한 끌어올리도록 행동하는 자동적 반응을 유발했다. 다시 말하지만, 이 과정의 목표는 생존이었다. 반대로 영양의 울음소리는 자동적으로 기분 좋은 감정과 풍족한 식사를 기대하며 영양을 사냥하는 반응을 유발했을 것이다. 시간이 지나면서 이 능력은 현대에서 다른 방식으로 효과를 내도록 적응했다. 맹수의 포효는 몇몇 불행한 이들에게 상사의 목소리로 대체됐고, 영양의 울음소리는 더 많은 이에게 아이스크림 트럭이 울리는 설레는 소리로 교체됐다.

공감각: 살기 위해 없어진 감각 혼동

시각에 대한 강연을 마치자 젊은 여성이 다가와 말했다. "제 말을 들으면 놀라실 거예요. 특정한 달을 생각하면 눈앞에 색이 보이거든요. 모든 달의 색이 다 달라요. 예를 들어, 6월은 항상 붉은색이죠."

나는 전혀 놀라지 않았다. 공감각synaesthesia은 잘 알려진 현상이다. 공감각은 무엇일까? 가령 목소리처럼 한 감각 기관에서 오는 실제 자극이 색을 보는 다른 감각과 관련된 뇌 영역의 반응을 활성화시키는 일이다. 뇌는 거대한 신경망이므로 어떤 자극이든 그것과 무관한 신경망에서도 수신되고 처리될 수 있다. 하지만 공감각은 흔하게 발생하지 않는다. 소통에 방해가 되기 때문이다. 공감각을 경험하는 사람들에게는 신경망을 따라 입력되는 신호의 이동에 약간의 혼선이 있으며, 혼선을 제한하는 힘이 일반적인 사람들보다 약하다.

이처럼 감각을 혼동하는 유형은 약 50가지가 있다. 가장 흔하게 나타나는 조합은 언어와 색깔, 음악과 색깔, 언어와 공간이다. 공감각 현상은 전 세계 인구의 4퍼센트에서 발생하며, 질병이나 장애로 여겨지진 않는다. 그들 중 약 50퍼센트는 언어와 색깔의 혼동을 경험한다. 이 비율은 성별과 관계없이 동일하다.

공감각을 가진 사람들은 공감각의 느낌이 완전히 자연스럽기 때문에 자신의 경험이 일반적이라고 생각한다. 어떤 신경과학자들은 언어가 발전하기 전에 모든 인간이 감각 혼동 현상을 겪었다고 주장한다. 원시 인류의 생존을 보장하는 또 다른 효과적인 방법이었기 때문이다.[22] 예를 들어, 사냥꾼들이 야생 동물의 울음소리를 들을 때마다 특정한 색을 보거나 신맛을 느꼈다면, 다른 감각이 유발하는 반응보다 위험 신호를 더 확실하게 전달받았을 것이다.

7만여 년 전 언어의 발전과 함께 일어난 인지 혁명, 다른 말로 언어 혁명은 공감각의 장점을 단점으로 바꿔놨다. 인간이 뇌의 감각 자극과 출력을 언어로 표현할 수 있게 되자, 모든 부족원이 동일한 방식으로 사물을 지각하는 것이 중요해졌다. 만일 똑같은 울음소리를 듣고 어떤 부족원은 붉은색을 경험하고 어떤 부족원은 신맛을 경험한다면 의사소통에 장애가 생겨 혼동이 일어날 것이다. 그러면 생존 가능성이 낮아지고 부족 전체의 미래도 불투명해진다. 이 이론에 따르면, 뇌는 감각 신호를 혼합하는 자연스러운 능력을 억제하는 방향으로 발달했다.

하지만 현재도 소수에게 감각 혼동이 남아 있다. 우리 모두에게도 공감각 현상의 흔적이 일부 존재한다. 이를 분명하게 증명한 연구가 있다. 연구자들은 실험 참가자들에게 두 가지 모양의 이미지를 보여줬다.[23]

그리고 부바, 키키라는 이름을 알려준 다음 각 모양에 가장 적합하다고 생각되는 별명을 붙여달라고 요청했다. 참가자들은 다양한 문화권 출신으로 구성됐는데, 그들 중 95퍼센트 이상이 가장자리가 부드러운 모양에 부바라는 이름을, 각진 모양에 키키라는 이름을 붙였다. 연구자들은 이 현상이 뇌에서 청각과 시각이 결합하는 과정에서 비롯된다고 결론지었다. 키키라는 소리는 각진 형태에 적합하고, 부바라는 소리는 둥근 형태에 적합하게 느껴진다는 것이다.

공감각 경험이 어떤 것인지 이해하기 위해, 한 소녀가 공감각을 다룬 기사를 읽고 보내온 답변을 살펴보자.[24]

저는 공감각을 갖고 태어났어요. 몇 년 전까지만 해도 그게 특별하다는 걸 전혀 몰랐죠. 제가 알기로는 공감각이 있는 가족은 저 말고는 없어요(이미 돌아가신 분들 중에서 공감각을 가진 분이 있었는지도 여쭤봤다니까요). 공감각을 경험하면 그냥 받아들이게 되죠. 저항할 만한 게 아니에요. 그저 자연스럽게 일어날 뿐이죠.

제 공감각은 색깔 – 글자가 결합되는 유형입니다. 글자를 볼 때마다 뇌에서 색깔이 떠오르죠. 그 반대도 똑같아서 색깔을 볼 때마다 글자로 변해요. 저는 철자 실수를 하지 않는데, 각 단어를 생각하면 마음속에서 아주 명확한 색깔이 배열되기 때문이죠. 사람들이 입은 옷에서 단어가 생각날 때도 있어요. 글을 통째로 암기할 수도 있는데, 한 번만 읽어도 필요한 모든 정보를 흡수해요. 특히 날짜랑 이름을 기억하기가 편하죠.

제가 보기에 공감각은 삶의 다양한 영역에서 큰 장점이에요. 기억력도 좋고 철자 실수도 하지 않죠. 새로운 언어를 빨리 배울 수도 있고 수학도 잘 이해해요. 단어 퍼즐을 1분 만에 끝내고 다른 사람들이 절대 찾지 못하는 단어도 잘 찾아요. 대부분 공감각에 대해 잘 모르고 있다는 게 참 아쉬워요. 자기한테 공감각이 있다는 걸 모르는 공감각자가 많을 것이라고 생각해요. 저도 우연히 이 현상을 경험하기 전까지는 제가 다르다는 사실을 몰랐어요. 앞으로도 부디 공감각에 대한 이야기를 널리 퍼뜨리고 그에 대해 잘 설명해 주시면 좋겠습니다.

유대감: 감정은 뇌를 통해 전달된다

촉각은 강력하다. 특히 포옹은 사람들 간의 관계를 더욱 가깝게 만들고 친구와 부부, 부모, 자녀 사이의 유대를 촉진하는 거대한 잠재력을 가지고 있다. 포옹은 또한 사람들 사이에서 감정을 매개하는 역할도 한다. 피질하부는 포옹의 강도와 지속 시간에 따라 우리를 안아주는 사람의 감정 상태에 대한 결론을 내린다. 동시에 우리의 감정 상태도 상대방에게 전달된다. 상대방의 감정 상태를 식별하는 능력 덕분에 친구와 부부 간의 상호공감 표현이 가능해진다.

슬픔이나 걱정 또는 불안으로 가득 찬 부모가 단순히 부모의 의무를 다하기 위해 자녀를 껴안는다면 오히려 해가 된다. 부모의 부정 감정은 자녀의 감각을 통해 그들의 신경망에 전달된다. 부모가 자녀에게 사랑의 감정을 전달하지 않으면 자녀는 신체·정신적 악영향을 받을 수 있다.

아이들이 포옹을 거부해야 한다는 뜻은 아니다. 다만 아이들을 안을 때 그 감정이 아이들에게 전달되기 때문에 우리가 긍정 감정을 경험하고 있는지 확인할 필요가 있다는 말이다. 따라서 아이를 안기 전에 몇 초만이라도 뜻깊고 행복한 사건을 집중해서 떠올리는 게 좋다. 그러면 우리가 느끼는 기분 좋은 감정이 아이에게 전달될 것이다.

지혜로운 삶을 사셨던 나의 아버지는 여러 차례 말씀하셨다.
"감각을 존중하되 감각이 우리를 속일 수 있음을 기억하렴."
7장에서는 아버지의 말씀이 얼마나 옳았는지 이해하게 될 것이다.

07 뇌가 숨긴 창의성을 끌어올리는 방법

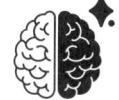

"나는 생각한다. 고로 나는 존재한다."

17세기의 철학자이자 수학자, 르네 데카르트$^{René\ Descartes}$가 1637년 《방법서설》에서 쓴 이 유명한 명제는 수 세기 동안 신경과학자들의 영감을 자극했다. 감각이 우리를 속인 점을 이해한 데카르트는 자각과 사고가 인간 존재의 토대라고 결론지었다.

이번 장에서는 뇌 기능에 많은 영향을 미치는 이 두 가지 요소에 대해 알아보고 그것들이 일상에서 어떻게 행동을 좌우하는지 살펴볼 것이다.

뇌는 우리가 봐야 할 것을 결정해준다

현실이란 실제 그대로 존재하는 것들의 상태다. 신경과학자들은 뇌가 현실을 창조한다는 사실을 발견했다. 또 전전두엽피질이 무언가를 상상이나 생각 또는 기억이 아닌 현실로 처리하는 역할을 한다는 점도 밝혀냈다. 이런 뇌 활동은 수백만 년 전에 작성된 브레인 코드의 지침에 따라 일어난다. 하지만 뇌는 주변 환경을 잘못 인식하기도 하는데, 그럴 경우 가짜 기억, 망상, 환각이 나타날 수 있다.

정보에 대한 자각

신경과학자들이 말하는 의식consciousness은 무엇일까? 의식은 뇌가 외부 세계에서 오는 자극을 피질에서 처리한 다음, 자각으로 받아들이는 과정을 말한다. 이 과정은 매우 중요하지만 생명체에게 반드시 필요한 것은 아니다. 이를 입증하는 결정적인 증거는 어류와 파충류다. 어류와 파충류는 피질이 없어서 의식이 존재하지 않지만 잘 살아간다. 그렇다면 작은 물고기는 어떻게 근처에 도사리는 위험을 자각하지 않고도 무서운 상어를 피해 달아날 수 있는 걸까?

주차장에서 차를 몰고 나갈 때 출구에 설치된 카메라는 차의 번호판을 인식해 세부 정보를 컴퓨터로 전송한다. 주차 요금을 지불하면 차단기가 자동으로 올라가는데, 이는 입력과 출력이 결합된 과정이다. 입력은 차 번호판과 요금을 지불했다는 확인이고, 출력은 차단기를 들어올리는 것이다. 이 임무를 부여받은 컴퓨터에는 자각 능력이 없는데, 작은 물고기도 마찬가지다. 물고기의 눈이 정보를 수집하고(위험한 상어가 다가오는 중), 수집된 정보가 피질하부로 전달 및 처리되면 출력(상어를 피해 달아나는 시도)이 이뤄진다. 이 모든 과정은 의식의 개입 없이 일어난다.

이쯤에서 1장의 내용을 떠올릴지도 모르겠다. 나는 1장에서 생명체가 진화하는 동안 인간을 비롯한 많은 동물의 뇌에서 새로운 영역인 피질이 발달했다고 말했다. 이는 뇌가 진화하는 과정에서 의식이 생겨났음을 의미한다. 처음에 의식은 생존과 번식 보장이 목표인 뇌의 관심을 끌지 못했다. 하지만 어느 순간 뇌는 의식이 생존 확률을 높여준다는 사실을 분명히 인식하게 됐다. 그 결과, 의식을 가능케 하는 피질 영역이, 의식이 없는 피질하부 영역을 대체하지 않고 그 위에 덧붙어서 **추가적으로** 발달했다.

이로 인해 흥미로운 상황이 생겨났다. 이는 의식이 가능한 모든 생물체의 특징인데, 뇌가 계속해서 두 개의 병렬적인 경로로 작동한다는 것이다. 감각 기관이 환경으로부터 받은 자극은 두 가지 뇌 영역인 피질하부와 피질에서 처리된다. 우리는 피질에서 처리되는 정보를 자각한다. 하지만 우리가 자각하지 못하는 사이에 감각 기관에서 오는 수많은 정보는 피질하부에서 처리되어 축적된다.

우리는 이 같은 이원성을 임상 연구를 통해 알게 됐다. 예를 들어, 시각 신호를 처리하는 피질 영역은 완전히 손상됐지만, 눈과 시신경, 그리고 시각 정보를 다루는 피질하부 부위가 온전히 남는 경우가 있다. 이런 상황에 처한 사람들은 물체를 보지 못해 지팡이나 안내견의 도움을 받지만, 적어도 기능적으로는 볼 수 있다. 6장에서 언급한 것처럼 의학 용어로는 맹시라고 부른다.

맹시를 가진 사람들의 능력을 보여주는 영상이 있다.[1] 한 남자가 다양한 방해물(의자, 걸상, 램프)이 놓인 복도 끝에 서 있는데, 복도 반대편에 있는 의사를 향해 걸어가라는 요청을 받는다. 남자에게 주어진 유일한 지시는 바닥을 보듯 머리를 숙이라는 것뿐이다.

놀랍게도 남자는 방해물을 피하면서 임무를 완수한다. 어떻게 해냈냐고 묻자, 그는 잘 모르겠다고 말하면서 "옆으로 비키고, 몸을 기울이고, 발을 들어야 할 것 같은 충동이 들었다"고 답한다.

그는 분명히 방해물을 자각하지 못했는데, 어떻게 피한 것일까?

답은 시각 신호를 처리하는 피질하부 영역에 있다. 이 영역은 피질이 손상된 뇌와 달리 온전한 눈을 통해 들어온 자극으로부터 신호를 받아 처리한 다음, 생존에 위협이 될 만한 방해물에 부딪히지 않도록 적절한 근육을 활성화했다. 모든 과정은 남자가 자각하지 못한 사이에 이뤄졌다. 물고기가 무의식적 충동 덕분에 상어를 피한 것과 똑같은 방식이다.

피질하부는 복도가 방해물로 가득 찬 상황을 극복하기 위해 깊은 기억 신경망에 저장된 정보를 인출했다. 피질하부의 정보 인출 과정이 맹시인 사람과 시각이 온전한 사람 모두에게 어떤 도움을 주는지를 잘 보여주는 훌륭한 사례가 있다. 미국의 한 소방서장이 겪은 놀라운 일화인데, 당시 뇌 연구자들의 큰 관심을 끌었다. 주택 화재 현장에 있던 소방서장은 갑자기 팀원들에게 모든 것을 내려놓고 현장에서 대피하라고 지시했다. 소방관들은 그의 명령에 따라 밖으로 나갔다. 몇 분 뒤 그들이 서 있던 나무 바닥이 무너지고 지하실에서 불길이 치솟았다.

기자들이 소방서장에게 무슨 일이 벌어질지 어떻게 알았냐고 묻자, 그는 말을 더듬으면서 "잘 모르겠습니다. 그냥 뭔가 일어날 것 같은 느낌이 들었어요"라고 답했다. 하지만 뇌 연구 결과가 더 명확한 답을 제공해줬다. 소방서장이 이전에도 비슷한 경험을 했으리라는 것이다. 그의 감각이 과거에 경험한 온도, 냄새, 연기, 소리의 특별한 조합을 깊은 기억 속에 저장해놓은 것이다. 훗날 감각이 비슷한 조합을 감지했고 그 신호가 뇌의 깊은 영역에 도달하자, 현장에서 대피해야 한다는 충동이 자동으로 유발됐다. 겉으로는 직감에 기반한 반응처럼 보였지만, 그가 자각하지 못한 사이에 뇌가 상황을 신중하게 분석한 결과였다.

이런 예시들은 다음과 같은 질문을 제기한다. 감각이 주변 환경에서 포착하는 수많은 자극 중에서 어떤 자극이 피질하부가 아닌 피질에서 처리되어 의식까지 도달하는 걸까? 답은 간단하다. 우리가 자각해야 할 정도로 뇌가 중요하다고 간주한 정보만 피질에 도달하고, 그제야 정보를 의식하게 된다.

신경과학자 데이비드 이글먼에 따르면, 우리에게 몰려오는 엄청난 양의 정보들 중 소수만 의식에 도달하며 대부분은 피질 하부로 들어간다.[2] 이는 오늘날 시사 정보를 얻는 방식과 비슷하다. 우리가 살고 있는 나라와 전 세계에서 수많은 사건이 일어나지만, 우리는 언론이 엄청난 양의 정보를 걸러내고 편집한 뒤에야 그 사건들을 알게 된다.

3장에서 살펴봤듯이, 뇌의 정보 선별 과정에서 감정은 핵심적인 역할을 한다. 우리의 감각 중 하나가 사건을 포착해 감정을 유발하면, 그 사건은 생존과 관련 있는 것으로 여겨져 '자각' 된다. 마찬가지로 우리가 어떤 생각이나 사물에 의식적으로 집중하거나, 뇌가 생존 촉진을 위해 집중하기로 결정하면 피질에서 집중을 담당하는 신경망이 활성화된다. 그러면 막이 내려와 그 밖의 정보들을 가려버린다. 이제 우리가 집중하는 특정한 문제만 자각되고, 뇌에 들어오는 다른 자극에 대한 신호들은 무시된다.

심리학자 크리스토퍼 차브리스 Christopher Chabris 와 대니얼 사이먼스 Daniel Simons 가 수행한 실험은 이를 확실히 증명했다.[3] 이들은 실험 참가자들에게 두 그룹의 사람이 공을 가지고 노는 짧은 영상을 보여주면서, 한 그룹 안에서 공을 몇 번 주고받았는지 세어보라고 요청했다. 영상이 끝나자 참가자들은 결과를 공유했고 대부분 정확히 맞췄다.

연구자들은 칭찬하면서 이렇게 덧붙였다. "잘하셨네요! 그런데 혹시 이상한 건 없었나요?" 참가자들 가운데 절반 이상이 확실하게 "아니오"라고 대답했다(실험은 다수의 집단을 대상으로 수행됐다). 놀랍게도 그들은 영상 속 사람들이 공을 주고받는 동안 고릴라 복장을 한 사람이 오른쪽에서 등장해 중앙으로 와 사람들에게 둘러싸인 채 털이 수북한 손으로 가슴을 두드리며 왼쪽으로 걸어 나가는 것을 전혀 눈치 채지 못했다. 후속 실험에서는 배경 색이 달라지고 등장인물 중 한 명이 사라지는 등 몇 가지 중요한 세부 사항이 바뀌었는데, 대부분은 둘 중 하나도 눈치 채지 못했다.[4]

뇌가 현실에 대한 착각을 만들어낸다는 생각은 새로운 발견이 아니다. 앞서 말했듯이 데카르트는 17세기에 이 사실을 깨달았다. 더 최근에는 신경과학자 크리스 프리스가 "마음은 우리의 현실을 창조한다"라는 단번에 와닿는 문구로 잘 표현한 바 있다.[5] 뇌는 생존에 가장 도움이 될 만한 현실을 제시한다. 우리가 특정한 대상(사람들이 공을 주고받는 횟수)에 집중할 때, 뇌는 그것이 현재 생존에 가장 중요하다는 결론을 내린다. 그러면서 감각이 동시에 등록하는 다른 자극들(고릴라)은 전부 무시한다.

생존이라는 궁극적인 목표를 촉진하기 위해, 뇌는 심지어 우리가 일상 세계를 **어떻게** 보는지까지 결정한다. 한 영상을 보면

이를 이해하는 데 도움이 된다. 막대에 달린 찰리 채플린 마스크가 천천히 돌아가는 영상이다.[6] 마스크 앞면이 우리를 향해 있으면 채플린의 얼굴이 보인다. 반대로 마스크 안쪽 면이 우리를 향하면 마스크 내부의 빈 공간이 보여야 하지만, 우리 눈에는 그렇게 보이지 않는다. 마스크 안쪽은 바깥쪽과 똑같아 보인다. 다시 말해, 색깔이 다르긴 하지만 안쪽으로 푹 들어간 것이 아니라 착시 현상으로 인해 (마치 얼굴처럼) 바깥쪽으로 툭 튀어나와 보인다.

이런 착각은 왜 생겨나는 걸까? 이것은 브레인 코드의 알고리듬에 따라 사람의 얼굴은 텅 비어 있지 않는다는 이해에 기반해 전전두엽피질이 작동한 결과다. 뇌는 생존을 우선적으로 고려하는 일을 더욱 수월하게 하기 위해 눈으로 본 그대로 인지하지 않고 사람의 얼굴은 텅 비어 있지 않다는 생각을 기반으로 현실 신호를 변환한 것이다. 그래서 우리는 얼굴을 볼 때 일반적으로 예상되는 것을 보게 된다. 이처럼 실제 모습과 생존 사이에서 충돌이 발생하면 뇌의 고차원적 기능을 담당하는 피질 영역은 우리가 봐야 할 것을 보도록 지시하기 때문에 우리는 실제로 존재하는 것을 보지 못한다.

앞서 살펴본 두 사례에서 작동한 원리는 일상에서도 다양한 방식으로 나타난다. 우리는 일상적인 행동을 할 때 집중하지 않기 때문에 뇌는 그것이 생존에 중요하지 않다고 판단한다. 따라서 이와 관련된 감각 정보는 우리의 자각 속으로 전혀 들어오지 않는다. 문을 잠갔는지 또는 약을 먹었는지 툭하면 깜빡하는 이유가 바로 이 때문이다.

뇌가 일반적인 예상을 통해 현실을 창조하는 한 가지 예로, 약간 민망한 경험을 이야기하고자 한다. 내가 일하는 곳에는 구내식당이 있었다. 그곳에서 자주 식사를 했는데, 보통 계산대 끝에 진열된 샐러드를 고르곤 했다. 하루는 다른 구내식당을 방문했다. 평소처럼 비슷한 위치에서 샐러드를 찾는데 보이지 않았다. 내가 헤매는 모습을 본 직원이 도움이 필요한지 물었다.

"아, 감사합니다. 혹시 오늘은 샐러드가 없나요?" 직원은 약간 놀란 표정을 짓고는 웃으며 말했다. "뒤를 돌아보세요!"

뒤를 돌아보니 몇 발짝 떨어진 곳에 샐러드 그릇이 가득 놓인 테이블이 있었다! 계산대로 가는 길에 저 많은 샐러드를 그냥 지나친 것이다. 이렇게 놓칠 만한 일이 전혀 아니었지만, 샐러드가 그곳에 있을 거라고 예상하지 못했기 때문에 나의 마음이 시각 정보를 의식으로 옮기는 데 신경 쓰지 않았던 것이다.

환각제의 영향에 대한 연구들은 뇌에서 자각을 만들어내는 메커니즘을 이해하는 데 실마리를 던져준다. 환각제를 복용한 사람들은 다른 세상에 온 듯한 이상한 시각을 경험한다고 말한다. 과거에는 환각제가 정상적인 뇌 활동을 왜곡한다고 여겼지만, 최근에는 뇌의 시각 감지 장치를 무력화한다는 가설이 받아들여지고 있다. 그렇다면 역설적이게도 환각제에 취한 사람들이 그렇지 않은 사람들보다 더 실제에 가까운 것을 본다는 뜻일 수 있다. 그러므로 만일 환각제에 취한 사람이 회전하는 찰리 채플린 마스크를 본다면 실제 그대로의 텅 빈 모습을 보게 될 것이다.

스스로를 고유한 존재로 구분하는 자기인식

지금까지 우리는 의식의 여러 수준 중 하나를 살펴봤다. 뇌가 환경에서 받는 자극 신호에 주의를 기울이는 능력과 관련된 의식이었다. 그보다 더 높은 수준의 의식이 바로 자기인식self-awareness이다. 자기인식이란 우리가 주변 환경과 모든 사람으로부터 스스로를 구분하는 능력이다. 다시 말해, 스스로를 세상과 타인으로부터 분리된 고유한 존재라는 사실을 자각하는 능력이다.

우리는 생명의 기본 단위인 수십억 개의 세포로 이뤄져 있다. 하지만 마음속에서 우리는 스스로를 그 어떠한 단위로도 나눌 수 없다. 자기인식 덕분에 우리는 감정과 생각, 기억을 갖고 있다는 사실을 받아들인다. 이런 유형의 자기인식, 즉 내성introspection(자기성찰)은 생존과 관련된 모든 문제에서 이득이 된다. 우리는 스스로의 욕구를 이해하고, 그것을 성취할 방법을 찾고, 그 일에 몰두할 수 있다. 요컨대 뇌는 의식(외부 세계에 대한 자각)과 내성(자기 자신에 대한 자각)이라는 두 가지 유형의 자각을 조정하는 놀라운 방법을 찾아낸 것이다.

와이즈만 연구소의 라피 말라흐Rafi Malach와 그의 동료들은 이런 조정 사례를 발견했다. 그들의 연구에 따르면, 우리 뇌가 외부 자극(시각, 소리, 냄새)을 자각하고 있을 때에는 내성 능력이 억제된다.[7] 예를 들어, 아침에 달리기를 하면 자기관찰 상태에 들어간다. 자신이 얼마나 피곤한지 살펴보고, 완주할 때까지 얼마나 남았는지 따져보고, 계획 중인 휴가 또는 삶의 의미에 대해 생각한다. 그런데 그때 음악을 듣기 시작하면 뇌는 진행 중이던 자기관찰을 억누른다. 활기차게 뛰던 사람은 이제 음악을 자각하게 되고, 피곤한 몸 상태 같은 다양한 생각은 마음속에서 사라진다.

또 다른 예시는 공공장소에서 통화하면서 큰 소리로 떠드는 사람들이다. 그들의 자각은 휴대폰에서 들리는 목소리에 집중되어 있어서 내성을 마비시킨다. 내성의 검열을 받지 못한 그들은 큰 소리로 말하고 있다는 사실을 깨닫지 못한다. 심지어 낯선 사람들 앞에서는 절대로 말하지 않을 개인 정보를 공유하기도 한다. 마찬가지로 횡단보도를 건너면서 통화하는 행동은 위급한 상황에 대한 자각을 차단한다. 교통사고 통계를 보면 이 사실을 확인할 수 있다.

뇌의 모든 기능과 마찬가지로, 뇌가 정보를 자각하는 메커니즘 또한 제대로 작동하지 않을 때가 있다. 가장 잘 알려진 오작동 사례는 환각이다. 환각에 빠진 사람은 누군가가 자신을 향해 걸어오고 있다고 확신하지만 거리는 텅 비어 있다. 주변에 아무도 없는데 누가 말을 건다고 느끼는 경우도 있다. 이런 경험은 외부 정보를 처리하는 고차원적 뇌 기능이 망가진 징후일 수 있다.[8]

자기인식의 결함으로 생기는 문제는 또 있다. 정신적 외상을 경험한 사람들은 삶의 특정 일화를 기억하지 못하는 경우가 있다. 기억이 지워진 게 아니라 기억을 인출하는 데 시간이 걸리는 것이다. 나는 와이즈만 연구소 뇌과학과에서 진행한 연구에 참여한 적이 있는데, 활성화되면 기억 인출을 방해하는 피질 영역을 발견했다.[9] 기억이 지워진 것은 아니므로 이 같은 오작동은 극복이 가능하다. 다만 환자 맞춤형 심리 치료가 필요하다. 이중 인격 또는 해리성 정체감 장애dissociative identity disorder 또한 자기인식 오작동의 결과다. 자기인식과 관련된 자연적인 뇌 활동이 지나치게 나타나면 발생할 수 있다.

수십 년 전, 심리학자 월터 미셸Walter Mischel은 우리의 성격이 단일한 층으로 이뤄지지 않고 다양한 하위 성격들이 쌓여 만들어진다고 주장했다.[10] 어떤 조건에서는 하나의 하위 성격이 우세해져 상황에 맞게 행동이 조절된다. 예를 들어보자. 가족과 함께 있을 때의 행동은 친구들과 같이 있거나 직장에 있을 때와 상당히 다를 것이다. 똑같은 사람이라도 어떤 상황에서는 진지하고 어떤 상황에서는 쾌활하다. 또 어떤 상황에서는 사치스럽다가도 다른 상황에서는 균형을 잡고 신중하게 일을 처리한다. 짐작할 수 있듯이, 나타나는 행동 범위는 실로 방대하다.

건강한 사람은 '다양한 측면을 가진 성격'이라고 부를 만한 것이 잘 조정돼 있으며 상황에 따라 이를 적용한다. 반대로 해리성 정체감 장애가 있는 사람은 그 균형이 틀어져서 하나의 성격으로 통합돼야 할 측면이 둘 이상으로 나뉘어져 있다. 그리고 그 성격들에 별개의 독립적인 의식이 부여된다. 성격을 비눗방울이라고 한다면, 비눗방울 안이 벽으로 나뉘어져 있어 여러 개의 독립적인 비눗방울이 되는 것과 같다.

건강한 사람은 위협적인 현실에 처했을 때 성격 속에서 적절한 요소를 끌어내 상황 대처에 필요한 정신적 힘을 발휘한다. 하지만 해리성 정체감 장애가 있는 사람은 비슷한 현실에 처하면 상황에 전혀 맞지 않는 하위 성격을 불러낼 수 있다. 이것이 실제로 어떻게 작동하는지 알아보기 위해 이런 상황을 상상해보자.

건강한 누군가가 전통 중국 의학을 배우러 베이징으로 향한다. 그는 외로움, 언어 장벽, 낯선 문화에 어려움을 겪지만 성격에서 가장 긍정적인 측면들을 잘 활용해 상황에 대처한다. 그는 속상한 일을 마음에 담아두지 않는 능력이 있고 이성적으로 생각하며 공부의 긍정적인 결과에 집중한다. 그렇게 어려운 일에 성공적으로 대처한다.

해리성 정체감 장애가 있는 사람은 같은 상황에 전혀 다르게 대처한다. 한 가지 방식은 위협을 느낀 뇌가 공격성 표출을 선택하는 것이다. 이는 뇌가 생존을 위한 최선의 수단을 공격이라고 판단한 결과다. 똑같은 이유로 뇌는 아첨하는 성격을 불러내 주변 사람들과의 친밀감과 애정을 얻으려 할 수 있다. 해리성 정체감 장애 환자들은 이런 각각의 성격이 일관되고 확고한 특성을 가진 별개의 의식 체계 형성으로 이어진다. 이로부터 우리는 의식과 관련된 오작동이 정상적인 일상 상황에 비정상적으로 대처하는 뇌의 방식임을 알 수 있다.

과거 경험을 활용해 미래를 바꾸는 법

이제 의식의 다양한 측면을 알게 됐으니, 데카르트가 언급한 또 하나의 중요한 뇌 기능인 '사고^{thinking}'를 이해하기가 한결 수월할 것이다.

'사고란 무엇인가?'라는 질문을 받으면 대부분은 학습, 문제 분석, 기억 회상, 행동 계획, 결론 도출 같은 요소를 언급한다. 모두 맞는 말이지만, 그림 전체를 본 것은 아니다. 사고를 가장 넓은 의미에서 보면 뇌가 감각을 통해 받은 신호를 조직하고 처리하는 방식을 말한다. 신호는 피질과 피질하부 영역에 동시에 수신되지만, 각 영역이 신호를 처리하는 방식은 다르다. 신호 처리가 이원화돼 있고 처리 결과가 다를 수 있지만, 두 영역의 목표는 똑같다. 바로 생존 보장이다.

당신의 상사가 당신이 처리한 일을 나무란다고 생각해보자. 이 사건에 대한 자극은 두 영역에서 병렬 처리, 다른 말로 병렬 사고를 거친다. 피질하부는 이 정보를 위협으로 처리해 반항적인 공격성을 보일 수 있다. 반면, 똑같은 자극이 피질에서 처리되면 절제적 행동을 보이고 심지어 상사를 달랠 수도 있다. 두 반응은 당신을 서로 다른 방향으로 끌어당긴다. 당신은 과연 어떤 행동을 취하게 될까?

저명한 과학자 대니얼 카너먼Daniel Kahneman이 제안한 통찰과 데이비드 이글먼, 댄 애리얼리Dan Arieli가 제시한 예시 중 하나는 피질하부의 사고가 피질의 사고보다 더 빠르다는 것이다. 카너먼은 베스트셀러《생각에 관한 생각》에서 이를 잘 설명했다.[11]

비판적인 상사를 마주친 상황으로 다시 돌아가자. 피질하부의 빠른 반응이 우위를 점하리라 생각할 수 있겠지만, 사실 그렇지 않다. 운 좋게도 전전두엽피질에는 '갈등 영역conflict area'이라는 부분이 있다. 이름에서 알 수 있듯이, 갈등 영역의 역할은 피질하부와 피질의 처리 결과 사이에서 갈등을 식별하고 둘 사이를 중재하는 것이다. 갈등 영역이 제대로 작동하면, 피질과 피질하부에서 일어나는 이해관계 충돌이 의식까지 도달하지 않게 되고 뇌는 우리가 상황에 맞게 반응하도록 만든다. 따라서 비판적인 상사를 맞닥뜨렸을 때, 규범적인 사람(사회 규범에 맞게 행동하는 사람)이라면 절제된 행동으로 반응할 가능성이 높다. 또한 피질하부가 제안하는 공격적 선택지는 전혀 자각하지 못할 것이다. 하지만 규범적인 사람도 가끔은 갈등 영역이 제대로 작동하지 않을 때가 있다. 예를 들어, 배고프거나 피곤할 때는 갈등 영역이 상황에 개입할 기회를 놓쳐서 피질하부가 반응을 결정하는 일이 생기기도 한다.

피질에서 발생하는 처리 과정은 일반적으로 저차원 사고와 고차원 사고로 나뉜다. 우리는 피질을 가진 많은 동물과 저차원 사고의 특성을 공유하지만, 고차원 사고는 인간의 고유한 특징이다. 고차원 사고 덕분에 인간은 지구의 모든 종 가운데 우위를 점하게 됐다. 하지만 저차원 사고의 능력을 과소평가해서는 안 된다. 우리의 생존만이 아니라 피질을 가진 다른 동물들의 생존에도 중요한 역할을 하기 때문이다.

저차원 사고

저차원 사고는 피질에 도달한 정보를 조직, 분류, 처리하는 과정으로 이뤄진다. 이 과정의 예시로 개가 물건을 찾는 상황을 살펴보자. 개가 과거에 냄새를 맡았던 물건을 숨겼을 때, 개는 다음 단계에 따라 물건을 찾는다.

1단계: 초기 정보(물건의 냄새)가 개에게 수신된다.

2단계: 냄새가 개의 기억 속에 저장된다.

3단계: 주변 환경의 다양한 냄새에 둘러싸인 개는 한 물건의 냄새가 기억 속 냄새와 동일함을 알아챈다.

인간도 일상에서 비슷한 과정을 사용하는데, 사람이 많은 곳에서 만나기로 한 친구를 찾을 때 유용하게 쓰인다. 친구의 모습(얼굴, 머리카락, 체격 등)에 대한 정보가 기억 속에 저장된 덕분에 우리는 다른 사람들 사이에서 친구를 찾아낼 수 있다.

고차원 사고

앞서 언급한 것처럼 고차원 사고는 인간에게만 있는 고유한 특성이며, 이를 통해 현재라는 한계를 넘어설 수 있다. 뇌가 감각을 통해 들어온 자극에 고차원 사고 유형 능력을 적용할 때, 두 종류의 처리를 거친다. 첫 번째는 감각으로부터 받은 신호를 조직하고 분류해 처리하는 저차원 사고다. 두 번째는 감각 신호를 처리할 때 기억 신경망에 이미 존재하는 다른 물건이나 사건에 대한 기억을 함께 처리하는 것으로, 이는 고차원 사고의 독특한 성질이다. 이런 방식으로 우리는 현재나 미래의 순간에 과거 경험을 활용할 수 있다. 심지어 그 지식의 재료가 전혀 다른 분야에서 온 것일지라도 말이다. 요컨대 우리는 과거의 경험을 떠올려 현재 사건에 적용할 수 있고, 이런 사고를 창의적 사고라고 부른다.

결론 도출, 비판적 사고, 창의적 사고는 고차원 사고의 세 유형이며 우리에게 익숙하다. 그렇다면 각 유형의 사고는 어떻게 작동하는 걸까?

결론 도출

우리가 일상을 보내는 방식은 대체로 결론 도출 과정에 기반한다. 따라서 이런 유형의 사고를 깊이 탐구해 더 잘 이해할 필요가 있다.

탈무드에 나오는 〈포도밭의 여우〉라는 우화가 있다. 이 이야기 또한 전적으로 결론 도출에 바탕을 둔다.

배가 고픈 여우는 잘 익은 포도가 가득한 밭으로 들어가려 했지만 울타리로 막혀 있어 들어가지 못한다. 여우는 포도밭 주위를 돌면서 울타리에 난 구멍을 찾는다. 하지만 구멍은 여우가 들어가기엔 너무 작다. 여우는 3일 동안 아무것도 먹지 않고 살을 빼서 구멍을 지나가는 데 성공한다. 그리고 3일 동안 포도를 잔뜩 먹어서 다시 살이 찐다. 너무 뚱뚱해진 여우는 구멍 밖으로 빠져나갈 수가 없다. 여우의 해결책은 무엇일까? 여우는 다시 3일 동안 살을 빼서 구멍 밖으로 빠져나가는 데 성공하지만, 결국 처음보다 더 배고프고 마른 상태로 포도밭을 떠나게 된다. 여우는 포도밭을 돌아보며 한탄한다.

"포도밭이여! 당신은 얼마나 훌륭하며 또 얼마나 아름다운 열매를 맺었는가! 하지만 나는 누리지 못했네. 배고픈 채로 왔고 배고픈 채로 떠나는구나."

여우가 받은 감각 신호(울타리의 구멍을 빠져나가기엔 몸이 너무 큼)는 기억에 저장된 관련 지식(3일 동안 아무것도 먹지 않으면 살이 빠져서 구멍을 통과할 수 있음)과 결합됐다. 여우가 도출한 결론은 포도밭을 들어갈 때와 똑같은 방법으로 살을 빼서 빠져나가야 한다는 것이었다. 결국 처음의 목표를 달성하진 못했지만 말이다.

이 이야기는 분명 재치 있는 우화다. 비현실적이긴 하지만 결말에서 심오한 교훈을 전해준다. 우화가 비현실적인 이유는 여우와 같은 대부분의 동물에게는 결론 도출 능력이 없기 때문이다. 이것이 사실임은 원숭이 덫에 대한 설명을 살펴보면 분명해진다. 원숭이 덫은 오래전 아프리카와 남인도 사냥꾼들이 사용한 방식이다. 코코넛에 적당한 크기의 구멍을 뚫고 속을 비운 다음 원숭이가 좋아하는 견과류, 곡물, 쌀 등을 넣어둔다. 그리고 숨어서 원숭이가 미끼를 잡을 때까지 기다린다. 아니나 다를까, 원숭이 한 마리가 다가와서 코코넛 구멍 안에 손을 집어넣는다. 안쪽에 숨겨진 보물을 손에 쥔 채 밖으로 빼려 하지만 아무리 시도해도 빠지지 않아 손이 꼈다고 생각한다. 원숭이는 고차원 사고와 결론 도출 능력이 없다. 따라서 처음에 손을 집어넣은 방법을 기억하고 행동을 반대로 돌려 손을 빼내 도망가지 못한다.

인간은 7만여 년 전에 발생해 언어의 발전을 추동한 언어 혁명을 통해 고유한 능력을 갖추고 사고 능력을 가속화할 수 있었다. 언어 덕분에 우리는 추상적인 생각을 직접 표현해 현재라는 한계를 넘어섰다. 과거의 사건을 기억 속에서 끌어내 현재 상황에 적용하는 능력을 갖추게 된 것이다.

비판적 사고

비판적 사고는 데이터를 최대한 객관적으로 평가하는 능력으로 정의된다. 현재의 데이터를 평가하려면 반드시 과거에서 얻은 관련 지식과 현재의 정보를 비교해야 한다.

한 서평가가 이 책을 읽고 (부디 긍정적인) 서평을 작성하려 한다면, 자연스럽게 고차원 사고 능력을 사용할 것이다. 서평을 쓰려면 책을 읽고 이해하는 것만으로는 충분하지 않은데, 책에 담긴 정보와 정보 제시 방식을 과거에 읽은 유사한 책들과 비교해야 하기 때문이다.

창의적 사고

21세기 서구 문화는 비판적 사고와 결론 도출 사고를 매우 중요하게 생각한다. 하지만 가장 중요한 과학·기술·교육의 성취는 창의적 사고의 결과다.

뇌가 자극을 처리하는 방식은 사고 유형마다 다르다. 창의적 사고의 데이터 처리 방식은 다차원적이고 다방향적이다. 뇌 연구 분야에서 창의적 사고는 보통 수평적 사고lateral thinking로 정의된다. 뇌는 극복하기 어려운 방해물, 즉 정신적 차단(mental blockage. 무언가를 기억하거나 사고하는 능력이 멈추는 현상이다-옮긴이)을 해결하기 위한 노력의 일환으로 창의적 사고를 활용한다. 우리가 정신적 차단을 겪는 이유는 뇌가 (심지어 서구 문화권에서도) 창의성을 원하지 않기 때문이다. 뇌는 우리가 최대한 효율적인 방식으로 생존하는 행동에만 관심이 있기 때문에 데이터 처리를 위한 틀(고정관념)을 마련해 적은 노력으로 더 빠르게 정보를 처리하도록 한다. 하지만 당연히 그 만한 대가가 있다. 상황이 좋으면 그나마 창의성 부족으로, 최악의 경우에는 실수로 이어진다.

광범위한 참가자를 대상으로 실시된 한 연구 결과는 우리가 고정관념에 집착하는 현상에 대한 유익한 증거를 제공한다. 연구자들은 미국 성인들에게 이런 질문을 제시했다.[12]

한 이웃이 어떤 사람을 이렇게 묘사했습니다.

"스티브는 부끄러움을 잘 타고 내성적이에요. 도움을 요청하면 언제나 들어주지만, 다른 사람들이나 현실에서 일어나는 일에는 거의 관심이 없죠. 성격은 온화하고 깔끔해요. 질서와 체계를 선호하고 세부 사항을 추구하죠.

스티브는 도서관 사서일 가능성이 더 높을까요, 농부일 가능성이 더 높을까요?"

통계적인 관점에서 보면 스티브는 농부일 가능성이 더 높다. 미국에는 사서보다 농부가 더 많기 때문이다. 게다가 이웃의 묘사와 맞는 농부도 많다. 하지만 실험 참가자의 약 90퍼센트는 스티브가 사서일 것이라고 답했다. 고정관념은 깊은 고차원 사고를 방해하는 장애물로, 이 사례에서 그 작용을 확인할 수 있다.

우리는 모두 데이터를 창의적으로 처리하는 능력을 갖고 있다. 하지만 그 능력을 발휘하려면 비효율적이라고 여겨지는 데이터 처리 방식을 일시적으로 사용하도록 뇌에 요청해야 한다. 다시 말해, 뇌의 상태를 전환해야 한다. 현재 감각을 통해 들어오고 있는 자극에 대한 신호를 과거부터 꾸준히 축적해온 정보 조각들과 결합하는 상태로 말이다. 여러 연구에 따르면, 이런 뇌 활동의 변화를 일으킬 수 있는 몇 가지 간단한 방법이 있다. 여기에는 몽상daydreaming, 명상, 브레인스토밍, 그리고 우리가 사용할 수 있는 자원을 어느 정도 제한하는 조치가 포함된다.[13] 스탠퍼드대학교의 티나 실리그$^{Tina\ Seelig}$가 수행한 흥미로운 실험 결과는 자원을 제한하는 것이 효율적임을 보여주는 좋은 사례다.[14]

학기 초, 실리그는 한 학생 집단에게 백 달러를 주면서 주말 동안 최대한 많은 이익을 남겨보라고 했다. 다른 학생 집단에게는 5달러만 주면서 똑같이 요청했다. 첫 번째 집단은 청소 도구를 구입해 세차를 하면서 이익을 남겼다. 두 번째 집단은 주변 식당에 전화를 걸어(이 실험은 전화 요금을 내야 했던 시기에 수행됐다) 손님이 가장 붐비는 시간대를 예약하는 데 5달러를 투자했다. 그리고 예약 당일, 식당에 가서 미처 예약하지 못해 대기하고 있던 사람들에게 예약권을 팔았다. 두 번째 집단의 학생들은 오직 5달러만 투자했을 뿐이지만 첫 번째 집단의 학생들이 세차로 번 돈보다 훨씬 많은 이익을 남겼다. 실리그는 같은 실험을 여러 번 반복했고 비슷한 결과를 얻었다. 실험 결과를 통해, 자원이 제한된 상태에서 임무를 완수할 때는 뇌가 기존의 패턴과 정형화된 사고를 창의적 사고로 전환한다는 사실을 알아낸 것이다. 제한이 발휘하는 해방의 힘에 대한 또 다른 예시는 나의 일러스트레이터 친구 다니 케르만$^{Dani\ Kerman}$이 제공해준다.

케르만과 나는 브살렐 예술학교에서 강의하는 동안 일반 대중의 창의력 증진을 위한 워크숍을 진행했다. 케르만은 학생들에게 마음속에 떠오르는 어떤 주제든 상관없으니 만화로 그려보라고 했다.[15] 대부분이 어려움을 겪자, 케르만은 등장인물의 이름을 적고 그 옆에 명사 두 개를 적으라고 지시했다. 그런 다음 이렇게 요구했다.

"자, 이제 그 세 가지 요소와 관련된 만화를 그려보세요."

케르만은 함박웃음을 지으며 나에게 말했다. 대부분이 첫 번째 과제보다 두 번째 과제를 훨씬 더 쉽게 완수했다고 말이다. 게다가 그 결과도 매우 창의적이었다.

창의성을 향상시키는 일곱 가지 방법

왼쪽 대뇌 반구(주로 언어와 관련된 자극이 수신되어 처리되는 부분)의 정보 처리는 엄격하고 구조화된 형식을 따른다. 이는 창의적 처리와 정반대의 방식이다. 정보의 창의적 처리를 촉진하는 중요한 방법 하나는 언어 정보를 왼쪽 반구에서 오른쪽 반구 또는 뇌 깊숙한 곳에 위치한 피질하부 영역으로 전달하는 것이다.

뇌에서 이런 전환이 일어나게 하는 몇 가지 전략이 있다. 하지만 전략을 실행하기 전에 해야 할 일이 있다. 우리가 창의적인 해결책을 찾고자 하는 것이 중요하다는 점을 뇌가 먼저 이해해야 한다. 브레인 코드에 따르면, 단 몇 분 동안 (해결책이 아닌) 문제에 집중하기만 해도 뇌 신경망이 해당 문제가 중요한 사안이라고 인식하도록 만들 수 있다. 문제를 생각하고 그것에 집중하자.

이제 언어로 표현된 문제를 창의적 사고가 처리되는 비언어적 뇌 영역으로 전달하는 일곱 가지 전략을 숙지할 때가 됐다.

몽상

특정한 물체(그림이나 꽃 또는 물컵 등)에 시선을 집중한다. 그러면 머지않아 물체를 바라보고 있되 물체와 분리된 상태에 빠지게 된다. 이 상태를 몇 분 동안 유지한다.

명상 또는 최면

이완을 위해 안내 음성에 따라 (몽상과 같은) 응시 상태에 빠진다.

유레카

잠자리에 들기 전에, 문제의 창의적 해결책에 대한 꿈을 꾸자고 (집중해서) 되뇐다.

브레인스토밍

여러 명의 협력자와 합심해 창의적 해결책을 떠올린다.

- **자원 제한하기**

재료가 거의 없는 상황에서 음식을 준비한다고 생각하자.

- **옷을 다르게 입기**

브레인 코드에 따르면, 옷을 인디아나 존스 같은 모험가처럼 입을 경우 그처럼 세상을 경험할 수 있다.

- **외출**

자연에는 창의성에 해롭고 구조적 사고에 알맞은 문화적 방해 요소가 적다(문화가 마음을 형성한다는 개념이 이런 생각을 잘 설명해준다). 텐트를 챙겨서 자연을 찾아 밖으로 나가자.

창의적 사고를 일상에 적용하면 문제 해결에 도움이 될 뿐만 아니라, 학습 능력을 촉진할 수도 있다. 8장에서는 고차원 사고가 학습과 어떤 관련이 있는지 살펴볼 것이다.

08 학습 능력을 높이는 뇌 활용법

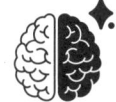

'학습'이라는 단어를 들으면 무엇이 떠오르는가? 답변에는 분명히 학교가 포함되어 있을 것이다. 직업이나 전문 분야를 위한 교습, 웹 세미나, 자율학습을 언급할지도 모른다. 모두 맞는 말이지만, 그것만으로는 부족하다. 언어적 지식 습득이라는 학습의 한 부분에만 해당하기 때문이다.

학습은 더 넓은 개념이다. 학습에는 기술 습득, 움직임, 감각, 감정, 그 밖에도 많은 것이 포함된다. 학습은 삶의 모든 영역을 아우르며, 우리는 꼭 수업의 형태가 아니어도 항상 학습을 한다. 뇌의 관점에서 학습이란 뉴런들 사이의 연결에 장기적 또는 영구적 변화를 일으키는 과정이다. 어떤 연결은 끊어지거나 약해지고 다른 연결은 강화되거나 새롭게 더해진다. 하지만 뇌는 이런 변화를 반기지 않는다. 현재 상태에 만족하기 때문에 학습에 필요한 변화를 일으키려면 그 학습이 생존을 촉진한다고 뇌를 설득해야 한다. 이때 동기가 중요한 역할을 한다. 동기의 장점은 3장에서 논의했지만 여기에서 좀 더 자세히 살펴보고자 한다.

동기가
만드는 학습 효과

동기를 유발하지 않아도 학습은 가능하다. 하지만 동기 유발 없이 뇌를 조직하는 방식에 변화를 주는 것은 단기적인 효과만 있다. 이는 한 환자가 나에게 말해준 경험을 보면 알 수 있다.

그는 어린 시절에 기타를 배우고 싶어 했다. 다섯 살이 되자 부모님이 음악 선생님을 구해줬다. 그의 말에 따르면 수업 두세 번 만에 '의욕을 잃었'지만, 부모님의 강요로 기타를 계속 배울 수밖에 없었다. 수업은 강제로 5년간 지속됐고 그동안 공연에도 여러 차례 참여했다. 열 살이 되고 나서야 마침내 기타를 그만두게 됐다. 기타는 다락방에 박혀 먼지만 쌓여갔다.

최근에 가족 행사가 있었는데, 가족들이 그에게 기타를 건네주며 연주해달라고 요청했다고 한다. 그는 나에게 이렇게 말했다.

"기타를 받아서 줄 위에 손가락을 얹긴 했는데, 연주할 수가 없었어요. 다 잊어버렸더라고요."

당신이 마지막 부분을 읽고 놀라서 눈썹을 치켜올렸다고 해도 놀랍지 않다. 어렸을 때 5년 동안 수업을 받았고 심지어 공연까지 했으니 어느 정도 음악적인 재능이 있었던 건 분명하다. 하지만 이 모든 과정이 부모님의 압박 때문에 이뤄진 것이라는 사실을 잊어서는 안 된다. 수업을 계속 듣고 싶지 않았던 그에게는 학습과 기타 연주에 대한 자발적인 동기가 없었다. 바로 이 점이 그가 어렸을 때 음악을 연주하게 해준 뇌 연결 변화(즉, 학습)가 일시적이었던 이유를 설명해준다.

동기를 두 가지 힘이 별도로 또는 동시에 작용하는, 학습 과정에서 활성화되는 신경망이라고 생각해보자. 그리고 두 가지 힘을 쾌락을 추구하는 성향과 위협에서 도피하려는 욕구라고 생각해보자. 동물 훈련(일종의 학습)은 두 힘의 활성화가 효과적임을 보여주는 예다. 개는 쾌락(칭찬, 배 문지르기, 간식)을 추구하는 과정에서 묘기 학습에 대한 동기를 강하게 느낀다. 또한 위협에서 벗어나려는 본능적인 욕구를 활용한 훈련도 가능하다. 예를 들어, 동물을 우리로 몰 때 손을 흔들거나 소리를 지르는 것이다.

인간도 동물과 그다지 다르지 않다. 승진이나 상여금 또는 다른 혜택을 얻을 수 있는 기회는 쾌락을 추구하는 기본 충동을 활성화하므로 효과적이다. 쾌락 추구는 일을 더 열심히 하고, 전문 수업에 등록하고, 전반적인 능력을 향상시키도록 동기를 유발한다. 하지만 해고에 대한 두려움도 위협을 피하려는 욕구를 추동해 비슷한 결과를 만들어낸다.

동기를 유발하는 또 다른 힘은 의미다. 의미는 쾌락과 두려움이라는 상반된 힘보다 훨씬 더 효과적이다. 특정한 생각이나 대상에 의미를 부여하면(가족이나 직장 또는 취미와 관련 있다고 간주하면) 뇌는 그 생각이나 대상을 매우 중요한 것으로 인식한다. 그렇게 학습한 결과는 투자한 자원에 좀 더 비례해 평소보다 성과가 훨씬 더 좋아지는 경향이 있다. 의미에서 비롯된 동기는 대체로 안정적이며 신체 및 정신 건강과 행복감을 촉진하고 호기심과 창의성을 일깨운다.

동기를 유발하는 세 가지 학습법

나는 강의를 할 때면 학생들이 잘못된 기대를 갖지 않도록 경고한다.

"이 강의에서 다룰 주제를 여러분에게 가르칠 수는 없습니다. 제가 할 수 있는 일은 여러분이 주제를 이해하도록 지식을 제공하고, 주제의 의미를 파악하도록 자극을 만들어내는 것뿐입니다. 여러분에게 원재료를 제공하면 제 일은 끝납니다. 학습은 여러분의 몫이며 여러분만이 할 수 있습니다."

이렇게 말하는 이유는 무엇일까? 학습은 수많은 요인에 영향을 받는 생리적 과정이기 때문이다. 강의를 듣는 학생들의 경우, 지식을 흡수하려는 동기, 강의를 듣는 동안 집중하는 수준,

감정 상태, 충분한 영양분 섭취와 숙면 여부가 그런 요인이 된다.

첫 번째, 행동 학습

이번 장 서두에서 언급한 학습 유형은 모두 언어 사용과 관련된 것이므로 언어 학습이라고 부른다. 앞으로 알게 되겠지만, 학습은 뇌에서 사물들이 조직되는 방식에 변화를 일으키며, 이는 반드시 언어를 사용하지 않아도 가능하다. 따라서 언어 능력에 의존하지 않고도 학습 수행은 가능하다. 이런 학습을 행동 학습behavioral learning이라고 하는데, 언어보다는 운동과 감각 및 인지와 신체 부위를 제어하는 데 쓰이는 통로를 거치면서 학습이 수행되기 때문이다.

특정 종목에서 뛰어난 운동 선수가 되길 원하는 사람은 언어를 사용하지 않고도 성과를 향상시키는 기술을 배울 수 있다. 이 상황에서는 운동 학습이 필요하기 때문이다. 마찬가지로 마우스를 원하는 위치로 움직이거나 식료품점에서 과일을 고를 때도 언어보다는 시각, 촉각, 후각이 더 유용하다. 이처럼 언어 외에도 일상에서 중요한 역할을 하는 기술은 굉장히 많다. 물론 학습 과정에서 언어가 도움이 될 수는 있지만 항상 필수적이지는 않다. 하지만 동기 유발은 다른 유형의 학습은 물론이고 행동 학습에서도 반드시 필요하다.

행동 학습이 어떻게 이뤄지는지 보기 위해 18세기로 가보자.

바다 한가운데에서 항해 중인 범선이 있고 돛대 맨 위에 서 있는 선원이 보인다. 그 선원은 벌을 받기 위해서가 아니라 멀리 떨어진 육지를 발견하는 능력 때문에 그곳에 있다. 먼 육지를 찾는 것은 생각보다 어려운 일이다. 만약 당신이나 나라면 선원의 발끝도 따라가지 못할 것이다. 그의 눈과 정신은 우리와 본질적으로 다르지 않지만, 그는 오랜 시간 훈련을 통해 시각 신호를 처리하는 능력을 고도로 정교한 수준까지 발전시켰다. 다시 말해, 행동 학습을 통해 시각 신호를 처리하는 뇌 영역에 복잡한 연결망을 만들어냈다.

와인 시음 강좌를 들어본 적이 있는가? 강좌의 목표는 참가자들의 후각과 미각을 향상시켜 와인에 대한 지식을 향상시기는 것이다. 이는 헛된 목표가 아니다. 감각과 관련된 행동 학습이기 때문이다. 한 커플이 와인 시음 강좌 광고를 본다고 해보자(그들의 이름은 세라와 벤이다). 강좌가 매력적이라고 생각한 세라는 등록하고 싶어 한다. 반면, 벤은 그다지 관심이 없지만 세라가 함께 수강하자고 해서 마지못해 동의한다.

이제 우리가 2년 뒤에 벤과 세라를 만났다고 하자. 아마도 세라에게 새로운 맛의 세계가 열린 모습을 보게 될 것이다. 와인에 대해 이야기하면서 산도, 수렴성, 부케, 빈티지 등을 언급하는 세라는 진짜 감정가 같다. 우리에게 깊은 인상을 주고 싶어서가 아니라, 와인에 진짜 열정을 갖고 있고 자신의 지식을 나누고 싶어 하기 때문이다. 반대로, 벤의 와인 시음 능력은 약간만 향상됐다.

이처럼 서로 다른 결과가 나온 것은 당연하다. 세라와 벤이 와인에 접근한 방식이 매우 달랐기 때문이다. 세라는 진심으로 관심이 있어서 와인에 의미를 부여하며 강한 동기를 갖고 강좌를 들었다. 따라서 세라의 뇌는 수업에서 받은 감각 신호를 처리하면서 그 정보를 장기 학습으로 유지했다. 벤은 수업을 재미있게 듣긴 했지만, 뇌에서 동기 유발 영역이 활성화되지 않았다. 그 결과, 벤의 학습은 피상적이고 단기적으로만 이뤄졌다.

우리는 오랫동안 이성이 우리의 일상에 가장 큰 영향을 미친다고 여겼다. 하지만 3장에서 살펴본 것처럼, 연구 결과는 그것이 사실이 아님을 분명하게 밝혀냈다. 오히려 감정이 우리에게 가장 큰 영향을 미친다.[1] 결과적으로 뇌 연구자들은 이제 행동 변화가 감정 변화에서 비롯된다는 점에 동의한다.[2] 따라서 우리가 특정한 행동을 하려면 뇌는 가장 먼저 그 행동과 관련된 감정을 변화시키거나 강도를 조절해야 한다. 스탠퍼드대학교의 심리학자 월터 미셸이 수행한 마시멜로 실험의 결과는 감정이 행동으로 이어질 수 있음을 보여준다.[3]

실험에 참가한 아이들의 나이는 세 살에서 다섯 살 사이였다. 아이들은 한 명씩 실험 진행자가 기다리는 방에 들어가 마시멜로 하나가 놓인 식탁 앞에 앉았다. 진행자는 아이에게 잠시 자리를 비울 것이라고 말하면서 그동안 마시멜로를 먹어도 된다고 했다. 하지만 돌아올 때까지 기다리면 마시멜로를 하나 더 주겠다고 말했다. 아이들의 3분의 2는 진행자가 들어오기 전에 마시멜로를 먹어치웠다.

끝까지 기다린 아이들은 먹고 싶은 유혹에 저항하는 동안 마시멜로를 바라보고 만지며 냄새를 맡는 모습이 카메라에 찍혔다. 유사한 실험들이 다른 곳에서도 진행됐고 결과는 비슷했다.

하지만 여기서 끝이 아니었다. 연구자들은 실험에 참가한 모든 아이와 연락을 유지했는데, 흥미로운 사실을 발견했다.[4] 감정을 통제하면서 마시멜로를 먹지 않고 참은 아이들은 다양한 측면에서 더 성공적인 삶을 살았고, 좌절과 압박에 평균보다 더 잘 대처하는 성인으로 성장했다. 연구자들은 아이들이 선천적으로 평균보다 높은 수준의 감성 지능을 가졌기 때문이라고 결론지었다.

그렇다고 해서 마시멜로를 먹은 아이들의 운명이 정해져 있다는 뜻은 아니다. 3장에서 말했듯이 뇌는 유연하다. 우리는 아이들이 충동과 감정을 관리하는 능력을 발달시키도록 도와서 더 나은 결정을 내리도록 장려할 수 있다. 요컨대 행동 학습은 감정 학습의 결과일 수 있다.

집중력과 신체 조절

행동 학습의 강력한 점은 생존에 필수적인 모든 종류의 능력을 얻을 수 있다는 것이다. 특히 행동 학습을 활용한 생체 되먹임biofeedback으로 맥박과 혈압을 조절할 수 있다. 생체 되먹임에는 전자 감시 장치가 사용된다. 예를 들어보자. 혈압 측정 장치의 화면을 보고 있는데 수축기 혈압(심장이 수축해 최고치에 달한 혈압을 의미한다-옮긴이) 수치가 160이라고 하자. 대부분의 경우, 혈압이 낮아진다는 생각에 집중하면 화면에 표시된 수치가 내려간다.

여기서 도출되는 결론은 다음과 같다. 집중력은 신체를 조절하는 뇌 영역에 영향을 미친다. 하지만 그렇게 간단한 일은 아니다. 혈압이 표시된 화면에서 눈을 떼면 원래 수치로 돌아가기 때문이다. 행동을 장기 학습으로 유지하기 위해 필요한 변화가 관련 신경망에서 아직 일어나지 않은 것이다. 장기 학습을 달성하려면, 혈압을 낮추는 행동 또는 학습하길 원하는 다른 행동에 집중하는 연습을 지속적으로 해야 한다. 어느 정도 시간이 지나서 학습 결과가 확실해진 뒤에는 생체 되먹임의 도움 없이도 혈압을 조절할 수 있게 되며 나중에는 뇌가 자동으로 수행하게 된다.

알츠하이머병에 깃든 오해

서구 사회는 언어와 지식 습득을 가장 중요하게 생각한다. 그렇게 언어 기반 학습에 큰 중점을 둔 결과, 수가 점차 늘어나고 있는 언어 능력 손상 집단을 간과하게 됐다. 이는 특히 알츠하이머병과 치매를 앓는 사람들에게 문제가 된다.

알츠하이머병 초기 및 중기 단계에서 발생하는 인지 저하는 언어와 관련된 모든 측면에서 문제를 일으킨다. 여기에는 사고, 기억, 의사 표시, 새로운 지식 습득 능력이 포함된다. 하지만 다른 학습에는 영향을 미치지 않는다. 따라서 알츠하이머병 환자들은 여전히 행동 학습을 통해 새로운 동작을 익히고, 감각 기능을 향상시키며, 감정 및 신체 통제와 관련된 것들을 학습할 수 있다. 그럼에도 언어 사용 능력이 저하됐다는 이유로 무시당한다. 또한 그들과 소통하고 가르치며 삶의 질을 향상시키는 다른 방법이 존재한다는 사실이 잊힐 때도 있다.

두 번째, 지식 학습

앞서 언급한 모든 종류의 학습과 마찬가지로, 책과 강의, 영화, 대화 등을 통해 지식을 학습하는 것은 뇌를 재조직화해 정보를 장기적으로 저장하는 과정이다. 유일한 차이점은 학습이 처리되는 위치가 언어에 집중하는 뇌 영역이라는 점이다. 다른 유형의 학습과 똑같이 지식 학습에서도 강한 동기 유발은 필수적이다. 우리 모두가 학교에서 경험한 점수나 성적에 따른 보상 체계는 두 가지 익숙한 힘으로 동기를 유발하기 위해 설계된 것이다. 바로 쾌락 추구(좋은 성적)와 위협 도피(나쁜 성적)다. 각자의 경험에서 알 수 있듯, 이 방법은 꽤 잘 작동한다. 여기에 더해 동기 유발이 더 고차원적인 장소(의미와 관련된 뇌 영역)에서 비롯된다면 학습은 더욱 깊게 내면화된다. 이것이 바로 '깊은 학습' 또는 '의미 있는 학습'이다.

철학자이자 교육학자인 벤저민 새뮤얼 블룸Benjamin Samuel Bloom은 지식 학습의 수준을 여섯 가지로 나눴다.[5] 이곳에서 우리는 깊이 알지 못하는 상태부터 매우 잘 아는 상태까지 학습 단계로 널리 사용되는 세 가지 범주를 살펴볼 것이다. 각 학습 유형에 대한 설명에는 뇌 조직화 과정에서 일어나는 변화의 범위와 학습이 달성되는 방식이 포함된다. 우리의 목표는 각 단계를 거쳐 깊은 학습 단계에 도달하는 것이다.

피상 학습 또는 얕은 학습

학습 피라미드 맨 아래에서 일어나는 뇌 변화이며 최저 수준의 학습이다. 정보를 반복적으로 읽거나 들어서 얻는 구술 정보(구술 학습)에 대한 기억으로 나타난다.

- **중간 학습**

피라미드 중간에서 뇌에 일어나는 변화로, 얕은 학습보다 더 뚜렷하게 나타나며 구술 정보에 대한 이해가 추가된다. 중간 학습을 달성하는 방법은 중요 사항이나 주제를 깊이 생각해보고, 학습 자료를 하위 주제로 구분해 서로 비교하는 것이다.

- **깊은 학습**

피라미드 맨 위에서는 뇌에 근본적인 변화가 일어나고 전반적으로 새로운 연결이 형성된다. 그 결과로 정보 자체, 그리고 본인과 타인이 삶에서 경험한 사건과의 관련성이 내면화된다. 깊은 학습은 학습 자료에서 하위 주제가 등장할 때마다 그것에 대해 연구하면서, 각 주제가 자신이나 지인과 어떻게 연관되는지 생각하는 과정에서 이뤄진다.

학습이 이뤄지는 수준은 지식 학습을 가능하게 하는 두 가지 요소, 즉 기억과 사고에 따라 달라진다. 이 두 요소의 역할을 설명하기 위해 지식 학습을 맛있는 초콜릿 케이크를 만드는 과정에 비유해보자.

원재료는 기본 중의 기본이다. 좋은 원재료가 없다면 맛있는 케이크가 만들어질 것이라는 합리적인 기대를 할 수가 없다. 마찬가지로 재료가 아무리 좋아도 적절한 과정을 지키지 않는다면 쓸모없는 끈적끈적한 덩어리가 만들어질 것이다. 이 비유를 학습에 적용하면, 지식 학습에 필요한 원재료는 기억이고, 기억을 다루는 과정은 사고다. 훌륭한 기억이라는 좋은 원재료와 훌륭한 사고라는 적절한 과정이 없다면, 올바른 학습이라는 맛있는 케이크는 만들어지지 않는다.

학습 자료를 암기하는 것(암기 학습)은 주로 시험공부를 할 때 사용하는 방법이다. 당신도 특정 구절 등을 암기한 경험이 있을 것이다. 그러므로 내가 암기 학습이 피상적 학습에 해당한다고 말하면 의아해할지도 모른다. 그 이유는 무언가를 암기하는 동안에는 기억 신호가 기억 담당 신경망으로 전달돼 오직 그 뇌 영역만 활성화되기 때문이다. 여기서 사고 과정은 제외된다. 물론 암기는 학습의 한 단계로서 전혀 문제가 없는 과정이다. 하지만 사고가 결합되지 않는다면 장기적으로 정보를 떠올리는 데 큰 도움이 되지 않는다.

중간 학습은 피상 학습보다 수준이 더 높다. 학습 중인 자료를 이해하는 추가적인 요소가 포함되기 때문이다. 예를 들어, 이 책의 이전 장을 생각해보자. 책을 읽으면서 시간을 들여 사고하고 내용을 제대로 이해했다면 그 내용은 당신의 기억에 각인됐을 것이다. 하지만 이해만 하는 것은 중간 수준의 학습만 보장된다. 이는 나의 의대 첫해 경험으로도 증명된다.

강의 내용을 기억하고 이해까지 했지만 시험 결과는 평균에 그쳤다. 시간이 흘러 이해만으로는 중간 수준의 학습만 보장된다는 사실을 깨달았는데, 그 이유는 우리가 기억하고자 하는 자료를 듣거나 읽는 것에서 끝내면 학습의 모든 결과를 얻을 수 없기 때문이다. 시험 문제가 강의 내용과 직접 관련된 경우에는 막힘없이 답할 수 있었지만 "특정 진단을 받은 아픈 아이에게 필요한 치료는 무엇인가?" 같은 질문에 제대로 답하려면 강의에서 다루지 않은 정보까지 공부해야 했다. 이 추가적인 단계가 깊은 학습의 일부다.

중간 학습은 기억과 이해를 통해 이뤄지지만, 깊은 학습은 결론 도출, 비판적 사고, 창의적 사고 같은 고차원 사고를 활성화하는 과정이다. 7장에서 언급했듯이 비판적 사고는 과거에 기억 속에 저장해둔 정보와 학습 자료를 비교해 결론을 도출하게 만든다. 창의적 사고는 정보를 다차원적이고 다방향적으로 처리하는 과정이다.

창의적 사고를 하려면 정신적 차단 문제를 극복해야 한다는 7장의 내용을 기억할 것이다. 왜냐하면 뇌는 우리가 창의적이기를 원하지 않기 때문이다. 뇌는 오직 우리의 생존만을 원하며 효율성을 최대로 끌어올리는 일에 푹 빠져 있으므로 데이터를 정형화된 방식으로 처리하는 경향이 있다. 우리가 사람들을 성격 특성에 따라 분류하는 것도 그래서다. 그렇게 하면 뇌가 시간을 절약할 수 있기 때문에 효율적이다.

창의적 사고는 정형화된 범주에 얽매이지 않는 사고방식이다. 이제는 흔히 접할 수 있는 개념이지만, 고대 유대인 탈무드 현자들은 이를 전혀 알지 못했을 것이다. 그럼에도 그들은 2천여 년 전에 원자료를 처리해 깊은 학습을 달성하는 방법으로 창의적 사고를 활용했다. 내가 지금 말하는 것은 '트집 잡기^{quibbling}'라는 개념으로 소크라테스식 문답법과 비슷하다. 주제의 본질적인 면에 집중하기보다는 사소하고 중요하지 않은 세부 사항으로 광범위한 논쟁을 벌이고, 편견에 치우친 의견과 심지어 터무니없는 주장까지 고려해 결론에 도달하는 방법이다. 트집 잡기를 한 단계 개선한 것을 '사람들과 짝을 이뤄 학습하기'라고 하는데, 오늘날도 토라 연구(유대교의 경전을 해석하는 연구다-옮긴이)에서 시행되고 있다. 이는 현재 광범위한 분야에서 창의적인 생각과 해결책을 찾을 때 사용하는 브레인스토밍과 비슷하다.

브레인스토밍을 다양하게 변형한 방법들의 성공 여부는 두 가지 조건을 충족하느냐에 달려 있다. 첫 번째 조건은 논의에 참여하는 모든 사람이 평등한 입장이어야 한다(즉, 누구도 상관이 되어서는 안 된다). 왜냐하면 우리 뇌는 지위가 가장 높은 사람에게 무엇이든 맞추는 경향이 있기 때문이다. 두 번째 조건은 모든 참가자의 의견과 생각에 동등한 비중을 둬야 한다는 것이다. 어느 누구도 허튼소리를 한다고 비난받아서는 안 된다.

수천 명을 대상으로 깊은 학습을 향상시키는 방법을 조사한 많은 연구는 유용한 조언을 제공해준다. 그중 하나는 스스로에게 질문을 던지는 것이다. 질문은 학습 자료의 특정 부분에 주의를 기울이도록 해 효율성을 높여준다. 또한 질문을 던지는 행위 자체가 약간의 정신적 긴장을 유발해 기억과 사고를 담당하는 신경망의 기능을 강화한다.

이전 장들에서 논의한 뇌와 관련된 다른 많은 현상과 마찬가지로 깊은 학습 또한 원시 인류의 삶에 뿌리를 두고 있다. 수렵채집인의 삶은 위험으로 가득 차 있었다. 뇌는 생존 확률을 높이고 그들이 맞닥뜨린 위험을 극복하기 위해 위협에 반응해 긴장을 유발하는 동시에 집중력과 주의력을 급격하게 끌어올렸다. 덕분에 그들은 적절한 행동을 선택하고 필요한 경우에는 빠르게 움직일 수 있는 상태로 전환했다. 오늘날도 적당한 양의 스트레스는 촉매 역할을 한다. 예를 들어, 마감일이 있을 때 기억과 사고가 향상되고 더 선명해진다. 하지만 여기서도 균형이 중요하다. 과도한 스트레스는 시스템을 과부하 상태로 만들어 학습 능력을 저하하는 역효과를 일으키기 때문이다.

연구에서 도출되는 실용적인 조언은 또 있다. 중간중간 휴식을 취하며 학습하는 것이 오랜 시간 집중해서 학습하는 것보다 훨씬 더 효과적이라는 사실이다. 시험 준비에 총 열 시간이 필요하다면 공부를 하루이틀에 몰아서 하지 않고, 하루에 한 시간씩 나눠서 하는 것이 훨씬 더 좋은 결과를 만든다. 학습은 신경망에 새로운 연결을 만드는 생리적 활동이고, 휴식은 생리적 활동이 더 구조적으로 이뤄지도록 돕기 때문이다.

질문 던지기와 휴식은 학습 능력을 향상시키는 방법으로 입증됐다. 이 밖에도 또 다른 두 가지 접근 방식이 있다.

첫 번째 방식은 텍스트를 반복해서 읽는 것이다. 하지만 반복 읽기는 오직 기억만을 돕는다. 따라서 결과가 아무리 좋아도 텍스트를 달달 외우는 데서 그친다. 이는 피상 학습에 불과하며 자료에 대한 이해까지 가지 않는다. 반면, 트집 잡기 같은 고대의 기술, 소크라테스식 문답법, 브레인스토밍은 학습을 심화하는 데 큰 도움이 된다.

두 번째 방식은 텍스트에서 중요한 부분을 형광펜으로 강조 표시하는 것이다. 강조 표시를 하면 우리가 텍스트에 완전히 몰입했다는 느낌이 들지만, 텍스트에서 무언가를 배우려면 거기서 더 나아가야 한다. 물론 형광펜을 쓰는 것 자체는 아무런 문제가 없다. 다만 학습 과정의 중간 단계에서만 사용하는 것이 좋다.

세 번째, 사회적 학습

인류가 존재하기 시작한 시점부터 뇌는 우리가 타인의 도움 없이 모든 욕구를 충족할 수 없다는 점을 이해하고 있었다. 우리는 사회적 동물이며, 생존하려면 그렇게 될 수밖에 없었다. 사회적 동물이 되기 위해서는 우리의 뇌가 주변 사람들과 함께 일할 수 있도록 그들의 뇌와 비슷하게 작동해야 했다. 그 결과, 인간을 비롯해 피질이 비교적 발달한 모든 생물에게 고유한 뇌 기능이 만들어졌다. 바로 사회적 학습 기능이다. 이러한 학습 유형은 모방 능력에 크게 의존한다. 우리는 대체로 다른 사람들이 도구를 사용하는 것을 보고 사용법을 학습한다. 일상에 적용하는 다른 수많은 활동도 마찬가지다.

모방 능력은 거울뉴런mirror neuron을 통해 발휘된다. 이름에서 짐작할 수 있듯이, 거울뉴런은 우리의 뇌 활동을 주변 사람들의 뇌 활동과 동기화하는 신경세포다. 동기화는 자동으로 일어난다. 누가 우리에게 손을 흔들면, 손을 흔드는 데 필요한 근육에 명령을 내리는 뇌 부위가 즉시 활성화된다. 하지만 그렇다고 우리가 반드시 손을 흔들진 않는다. 뇌의 다른 부위가 작동해 손 흔드는 행동을 지연시키기 때문이다. 상대방이 적대적일 경우, 손을 흔드는 행동이 생존에 도움이 되지 않는다고 판단할 수 있다. 가끔씩 전혀 모르는 사람에게 자동으로 손을 흔들 때가 있다. 매우 피곤한 경우에 그러는데, 피로가 뇌의 지연 능력을 약화시키기 때문이다. 즉, 피곤할수록 뇌의 억제 작용이 약해지는데, 하품이 전염되는 현상도 모방 메커니즘으로 설명할 수 있다.

거울뉴런이 작동하는 방식을 보여주는 또 다른 예는 사람들이 횡단보도를 건너려고 기다리는 상황이다. 그중 한 명이 차가 없는 틈을 타 신호등이 초록불로 바뀌기 전에 길을 건너기 시작하면, 다른 사람들도 똑같이 길을 건널 때가 많다. 이 또한 지연 메커니즘이 일시적으로 작동하지 않은 사례다. 평상시에는 도로를 건너는 행동이 생명을 위협할 수 있으므로 지연 메커니즘이 제대로 작동한다.

지금까지는 운동 및 감각 활동의 동기화 사례를 살펴봤다. 하지만 사회에 완전하게 통합되려면(바로 이것이 뇌의 목표다) 감정과 관련된 모든 활동에도 조정이 필요하다. 뇌는 감정 영역에서도 거울뉴런을 활성화해 자신의 감정 상태를 집단과 일치시키는 경향을 만들어낸다. 예를 들어, 두 운전자가 격한 언쟁을 벌이는 것을 보면 싸움의 원인이 우리와 무관하더라도 화가 날 수 있다. 마찬가지로 유쾌한 모임에 참석하면 전반적으로 기쁜 감정이 우리에게 긍정적인 영향을 미칠 가능성이 높다. 하지만 슬픈 일이 있을 때 유쾌한 모임에 참석할 경우, 슬픈 기분 때문에 지연 메커니즘이 작동해 기쁜 감정이 우리 안에서 퍼지는 것을 막는다.

거울뉴런에 노출되는 것은 사회적 학습의 첫 단계일 뿐이다. 그다음 단계는 동기 유발에 달려 있다. 동기가 유발되지 않으면 거울뉴런을 통해 모방하고자 하는 행동이 뇌 속에 숨어서 사용되지 않은 채 남게 된다. 다음 이야기는 이 점을 좀 더 자세히 설명하는 데 도움이 된다.

유치원에 다니는 한 아이가 말을 더듬는 아이와 친구가 된다. 그런데 친구와 똑같이 말을 더듬기 시작한 아이를 보고 부모가 깜짝 놀란다. 처음에는 단순히 거울뉴런에 의한 모방 행동에 불과하므로 상황을 원래 상태로 되돌릴 수 있다. 하지만 모방 행동에 대한 동기가 유발되면 학습이 일어나 말을 더듬는 행동이 계속될 수 있다.

동기 유발을 막는 가장 간단한 방법은 말 더듬을 무시하는 것이다. 부모가 아이에게 말을 더듬지 말라고 잔소리하면 역효과가 일어난다. 아이들이 특정 행동에 주의를 기울이게 하면 동기가 유발되기 때문이다. 동기는 또 다른 방식으로도 유발될 수 있는데, 처음부터 모방에 동기가 결합되는 경우다. 예를 들어, 말을 더듬는 아이가 카리스마가 있거나, 인기가 많거나, 선생님에게 특별대우를 받는다면, 말 더듬이 생존에 도움이 된다는 깊은 학습이 일어날 수 있다.

나도 비슷한 경험을 한 적이 있다. 의학 공부를 마칠 무렵인 인턴 시절에 한 선배 의사와 잠시 일할 기회가 생겼다. 선배는 내가 특별히 관심을 가졌던 분야의 뛰어난 전문가였다. 그는 러시아에서 이민을 왔고 나보다 나이가 많았다. 러시아식 억양이 약간 있었지만 유창하게 말했다. 며칠 후 친구들이 나에게 특정 음절을 전과 다르게 발음한다고 알려줬다. 선배 의사의 발음 방식과 유사하게 말하고 있던 것이다. 인턴을 마치고 며칠 뒤에야 발음이 원래대로 돌아왔다. 나중에 뇌 연구자로 일하면서 왜 그런 일이 일어났는지 이해하게 됐다. 거울뉴런 때문에 선배 의사의 억양을 모방했던 것이다. 하지만 인턴이 끝나고 그와 멀어진 뒤에는 똑같이 행동할 동기가 사라졌고, 러시아 억양도 없어졌다.

또 다른 예시를 살펴보자. 마케팅 분야는 거울뉴런을 광범위하고 효과적으로 사용한다. 내 친구에게 일어난 일이 이를 잘 보여준다. 그는 생물학 박사이자 매우 이성적인 사람이다. 어느 날 친구는 대형 TV 상품에 당첨됐다는 우편물을 받았다. 편지에는 상품을 받기 위해 방문해야 할 주소가 적혀 있었다. 상품을 받은 다음 날 친구를 만났는데, 그는 매우 화난 상태였다. 친구는 이를 부드득 갈며 말했다.

"무슨 일이 있었는지 상상도 못할걸. 상품을 받으러 갔다가 평생 살 공동 소유 아파트를 계약하게 됐어."

나는 어떻게 이런 일이 벌어졌는지 궁금했다. 친구의 말에 따르면 편지에 적힌 곳에 도착하자 사람들로 가득한 넓은 강당이 나왔다고 한다. 주최 측은 경치가 멋진 휴가용 아파트의 사진을 보여줬다. 감명을 받은 사람들은 사진에 열광하며 아파트 판매 부스로 몰려들었다. 그 광경과 소리는 내 순진한 친구의 거울뉴런에 흡수되어 감정을 담당하는 뇌 영역으로 향했다. 그리고 그곳에서 진화에 뿌리를 둔 강력한 동기, 즉 집단의 일원이 되고자 하는 동기와 결합됐다. 행사에 참여한 사람들 가운데 그런 거래에 강한 거부감을 가진 이들만이 우리를 사회적 동물로 만드는 뇌의 선의로부터 벗어날 수 있었다. 훗날 내 친구는 그곳에 있던 군중 대다수가 공동 소유 아파트 판매 회사 직원이라는 것을 깨달았다. 청중 속에 직원들을 심어서 열광적인 분위기를 만든 것이다. 친구의 거울뉴런은 그 속임수를 알아채지 못한 게 분명했다. 물론 속임수를 간파하는 것은 거울뉴런의 역할이 아니다.

뇌의 관점에서 보면, 모든 학습은 신경계에 새로운 연결을 만드는 생리적 과정에 지나지 않는다. 이를 위해서는 단백질, 당, 지방, 비타민, 무기질, 그 밖의 화학 물질이 필요하다. 그러므로 동기와 의미도 중요하지만 하드웨어의 적절한 관리, 즉 건강 관리를 하지 않는다면 장기 학습을 제대로 실천하는 것은 불가능하다. 다행히도 이를 위해 필요한 도구들은 쉽게 구할 수 있다. 바로 양질의 수면, 적절한 영양분 섭취, 운동, 정신 이완이다.

시험공부를 가장 효과적으로 하는 방법

시험공부나 발표 준비를 할 때 기억해야 할 새로운 텍스트를 깊이 학습하는 데 도움이 될 만한 방법을 소개한다.

텍스트를 반복해서 읽는 것은 텍스트를 얕게 학습하는 것(즉, 암기를 통해 학습하는 일)에만 도움이 된다. 그러므로 반복 읽기에서 만족하지는 말자.

학습해야 할 텍스트에서 중요한 문장을 강조 표시하는 것은 얕은 학습에서 중간 학습으로 가는 데 도움이 되지만, 깊은 학습까지 도달하지는 못한다.

깊은 학습을 달성하는 한 가지 탁월한 방법은 집단을 꾸려서 학습하는 것이다. 텍스트를 이해한 다음(중간 학습 수준에 도달한 다음)에는 학습 수준이 비슷한 친구 한 명 이상과 만나서 텍스트에 제시된 생각들과 일상 사이의 연관성을 찾아보는 것이다.

여러 연구에 따르면, 몇 시간씩 쉬지 않고 공부하는 것보다 학습 시간과 쉬는 시간을 번갈아 갖는 것이 효과적이다. 쉬는 시간은 뉴런들 사이에 생물학적 연결이 발생하는 데 도움이 된다.

여기서 언급한 것들을 비롯한 모든 학습 방법의 효과는 뇌를 구성하는 생물학적 재료의 질에 달려 있다. 따라서 학습 시간 사이에 양질의 수면을 취하고, 건강하게 먹고, 사회 및 신체 활동을 하는 것이 중요하다.

우리는 학습을 통해 새로운 기술을 터득한다. 언어 정보를 학습하는 능력은 개인 발전에 필수적이며 기억 및 사고 과정과도 관련되어 있다. 뇌에서 일어나는 정보 처리는 뉴런들 간의 연결을 계속해서 맺고 끊으며 신경망이 조직되는 방식을 변화시킨다. 이런 변화는 학습을 적용하는 능력에 매우 중요하다. 실제로 우리가 얼마나 잘 학습하는지는 뇌에서 발생하는 변화의 범위와 깊이에 의해 결정된다.

학습 과정에서 일어나는 정보 처리는 우리가 세상을 어떻게 인식하고 그 안에서 어떻게 행동하는지와도 관련되어 있다. 9장에서는 뇌가 성격을 나타내는 방식을 알아보면서 이 점을 더 자세히 살펴볼 것이다.

09 뇌를 활용하면 성격을 바꿀 수 있다

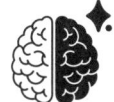

대부분의 신경과학자는 인간의 뇌가 컴퓨터와 유사하다는 주장에 부정적인데, 나 또한 이에 전적으로 동의한다. 우리 뇌는 의심할 여지 없이 그 어떤 반도체보다 훨씬 더 복잡하고 정교하며 헤아릴 수 없을 만큼 능력이 뛰어나다. 그럼에도 이번 장의 주제를 최대한 단순하게 다루기 위해 컴퓨터 분야의 몇 가지 기본 개념을 빌려와 인간이 환경과 상호작용하는 방식을 설명하려 한다. 첫 번째 개념은 입력-출력 모형이다. 우리는 이 개념을 활용해 뇌가 감각을 통해 들어오는 정보를 처리하는 방식을 살펴볼 것이다.

우리가 세상과 관계를 맺는 방식은 세 가지 단계를 거쳐 이뤄진다. 이 단계들은 의식적 수준(피질)과 무의식적 수준(피질하부) 모두에서 일어난다.

입력 정보가 감각을 통해 뇌로 들어온다.
입력 정보가 **처리**된다.

- 행동이 **출력**된다.

다음 일화는 일상에서 이 세 가지 단계가 작동하는 예시다.

컴퓨터를 켠 제이다는 마우스 커서가 움직이지 않는 것을 발견한다. 제이다의 뇌에 도달한 시각 입력 정보는 간단하고 명확하다. '커서가 멈췄다!'는 것이다. 그의 뇌는 입력 정보를 처리해 상황을 이해하고 감정을 만들어낸다. 그리고 생존을 촉진하는 행동을 유발하는 충동이 출력된다. 직접적이건 간접적이건 생존을 위한 행동은 뇌의 유일한 목표다. 여기서 한 가지 선택지는 마우스를 가볍게 두드리는 것이다. 다른 선택지도 있다. 마우스가 연결됐는지, 건전지가 방전됐는지, 충전할 필요가 있는지 확인하는 것이다.

성격의 토대가 되는 자극

여덟 가지 감각은 끊임없이 입력 또는 자극을 제공한다(6장 참고). 감각 정보는 피질하부에서 피질로, 즉 '상향식$^{bottom\ up,\ BU}$' 경로를 통해 전달된다. 감각 기관이 처음으로 정보를 신호로 처리하면 신호는 가장 먼저 피질하부에 도착한다. 그 후 대부분의 신호는 계속해서 피질로 향한다. 하지만 일부 감각 신호는 피질하부에서 멈추는데, 뇌는 우리가 이를 자각하게 두지 않는다. 주로 신호가 너무 약하거나 짧아서 상향식 경로를 따라 계속 나아가지 못할 때 이런 일이 발생한다. 이 현상을 보여주는 예시가 있다.

실험 참가자들은 컴퓨터 화면 앞에 앉아 잠깐 떴다가 사라지는 다양한 얼굴 이미지를 봤다.[1] 참가자들은 어떤 표정을 봤는지 질문을 받았지만 대답할 수 없었다. 얼굴의 세부 사항들이 피질하부에 등록되긴 했지만 그 신호가 상향식 경로를 따라 자각할 수 있는 지점까지 가지 않았기 때문이다. 참가자들이 잠깐 떴다 사라지는 감각 입력 정보로부터 받은 것은 '역하 신호'(subliminal message. 의식까지 도달하지 않아 자각하지 못하는 신호다 - 옮긴이)였다.

앞서 살펴봤듯이 자각은 생존을 촉진하기 위한 필수 조건이 아니다. 어류와 파충류처럼 피질이 없는 생물들도 위험에서 벗어날 수 있다. 왜냐하면 피질하부가 자동으로 작동해 피질의 승인이나 반응을 요구하지 않고도 안전을 보장하기 때문이다. 감각 기관에서 오는 신호는 단순히 피질하부에 기록되고, 최종 단계인 출력으로 이어지는 처리를 거칠 뿐이다.

인간은 발달된 피질을 갖고 있다. 하지만 역하 신호에 대한 실험이 보여주듯 인간 또한 어류와 파충류처럼 뇌에 도달한 외부 세계의 입력 정보를 받아 처리하며, 이때 출력은 피질하부에서만 일어나고 모든 과정은 자각을 완전히 우회한다. 이 과정이 일상에서 일어나는 한 가지 예시는 운전이다. 운전자는 자동차 앞으로 갑자기 뛰어나온 아이를 의식하기도 **전**에 급하게 브레이크를 밟는다. 아이가 부주의하다는 사실과 브레이크를 자동으로 밟았다는 사실에 대한 정보는 사건이 일어난 다음에야 운전자의 자각 속으로 들어온다. 이 같은 긴급 상황은 뇌가 자동 반응을 유발하는 이유 중 하나다.

감각 신호가 피질하부에만 머무는 또 다른 상황은 뇌가 그 신호들이 생존과 무관하다고 판단할 때다. 이를 잘 보여주는 사례는 신체 일부가 통증 신호를 전달하지만 통증을 느끼지 못하는 상황이다. 통증이 생존을 위협하지 않을 때 이런 일이 일어난다. 통증이 피질하부에 등록된다고 해도 자각할 수가 없어서 느끼지 못하는 것이다. 만약 이 같은 상황에서 누군가가 우리에게 "통증이 느껴지나요?"라고 묻는다면 "아뇨"라고 답할 것이다.

통증에 대한 자동적인 반응을 유익하게 활용하는 방법 중 하나는 최면 상태에서 큰 수술(가령 개복 수술)을 진행하는 것이다.[2] 이 경우, 환자가 아무런 통증도 느끼지 못하므로 마취제를 투여할 필요가 없다. 최면 전문의가 환자에게 차분함과 평온함, 활력, 안녕감의 메시지를 전달하고 환자가 명상 상태에 들어가기 때문이다. 최면을 통해 뇌에 전달하는 메시지는 만사가 순조

롭게 진행되고 있다는 내용이다. 뇌의 최우선 목표는 생존을 극대화하는 것이므로 통증 신호는 불필요하다고 간주해 피질하부를 넘어서지 않도록 차단한다.

최면을 가르치는 알렉산드르 솔로모노비치가 해준 이야기가 있다. 한 최면 전문의가 큰 수술 도중 환자에게 이렇게 말했다. "지금 당신은 평온하고 기분 좋은 장소에 있습니다. 당신은 통증을 전혀 느끼지 못하지만, 오른손은 뇌가 어떤 통증을 느끼고 있는지 알 수 있습니다."

최면 전문의는 환자에게 메모지와 펜을 주면서 뇌가 느끼는 통증을 적어보라고 요청했다. 환자는 한 치의 망설임도 없이 "이 자식들이 날 죽이고 있어"라고 적었고, 최면 전문의는 오른손의 통증 조절 기능을 복원했다. 하지만 처음부터 끝까지 환자의 표정은 차분했다. 이는 통증 신호가 뇌에 전달되기는 했지만, 거기서 더 나아가 자각으로 진입하지 않았음을 증명한다.

감각 메시지는 피질에서도 처리된다. 이제 들어도 놀랍지 않겠지만, 피질의 처리 방식은 피질하부와는 완전히 다르다.

피질하부의 메시지 처리 방식

피질하부는 뇌에서 가장 오래된 부분이다. 따라서 피질하부의 메시지 처리 방식은 단 하나의 명확한 목표인 생존과 인류의 존속을 위한 번식 능력 충족에 집중된다. 구체적으로 말해서 피난처와 음식을 찾고, 적절한 체온을 유지하고, 적과 포식자에 대처하고, 구애를 통해 유전자를 전달하는 일에 초점이 맞춰져 있다. 피질하부는 이 목표를 달성하기 위해 두 명의 '감독관'을 둔다. 한 명은 낙관적이고 다른 한 명은 비관적이다.

낙관적인 감독관은 생존과 번식이 보장되어 있다는 메시지를 받을 때 일을 시작한다. 예를 들어, 수컷 뱀이 배불리 먹고 근처에서 암컷 뱀을 발견했을 때가 그렇다. 반면, 비관적인 감독관은 반대의 메시지를 받을 때 일을 시작한다. 뱀이 절실하게 먹이를 원하고 주위에 암컷 뱀이 전혀 없을 때다.

낙관적인 감독관은 메시지를 기저핵basal ganglia이라는 신경망으로 보내 처리한다. 메시지는 기저핵에 들어가 쾌락 감정을 만들어낸다. 반면, 비관적인 감독관이 받은 신호는 편도체에서 처리되어 위협감을 만들어낸다.

일상에서는 상반되는 메시지들이 끊임없이 흘러들어오기 때문에 두 감독관은 항상 근무 중이다. 원시 인류의 일상을 예로 들어 상반되는 신호가 어떻게 처리되는지 살펴보자.

우리의 영웅은 사냥을 성공적으로 마치고 며칠 동안 먹을 충분한 식량을 갖고 집으로 돌아온다. 동물을 해체하는 동안 뇌에 전달되는 메시지는 낙관적이다. 하지만 사냥 중에 소심한 행동을 보였다며 조롱하는 친구들의 불쾌한 메시지 또한 그의 주의를 끈다.

이제 비슷한 상황이 현대에서는 어떻게 전개될지 보자.

톰은 회사의 미래가 걸린 프로젝트를 방해하는 문제를 많은 노력을 기울여 해결하는 데 성공했다. 기쁨과 행복에 가득 찬 톰은 직속 상사에게 이메일로 소식을 알린다. 그리고 고맙다는 말과 함께 어쩌면 상여금이 주어지지 않을까 기대한다.
몇 분 지나지 않아 답장이 도착한다.
 "애써주셔서 고마워요. 그런데 회사가 청산 중이라 프로젝트에서 철수하기로 결정됐어요."

대부분의 상황에서 우리는 쾌락과 위협을 동시에 경험한다. 따라서 다양한 메시지의 상대적 세기가 궁극적으로 우리의 감정 상태와 반응을 결정한다. 톰이 처한 상황에서는 어느 감독관이 우위를 차지해 상사에게서 받은 소식에 대처할까? 어떤 감독관이 우위를 점하든, 우세한 감독관은 기본적인 입력 정보가 유발하는 감정이 쾌락일지 위협감일지를 결정하고 감정의 세기 또한 지정한다. 이는 낮은 차원의 단순한 처리 방식으로서 오직 현시점의 정보만을 처리하지만, 우리 성격의 일부를 이루기도 한다.

앞서 언급했듯이, 더 높은 차원의 처리는 피질에서 일어난다.

피질의 메시지 처리 방식

피질에서 일어나는 처리는 우리의 지식, 가치관, 지배적인 문화 및 사회 규범 같은 요소에 어느 정도 영향을 받는다.

피질하부와 마찬가지로 피질은 생존과 번식 능력을 증진하는 것이 목표지만, 오직 현시점의 정보만을 다루는 피질하부와 달리 장기적인 관점을 취한다. 이는 때때로 당장의 편안함을 희생하는 결과를 낳는다.

회사에서 상사가 당신을 괴롭힌다면 그 상황은 먼저 피질하부에서 처리되고 위협감이 유발될 수 있다. 그럼에도 피질은 상사의 말은 단지 농담일 뿐이라고 결론 내리면서 위협감을 억누르려 할지도 모른다. 하지만 그런 논리적이고 이성적인 해석에 설득되기 전에는 일시적으로 불편함을 느낄 것이다.

또 다른 예를 들어보자.

한 남자가 배고픈 상태로 집으로 돌아가고 있다. 활성화된 굶주린 감각은 피질하부에서 처리되어 생존에 위협을 느낀다. 그때 남자가 도넛 가판대 앞을 지나간다. 도넛의 생김새와 냄새는 배고픔을 부추기고, 피질하부가 생존이 위협받고 있다는 느낌을 가중시킨다. 하지만 피질의 처리 결과는 집에 도착해서 먹을 식사에 초점을 맞춘다. 기분 좋은 식사를 떠올린 덕분에 위협감은 쾌락으로 바뀐다.

성격을 형성하는 감각 출력

출력 단계는 감각 입력 정보가 처리된 후에 이뤄진다.

피질하부 출력의 기준, 생존

앞서 살펴본 대로 피질하부의 출력은 현시점의 생존을 촉진하기 위해 설계된 결과이며 장기적인 측면은 고려되지 않는다. 따라서 감각 입력 정보 처리가 끝나고 피질하부가 위협감을 활성화하면, 출력은 3장에서 논의한 세 가지 위협 반응(투쟁, 도피, 경직) 가운데 하나로 나타난다. 이런 반응 중에서 어떤 것이 우세한지는 사람에 따라 다르다. 이제 과학 연구로 잘 확립된 이 개념을 가상의 상황을 통해 살펴보자.[3]

누군가가 거대한 곰 복장을 하고 가게 앞에 가만히 서 있다가 사람들이 지나갈 때 갑자기 움직인다고 해보자. 대부분은 순간 진짜 곰이라고 생각하고 공포를 느끼며 달아나는 자동 반응을 취할 것이다. 어떤 사람들은 그대로 경직되고, 또 어떤 사람들은 본능적으로 곰을 공격한다. 사람들이 이런 가상 상황에서 보이는 반응 유형을 통해 신경과학자들은 일상에서 마주치는 위협 상황에서 사람들이 어떻게 행동할지 가설을 세울 수 있다.

감각 메시지가 피질하부에서 처리될 때 출력되는 또 다른 반응은 쾌락이다. 쾌락은 뇌가 기존 상황이 생존을 촉진한다고 이해한다는 뜻이며, 따라서 그 출력은 현시점을 최대한 유지하는 행동으로 나타난다. 나는 최근에 잘 훈련된 개의 모습을 보면서 이 패턴을 목격했다.

길을 걷다가 횡단보도 앞에서 신호가 바뀌기를 기다릴 때였다. 한 남자가 개 한 마리와 함께 내 뒤에 서서 마찬가지로 신호를 기다렸다. 개는 즉시 남자 옆에 앉았다. 신호등이 초록불로 바뀌자 우리는 길을 건넜고, 또 한 번 빨간불이 들어온 횡단보도 앞에서 멈췄다. 이번에도 남자는 가만히 서서 신호를 기다렸고, 개는 아무런 지시도 듣지 않았지만 순순히 남자 옆에 앉았다. 나는 남자에게 개가 참 영리하다고 말했다. 그러자 남자가 설명했다. "아주 간단해요. 방금처럼 행동할 때마다 머리를 쓰다듬는 식으로 훈련시키면 되죠."

이 접근법이 효과적이었던 이유는 다음과 같다. 머리를 쓰다듬으면 개의 뇌에서 쾌락 영역이 활성화되고, 계속해서 머리를 쓰다듬는 과정에서 쾌락 감정과 남자가 가만히 설 때마다 앉는 행동이 연결된다. 이 과정은 머지않아 개의 행동을 형성하고 결국 그 행동은 습관이 된다. 개의 행동은 기분 좋은 상황이 유지되도록 뇌가 설계한 결과였다.

피질 출력의 특징, 계획

지금까지는 피질하부의 출력을 살펴봤다. 앞서 언급했듯이 피질하부와 피질의 출력은 차이가 있다. 피질은 행동을 계획하는 능력이 있다. 피질을 가진 동물은 모두 그런 능력이 있지만, 그중에서도 인간의 피질이 가장 발달됐으며 지금까지 제일 뛰어난 능력을 보인다.

피질에서 메시지가 처리되면 장기적인 생존과 번식 기회를 보장한다는 지침하에 출력이 시작된다. 이때 출력은 생존과 번식 목표를 달성하는 방식으로 행동하는 충동의 형태로 나타난다. 피질하부에서 나타나는 출력과 비교했을 때, 피질의 행동 출력은 계획적이다. 왜냐하면 피질은 사회·환경적 요소를 고려하기 때문이다. 예를 들어보자. 배려심 많은 운전자는 주차장이 꽉 차 있더라도 장애인 주차 구역에 차를 세우고픈 충동을 느끼지 않는다. 피질이 그 행동을 비도덕적이고 벌금을 낼 위험이 있는 것으로 간주하기 때문이다. 그에 따라 피질은 운전자가 장애인 주차 구역에 주차하도록 유도하는 출력을 생성하지 않는다. 반면 피질하부는 그렇게 할 수 있다.

또 다른 예를 들어보자. 제니는 친구의 가족과 함께하는 저녁 식사 자리에 초대받았다. 친구 가족과 함께 식탁에 앉은 제니는 한 아이가 아직 앉지 않은 걸 알아차렸고 배가 고팠지만 아이가 올 때까지 기다렸다. 제니는 훌륭한 식사 예절을 갖추고 있었고, 친구의 가족과 즐겁게 저녁을 먹었다.

지금까지 살펴본 피질의 출력을 피질하부의 출력과 비교해보자. 피질하부 출력에 따라 행동한 운전자는 장애인 주차 구역에 차를 댈 것이다. 즉각적인 문제는 해결될지 몰라도, 장기적으로 볼 때 근처 행인들(특히 운전자를 아는 사람들)의 반응과 벌금이 운전자에게 해가 될 수 있다. 저녁 식사에 초대받은 제니도 마찬가지다. 제니가 주변 사람을 배려하지 않았다면, 배고픔의 문제는 빨리 해결됐겠지만 다시는 초대받지 못했을 것이다. 친구 가족과의 관계에 장기적인 해가 됐을 수도 있다. 요컨대 피질은 정보 처리 과정에 사회·환경적 규범을 포함함으로써 생존과 번식 목표를 달성할 가능성을 증가시킨다.

사람들의 행동 방식에 영향을 미치는 요소는 또 있다. 이는 인생 경로에 막대한 영향을 줄 수 있다. 악랄한 살인범과 법을 준수하는 시민을 생각해보자. 그들의 뇌에서 정보는 똑같이 처리된다. 입력 정보가 들어오고 처리를 거친 다음 결과로 나온 출력이 행동을 결정한다. 그렇다면 둘의 행동은 왜 그렇게 다른 걸까?

그 답은 사람들이 제각기 특유한 성격을 갖고 있다는 데에 있다. 사람들은 각각의 방식으로 메시지를 처리하며, 그로 인해 고유한 행동이 나타난다. 정보 처리 방식과 행동의 고유한 여러 측면은 성격 특성에 따라 규정된다. 성격 특성은 일반적으로 두 축을 바탕으로 결정된다.

내향성-외향성.
안정성-불안정성.

내향성-외향성 축은 사람들이 대체로 어떻게 감정을 표현하는지를 나타낸다. 내향적인 사람은 위협감을 느끼든 편안함을 느끼든 항상 억제된 행동을 보인다. 딱히 행동을 통제하려 하지 않아도 자연스레 그렇게 된다. 반면, 외향적인 사람은 자신의 감정을 행동으로 그대로 표현한다. 예를 들어, 위협감을 느끼면 크게 소리를 지르거나, 도망치거나, 위협을 가한 대상을 공격한다.

안정성-불안정성 축에서 '안정성'의 의미는 비슷한 상황에서 예상 가능한 비슷한 행동이 나타난다는 것이다. 안정적인 사람은 전반적인 상황이 급변하지 않는 한 비슷한 입력이 언제나

거의 같은 감정과 반응을 산출한다. 감정적으로 불안정한 사람의 경우에는 상황이 완전히 달라진다. 감정과 행동을 예측하는 것이 불가능한데, 심지어 평범한 사건을 맞닥뜨릴 때도 그렇다.

안정성-불안정성 축의 양 끝에 위치한 사람들이 어떤 행동을 보일지 살펴보기 위해, 오랫동안 기다려온 사랑 고백을 받았을 때 각각 어떻게 반응할지 생각해보자. 안정적인 사람은 실망스러운 과거의 연애 기억이 현재의 감정에 영향을 미치도록 두지 않고 기쁨으로 반응한다. 하지만 불안정한 사람은 똑같은 상황에서 여러 가지 다른 반응(행복하거나 슬프거나)을 보일 수 있다.

일반적으로 사람들은 내향성-외향성 축과 안정성-불안정성 축에서 각기 다른 위치를 차지한다. 두 축 모두에서 극단적인 위치에 있는 사람은 외향성-불안정성, 내향성-불안정성, 내향성-안정성, 외향성-안정성 조합 중 하나에 해당하며, '경직된 성격rigid personality'을 가진 것으로 간주된다. 이는 임상적인 성격 장애로 나타날 수 있다. 두 축 모두에서 중앙에 위치한 사람은(게다가 축을 따라 쉽게 이동할 수 있는 사람은) 유연하고 건강한 성격을 가진 것으로 규정된다.

이쯤에서 예를 하나 드는 게 이해하는 데 도움이 될 것이다.

성격이 매우 외향적이고 불안정한 맥스가 면접을 본다고 상상해보자. 면접관이 맥스에게 "전 직장 상사는 당신을 어떻게 평가할 것 같습니까?"라고 묻는다. 이를 위협으로 감지한 맥스의 외향적 측면은 그가 직설적으로 반응하도록 이끈다. 그리고 맥스의 불안정한 측면은 상황을 더욱 악화시킬 수 있는데, 언어 폭력 또는 심지어 신체 폭력까지 일어날지 모른다.

성격이 균형 잡힌 사람이라면 인식한 위협 수준이 더 낮을 테니 온건한 반응이 뒤따를 것이다. 면접관을 짜증스러운 표정으로 바라보거나 기분이 언짢다는 듯 의자에서 몸을 움직이며 발을 끌 수는 있지만 자기 통제력을 잃지 않는다.

따라서 건강한 성격은 뇌가 (특정한 순간의 상황에 따라) 두 축에서 적절한 위치에 놓이도록 반응할 때 형성된다. 즉, 그들은 자연스럽게 다양한 상황에 맞춰 다르게 행동한다. 협상이 필요할 때는 강하고 완고하게 행동할 수 있지만, 누군가가 어려움을 겪을 때나 가족과 교류할 때는 부드럽고 온화하게 행동한다. 하지만 안타깝게도 성격적 균형 감각을 발휘할 수 있는 사람은 많지 않다. 일반적으로 우리는 화를 참아야 할 때조차도 쉽게 분통을 터뜨리곤 한다.

지금까지의 내용을 통해 성격 특성이 행동에 영향을 미친다는 사실을 알 수 있었다. 하지만 인간 행동에 대한 논의는 여기서 끝나지 않는다. 이제 우리를 특징짓는 두 가지 행동 유형으로 넘어가자. 첫 번째 유형은 성격 우회 행동personality bypassing behavior, 다른 말로는 계획된 행동planned behavior이라고 부른다.

예를 들어 설명하면 이렇다. 면접에서 최선을 다해야 한다는 점을 이해하고 있다면, 타고난 성격이 대체로 외향적이고 불안정하더라도 이를 숨기기 위해 무슨 일이든 할 것이다. 좋은 소식은 우리 모두가 어느 정도 '계획된 행동'을 할 수 있다는 점이다. 성격을 우회하는 방식으로 행동하는 이 능력 덕분에 많은 사람은 불편한 사회적 상황에 적절하게 처신한다.

두 번째 유형은 반응 행동reactive behavior이다. 이 행동은 우리가 예상치 못한 상황에 처했을 때 나타나며, 우리의 성격 특성을 솔직하게 반영한다. 이를 설명하기 위해 다시 한번 일자리를 구하는 맥스를 살펴보자.

면접은 이제 중간쯤 이르렀다. 지금까지는 앞에서 언급한 질문 하나를 제외하면 그가 계획한 대로 모든 일이 잘 풀렸다. 하지만 면접관은 맥스의 진짜 성격을 끌어내기 위한 전략으로 이렇게 말한다. "전 직장에서 당신과 함께 일했던 사람이 어제 저에게 전화로 당신에 대해 경고하더군요."

맥스는 이런 전개를 예상하지 못했으므로 그가 보일 자연스러운 행동은 특성과 성격을 충실하게 반영한 반응 행동일 것이다. 만약 맥스가 화가 나서 의자에서 벌떡 일어나 "누가 그렇게 비열한 거짓말을 했어요?"라고 소리친다면, 이 행동은 그가 불안정하고 외향적이며 경직된 사람임을 보여줄 것이다.

하지만 성격이 균형 잡히고 너그러운 사람은 소리를 지르는 대신 호기심을 보이며 이렇게 말할 것이다.

"깜짝 놀랐습니다. 도대체 왜 그런 말을 했는지 모르겠네요. 누구인지 알려줄 수 있으신가요?"

정신의학의 관행에 따르면, 다양한 유형의 성격 장애는 비정상적인 경직성과 극단적이고 비현실적인 위협감에 따라 규정된다. 몇 가지 대표적인 유형을 소개하겠다.

분열성 성격 장애 schizoid personality disorder

분열성 성격 장애가 있는 사람들은 모든 사회적 접촉에 위협감을 느낀다. 반면 반려동물, 식물, 컴퓨터와의 상호작용은 문제없이 이뤄지며 오히려 바람직하다. 하지만 분열성 성격 장애 환자들이 억지로 다른 사람들과 함께 있어야 할 경우, 신경쇠약에 빠지며 정신적 발작으로 이어질 수 있다.

편집성 성격 장애 paranoid personality disorder

편집성 성격 장애를 겪는 사람들은 오랜 기간 지속된 불신을 갖고 있으며, 상황이 불만족스러우면 다른 사람들에게 악의적이거나 해로운 의도가 있다고 단정한다. 예를 들어, 식당 직원이 주문을 빨리 받지 않으면 바빠서 그렇다고 생각하지 않고 인종이나 젠더 또는 다른 이유로 무시당했다고 확신한다. 그런 느낌은 무고한 직원을 상대로 한 억제할 수 없는 분노로 표출된다.

자기애성 성격 장애 narcissistic personality disorder

자기애성 성격 장애는 자기 자신을 지나치게 중요하게 느낀다고 오해받는 경우가 많지만, 실제로는 자존감이 절대적으로 결핍된 상태다. 이를 극복하기 위해 주변 사람들에게 인정과 존경을 받으려 하지만 결코 충분하지 않다. 오히려 바닥 없는 구멍처럼 끊임없이 칭찬을 갈망한다. 만일 자신이 인정받지 못한다고 느끼면 그에 따른 위협감에 압도되어 감정 기능이 붕괴될 수도 있다. 이는 장기적인 깊은 우울증이나 통제 불가능한 분노로 나타날 가능성이 있다. 그리고 공감과 인정을 얻기 위해 항상 관심의 중심에 있으려고 모든 노력을 기울인다.

경계선 성격 장애 borderline personality disorder

경계선 성격 장애는 남성보다 여성에게서 더 흔하게 나타나며, 위협을 느끼다가도 갑자기 즐거움에 휩싸이는 식으로 감정이 예상치 못하게 급격히 전환된다. 경계선 성격 장애 환자들은 이런 혼란스러운 상황을 겪으면서 성적 활동, 알코올 또는 마약 등에서 스릴을 추구하게 된다. 그리고 일상을 영위하는 동안 극도의 불안정함을 경험한다. 따라서 대체로 인간관계를 유지하는 데 어려움을 겪는다. 인식된 위협의 수준이 높아지면 실제로 정신적 괴로움을 유발하는 고통을 경험하게 된다.

반사회적 성격 장애 antisocial personality disorder

반사회적 성격 장애는 여성보다 남성에게서 더 흔하게 나타나며, 교도소 수감자들에게서 주로 관찰된다. 이는 내가 '자아의 신성화'라고 표현하는 형태로 나타난다. 다시 말해, 반사회적 성격 장애 환자들은 자존심에 조금이라도 상처를 입으면 극도의 위협감을 느끼면서 사회 규범을 전혀 고려하지 않고 충동적으로 반응한다. 예를 들어, 주차 공간을 두고 다투던 중에 상대방이 욕설을 뱉으면 망설임 없이 칼을 꺼내 상대방을 찌를 수도 있다.

의존성 성격 장애 dependent personality disorder

의존성 성격 장애를 가진 사람들은 자신의 삶을 혼자서 성공적으로 이끌어갈 수가 없다. 일상에서 결정을 내려야 할 때, 그들이 권위가 있다고 간주하는 사람의 도움을 받아야 한다. 만일 환자들이 권위를 가진 사람과 단절되면 임상적 불안이나 중증 우울증이 나타날 수 있다.

강박성 성격 장애 obsessive-compulsive disorder, OCD

강박성 성격 장애를 설명하는 가장 적절한 표현은 극단적인 완벽주의다. 그들은 타협의 가능성을 인정하지 않는다. 모든 사안에는 오직 완벽함과 결함만이 존재하며, 두 극단 사이에는 절대적인 공백만 있다. 강박성 성격 장애가 집 청소로 나타날 경우에는 바닥을 닦고, 청소기를 돌리고, 주방과 욕실과 창문을 청소하고, 먼지를 털어내는 일을 하루에도 여러 번 반복한다. 완벽 추구 성향 덕분에 많은 환자가 높은 성과를 거두지만, 이것이 큰 대가로 이어질 때가 많다.

성격 장애를 기적처럼 한 번에 치료할 방법은 없다. 그러나 뇌의 유연성에 대한 지식은 성격 장애 환자들이 감정을 조절하고 자기통제력을 발휘하는 기법을 개발하는 데 도움이 된다. 그런 기법이 성공하려면 변화하고자 하는 강한 동기가 필요하지만, 성격 장애 환자들에게는 수월하고 간단한 문제가 아니다.

브레인 코드를 이해하면 사람들과의 교류 뒤에 숨겨진 함의를 미세하게 조절할 수 있다. 그 함의를 정확하고 적절하게 조절하는 것은 좋은 인상을 남기고 인정과 공감을 이끌어내는 데 도움이 된다.

일상에서 만나는 사람들 앞에서 더 자주 미소를 짓고 다정하게 행동하자. 또 대화하는 동안 목소리의 크기를 신경 써서 적당하게 조절하자. 그리고 다음 날, 어제 만났던 사람들에게 당신과 만났을 때 어땠는지 물어보자.

10 월등한 뇌 기능은 신체 건강에 달려 있다

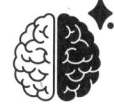

얼마 전까지만 해도, 뇌가 정확하게 '프로그래밍'돼 있으면 자연스럽게 정상적으로 기능하리라는 것이 일반적인 견해였다. 신경과학자들은 '기억 소프트웨어'에 이상이 없으면 기억을 온전히 유지하기에 충분하다고 믿었다. 하지만 21세기 초가 되자, 연구자들은 가장 훌륭한 소프트웨어도 오직 적절하게 관리된 하드웨어에서만 제대로 작동한다는 사실을 받아들이기 시작했다. 여기서 '하드웨어'란, 뇌를 구성하는 수십억 개의 세포를 의미한다. 각 세포들은 우리 몸이 단백질, 당, 지방, 비타민, 무기질, 물로 만들어낸 것이다. 인간의 나머지 신체 부위도 이 원료들로 이뤄져 있으며, 지구에서 살아가는 모든 생물도 마찬가지다.

살아 있는 것, 즉 유기체의 정의는 '생존하고 번식할 수 있는 구조'다. 이 광범위한 범주에는 단 하나의 세포로 이뤄진 가장 기본적인 생물체(가령 아메바와 세균)부터 식물과 균류, 산호처럼 더 복잡한 생물체, 더 나아가 어류와 파충류, 조류, 그리고 인간에 이르는 동물까지 포함된다. 이 모든 유기체의 세포는 동일한 원료로 만들어졌다. 생물체가 사는 동안 세포들은 자연스럽게 손상되며,

그중에서 단백질이 가장 빨리 마모된다. 모든 생물체는 손상 대처에 필요한 신선한 원료인 음식을 지속적으로 섭취해야 한다. 다행히도 모든 생물체는 똑같은 원료로 이뤄져 있으므로 우리는 식물, 동물, 균류, 세균으로부터 필요한 것들을 공급받는다.

세포에 필요한 성분 중에서 하나라도 부족하면 뇌 기능이 저하될 수 있다. 예를 들어보자. 오메가-3 지방산은 기억 기능을 건강하게 유지하기 위해 반드시 필요한 성분이다. 오메가-3가 부족하면 후각, (기분과 사고를 포함한) 인지 능력, 심지어 근육의 움직임과 신체 건강 같은 모든 뇌 활동이 영향을 받는다(이는 면역계, 혈압, 당 조절 등의 기능이 손상된 결과다). 따라서 영양분을 제대로 섭취하는 것은 뇌가 정상적으로 기능하기 위한 분명한 전제 조건이다. 하지만 영양만으로는 충분하지 않다. 규칙적인 운동과 양질의 수면을 통해 몸의 모든 부분을 돌봐야 한다.

뇌는 어떻게 몸을 움직이는가?

운동이 우리에게 어떤 도움을 주는지 살펴보기 전에, 뇌가 근육을 활성화하는 방식에 대해 생각해보자. 뇌는 수의근육계$^{voluntary\ system}$나 불수의근육계$^{involuntary\ system}$(수의근육은 의식적으로 움직일 수 있는 근육을 말하고, 불수의근육은 의식적으로 움직일 수 없는 근육을 말한다-옮긴이)를 사용해 골격근(뼈나 힘줄에 붙어서 몸을 움직이게 하는 근육 조직이다-옮긴이)을 수축한다. 수의근육계는 피질에서 시작된다. 수의근육계를 활성화하는 움직임의 예시는 의도적으로 손을 흔드는 것이다.

피질하부에서 시작되는 불수의근육계는 뇌가 생존을 위해 빠르고 자동적인 반응이 필요하다고 인식할 때 활성화된다. 넘어지지 않도록 자세를 바꾸거나 위험에서 빠르게 벗어나는 것이 그 예시다.

일상에서의 골격 운동은 두 근육계가 함께 작동하며 일어난다. 자전거를 타는 것 자체는 수의근육계가 작동한 결과지만, 자전거를 타는 동안 적절한 근육을 수축시켜 균형을 유지하는 것은 불수의근육계 운동에 속한다. 불수의근육계의 작동은 지면의 상태나 자전거 속도에 따라 계속해서 바뀐다.

수의 운동을 담당하는 피질 영역은 수백만 개의 신경세포로 이뤄져 있으며 축삭의 길이는 1미터 이상으로 매우 길다. 축삭들은 마치 케이블처럼 모여 척수의 일부를 이룬다. 각 신경 가지에서 오는 메시지는 전기 신호의 형태로 골격근에 전달되며, 이 신호들이 수의 운동을 활성화한다. 예를 들어, 휴대폰으로 문자를 보낸다고 해보자. 이때 (운동 기술motor skill이라 불리는) 근육 운동과 관련된 피질 영역이 활성화되며, 그로부터 전기 신호가 적절한 손가락에 전달되어 문자를 작성하는 작업을 수행한다.

운동 기술을 담당하는 피질 영역 근처에는 운동 기억motor memory을 담당하는 부분이 있다. 그곳에는 이를 닦고, 머리를 빗고, 신발 끈을 묶고, 피아노를 연주하는 등 다양한 운동 기술을 수행하는 방법의 세부 정보가 저장되어 있다. 우리가 운동 기술을 학습하고 뇌가 그것을 생존에 중요하다고 이해하면, 뇌는 우리에게 큰 쾌락을 느끼게 하면서 운동 기억 영역에 해당 기술에 대한 기억을 생성한다. 이 기억에는 근육을 활성화하는 순서와 근육을 움직이는 세기 및 압력 등이 포함된다. (신경세포 간의 연결이 형성되어) 해당 기억이 공고해지면 나중에는 그 운동 기술을 자동적으로 수행하게 된다.

모든 수의 운동은 기분과 동기 유발, 집중, 자신감을 담당하는 광범위한 뇌 영역의 영향을 받는다. 피아노를 연주하는 뛰어난 기술을 습득했지만(즉, 뇌가 운동 기억을 형성했지만), 무대에 올라갈 때 자신감이 부족하면 곡을 잘 연주하지 못하는 이유도 그래서다. 뇌 연구를 통해 얻은 이런 지식은 일상의 많은 영역에 영향을 미친다.[1] 그중 하나는 사고 또는 뇌졸중 환자의 재활 치료 성공 여부로, 환자의 기분, 자신감, 동기 유발 수준에 크게 의존한다. 이 측면들이 긍정적일수록 치료 과정은 더 빠르게 진행되고 결과도 더 좋다. 다양한 스포츠 분야의 훈련도 마찬가지다.

불수의 운동의 작용을 담당하는 피질하부 영역은 소뇌다.

소뇌라는 이름은 '작은 뇌'라는 라틴어 표현에서 유래했다. 수의 운동을 담당하는 피질 영역과 마찬가지로 소뇌 역시 수백만 개의 신경세포로 이뤄져 있다. 소뇌 신경세포의 축삭은 골격근을 수축 및 이완하는 메시지를 전달한다. 이 메시지는 모두 불수의 운동과 관련된 것이다. 불수의 운동은 우리가 균형을 잡고, 협응(coordination, 신경과 근육, 관절 등 다양한 신체 요소가 조화롭게 공동 작용하는 것을 말한다-옮긴이)을 위해 동시에 이뤄져야 하는 동작을 조정하고, 소근육 운동 기술 fine motor skill 을 발휘하는 데 필요하다. 예를 들어, 펜을 들고 글을 쓰는 것과 같은 특정한 목적을 위한 정밀한 움직임도 불수의 운동에 포함된다.

근육 활성화와 뇌 기능

운동 또는 신체 활동이란 몸을 강화할 목적으로 골격을 움직이는 것을 말하며, 골격근의 수축과 이완을 통해 이뤄진다. 마치 꼭두각시 인형을 갖고 노는 것과 비슷하다. 인형의 팔을 움직이려면 팔에 연결된 끈을 조작해야 한다. 우리 몸에는 끈 대신 근육을 뼈에 연결하는 힘줄이 있다. 근육이 수축하면 힘줄이 늘어나고 그에 따라 상황에 맞게 뼈가 움직인다. 신체 활동을 통해 근육을 활성화하는 것은 제대로 기능하는 건강한 뇌를 갖기 위한 전제 조건이다.

신체 활동은 다섯 가지 범주로 나눌 수 있다.

유산소 운동

다양한 골격근을 일정 시간 저강도 또는 중간 강도로 움직이는 활동을 말한다. 걷기, 조깅, 자전거 타기, 천천히 수영하기 등이 있다.

근력 훈련

적절한 근육을 고강도로 사용하는 운동으로 활동 시간이 짧고 횟수가 제한되어 있다. 예를 들어, 아령 또는 역기를 들거나 헬스장에서 기구를 활용하는 훈련을 말한다.

균형 잡기

우리가 똑바로 서 있으려면 소뇌가 신체 특정 부위의 근육을 수축해야 한다. 한 발로 서서 체중을 한쪽으로 옮기거나 팔다리를 좌우로 흔들면 소뇌는 큰 도전에 직면한다. 이런 상황에서는 소뇌가 다양한 근육 집단을 동시에 수축시켜 몸이 균형을 유지하도록 지시한다.

협응

엄지를 빙빙 돌리면서 나머지 손가락을 차례로 하나씩 접어보자. 할 수 있는가? 나는 못한다. 이는 두 가지의 다른 움직임을 동시에 수행해야 하는 동작이다. 우리는 일상에서 이런 움직임을 자주 사용한다. 예를 들어, 운전할 때 두 손으로는 운전대를 돌리는 동시에 발로는 필요에 따라 브레이크와 가속 페달을 밟는다.

소근육 운동 기술

소뇌는 균형을 유지하는 과정의 일환으로, 팔다리로부터 공간상의 위치 정보를 끊임없이 보고받는다. 이런 보고는 바늘에 실을 꿰거나 열쇠를 자물쇠에 넣는 것과 같은 소근육 운동 기술에도 사용된다. 겉보기에 전혀 다른 이 두 활동은 공통점을 갖고 있다. 하나(바늘과 자물쇠)는 정지해 있고 다른 하나(실과 열쇠)는 움직인다는 것이다. 소뇌는 움직이는 부분이 어디에 있는지 알고 있고, 우리가 자각하기 전에 그 부분을 정지한 목표물로 부드럽게 움직인다. 바늘이나 자물쇠의 위치를 인식하면 임무를 완수하는 속도가 느려지기 때문이다. 우리가 무언가를 자각할 때는 정보 처리가 피질에서 일어나며, 이 처리 방식은 피질하부의 방식보다 느리다.

이 모든 유형의 신체 활동은 뇌 하드웨어를 유지하는 데 도움이 된다. 과연 어떤 식으로 도움이 되는 걸까?

유산소 운동과 근력 훈련의 경우, 답은 간단하다. 이 활동을 하는 동안 사용되는 근육은 산소와 그 밖의 필수 화학 물질을 대량으로 소비한다. 물질들은 혈류를 따라 몸 구석구석으로 흘러간다. 물질의 공급량이 증가하면 근육만이 아니라 온몸으로 물질이 전달되는데, 각 부위에 따로따로 공급하는 것은 비효율적이므로 온몸에 혜택이 돌아간다. 그렇다는 것은 뇌 또한 풍요로운 혜택을 받는다는 뜻이며, 이는 뇌 신경망 유지에 필수적인 역할을 한다.

그러므로 고압산소치료기hyperbaric pressure chamber의 경이로움을 칭송하는 사람이 늘어난 것은 놀랄 일도 아니다. 이 치료기는 의료적 상황과 다이버 훈련을 위해 사용되며 치료 단계에도 활용된다. 뇌를 비롯한 몸 전체에 산소를 많이 공급해주기 때문이다.[2] 고압산소치료의 긍정적 결과는 의심할 여지가 없으며, 뇌 구조와 기능이 현저하게 개선된다고 보고하는 사람들이 많다.[3] 하지만 균형 잡힌 유산소 운동을 통해 훨씬 적은 비용으로도 똑같은 목표를 달성할 수 있다. 물론 움직임에 제약이 있는 사람들은 예외다. 이 경우, 고압산소치료기는 뇌 기능을 향상시키는 효과적인 방법이 된다.

균형과 협응, 소근육 운동 기술과 관련된 다른 신체 활동 또한 뇌 기능을 향상시키는 데 도움이 된다. 이에 대한 증거는 신경과학자 리타 레비-몬탈치니Rita Levi-Montalcini의 연구를 보면 알 수 있다. 레비-몬탈치니는 유연한 뇌 개념에 대한 이해를 증진시킨 공로로 1986년 노벨상을 공동 수상했다.[4] 그는 신경세포가 활동적인 상태일 때만 뇌 구조에 유의미한 변화가 일어난다는 것을 발견했다. 더 나아가 뇌 자체가 활동적이지 않으면 신경세포들 간의 연결이 풀리기 시작하고, 그에 따라 인지 및 운동 능력뿐만 아니라 신체 건강과 기관의 통제와 관련된 능력 또한 저하된다는 사실까지 증명했다.

신경세포를 활동적인 상태로 만들려면 활동적인 생활 방식을 실천해야 한다. 여기에는 반복적인 일과를 피하는 것이 포함된다. 특정한 행동을 반복하면 패턴이 만들어지고, 머지않아 뇌가 자동으로 처리하는 기능이 되어 별다른 노력 없이 일과를 수행하게 된다. 반면, 뇌를 새롭고 낯선 활동에 노출시키면 뇌의 많은 영역이 활성화돼 상황에 맞는 입력-처리-출력 과정이 실행된다. 유산소 운동과 근력 훈련은 단조로운 활동으로 이뤄져 있으므로 뇌 소프트웨어를 개선하는 효과가 제한적이다. 균형과 협응, 소근육 운동 기술이 필요한 신체 활동은 방식이 더 다양하고 뇌의 관점에서 예상치 못한 도전이기 때문에 훨씬 효과적이다. 실제로 최신 뇌 연구들은 활동적인 생활 방식에 큰 중요성을 부여하며, 그것이 유연한 뇌의 능력을 성공적으로 향상시키기 위한 조건이라고 언급하고 있다.[5]

잠은 신경세포를 건강하게 만든다

한때는 잠이 뇌가 휴식을 취하기 위한 행동이라는 생각이 일반적이었다. 하지만 최근 몇십 년 사이에 뇌 연구자들은 이 생각이 완전히 틀렸다는 사실을 밝혀냈다.[6] 우리는 잠을 자는 동안 뇌가 휴식을 취하기는커녕 매우 활동적이라는 것을 이해하고 있다. 수면은 회색질(주로 뇌 겉부분을 감싸고 있는 부분을 의미하며, 신경세포가 몰려 있어 회색을 띤다. 이 책에서는 뇌 자체를 가리키는 표현으로 쓰였다-옮긴이)을 유지하는 필수적인 활동이다. 모든 동물은 뇌를 유지하기 위해 수면을 취해야 한다. 물론 잠을 자는 방식은 가지각색이다. 새들은 날면서 자기도 하고, 물고기는 헤엄치는 동안 자며, 말은 서서 잔다. 인간은 대체로 수평으로 누워 수면을 취한다.

다음 예시는 수면의 중요성을 잘 보여준다.

한 사람이 차를 타고 고속도로를 달리면서 몰려오는 피로감을 애써 무시한다. 피로가 점점 심해지다가 결국 운전 중에 잠이 든다. 언뜻 보기에 이 상황은 말이 되지 않는다. 왜냐하면 뇌에게 가장 중요한 것은 생존인데, 운전 중에 잠이 들면 생명이 위험해지기 때문이다. 하지만 뇌는 이 사태를 막을 수 없다. 충분히 수면을 취하지 않으면 뇌로 흘러 들어오는 감각 정보를 처리할 수 없기 때문이다.

물론 뇌는 운전 도중에 잠이 드는 것이 치명적이라는 것을 알고 있다. 하지만 아직 처리되지 않은 감각 자극이 과도하게 쌓여 있기 때문에 그 상황을 막을 길이 없다. 경험적 증거에 따르면 이 상황에서 약 10분만이라도 수면을 취하면 쌓여 있는 감각 정보를 충분히 처리할 수 있다. 그러므로 운전자가 차를 세우고 잠시 휴식을 취하면 모든 문제가 해결된다. 이는 급히 전화를 걸어야 할 때 휴대폰 배터리가 거의 다 닳은 상황과 비슷하다. 몇 분만이라도 휴대폰을 충전하면 즉시 전화를 걸 수 있을 정도의 배터리 확보가 가능하다. 나머지 배터리는 나중에 충전하면 된다.

뇌 연구는 아직 수면이 어떻게 뇌 기능을 향상시키는지를 명확하게 설명하지 못한다. 하지만 수면 박탈sleep deprivation 상황에서 뇌 활동을 조사한 연구들은, 뇌 기능이 제대로 작동하려면 수면이 절대적으로 중요하다는 사실을 증명했다. 오랜 시간 쥐의 수면을 박탈한 한 연구에 따르면, 연구자들은 전반적인 뇌 기능이 지속적으로 저하되는 현상을 관찰했다.[7] 이는 운동·감각·인지 기능과 신체 기관 통제에 영향을 미쳤다. 안타깝게도 실험은 모든 쥐가 죽으면서 끝났다(이 실험은 1991년 척추동물 보호를 위한 법률인 '실험 및 기타 과학적 목적으로 사용되는 척추동물 보호에 관한 유럽 협약'이 시행되기 전에 이뤄졌다).

물론 인간을 대상으로는 이렇게 극단적인 실험이 진행되지 않았지만 연구자들은 비정상적인 수면 패턴을 가진 사람들을 추적하는 연구를 수행했다. 그 결과 악성 종양, 심장 질환과 같은 의료 문제의 발생률이 증가했고 기억 상실, 집중력 손상, 우울증, 불안과 같은 정신 건강 문제의 발생률 또한 늘어났다.[8] 장기간 야간 근무를 하는 간호사, 보안 요원, 승무원 등에 대한 연구들은 수면과 건강의 관계를 보여주는 명확한 증거를 제공해줬다.[9] 야간 근무를 한다고 해서 반드시 건강 문제를 겪는다는 뜻은 아니지만, 데이터는 수면 부족과 다양한 증상의 발생률 간에 연관성이 있음을 보여준다.

수면의 중요성에 대한 더 분명한 증거는 '치명적 가족성 불면증fatal familial insomnia'을 앓는 사람들을 살펴보면 드러난다. 이는 드물게 발병하는 유전 질환으로 1986년에 처음으로 확인됐다. 이름에서 짐작할 수 있듯이, 치명적 가족성 불면증은 유전병이다. 전 세계에서 30여 가족이 이 질병을 앓는다고 알려져 있으며, 그들의 자손은 돌연변이 유전자를 갖고 있다. 안타깝게도 이 병에 걸린 사람은 수면을 취하는 능력을 잃고, 신체 기능이 붕괴되고, 에너지가 소진되면서 서서히 사망에 이른다.

수면은 뇌가 제 기능을 하기 위해 반드시 필요한 일시·주기적 생리 상태이며, 수면을 취하는 동안에는 뇌로 전달되는 자극과 메시지가 감소한다. 뇌 과학은 아직 수면과 뇌 활동 사이의 직접적인 연관성을 실현하는 메커니즘을 완전히 설명하지 못하고 있지만, 많은 사람의 수면 패턴을 체계적으로 조사한 결과, 정상 수면과 비정상 수면의 몇 가지 두드러진 특성이 밝혀졌다.

정상 수면

정상 수면의 주요 특징 중 하나는 수면이 최대 너덧 개의 위상으로 이뤄져 있다는 점이다. 하나의 수면 위상 sleep phase 은 약 백 분간 지속되며 각기 여러 단계로 구성된다. 마지막 단계에서는 안구가 수평으로 빠르게 움직이는 특징이 있다. 눈을 감고 머리를 고정한 채 안구를 좌우로 움직여보자. 바로 이것이 잠에 들었을 때 안구가 움직이는 방식이다. 안구의 움직임 때문에 이 마지막 단계를 급속안구운동 rapid eye movement, REM 수면, 즉 렘수면이라고 부른다. 보통 20여 분간 지속되며 이때 꿈을 꾸게 된다.

수면이 주기적이라는 점이 잘 드러나는 다른 생물학적 특징은, 수면 중에 피질에서 규칙적인 전기 신호 패턴이 나타난다는 것이다. 뇌의 전기 신호 주파수를 추적한 연구에 따르면, 각 수면 주기 동안 일정한 패턴의 전기 신호가 발생하며, 수면에 문제가 생기면 그 패턴이 깨진다는 사실이 밝혀졌다. 꿈을 꾸는 렘수면 위상에서 뇌는 마치 우리가 깨어 있을 때처럼 격렬하게 활동한다. 일부 피질 영역은 심지어 우리가 완전히 의식적으로 활동할 때보다 렘수면 위상에서 **더** 활발하게 작용한다.

뇌 연구자들은 꿈과 뇌 건강 사이의 관계에서 흥미로운 통찰을 발견했다. 우리가 깨어 있을 때 뇌로 들어온 정보를 관리하려면 피질은 야간에도 근무를 해야 한다. 이때 정보 처리를 위한 자각이 활성화되는데 그 과정에서 꿈이 만들어진다. 꿈의 기능에 대한 이 설명은 꿈이 내면의 갈등을 자각으로 끌어내는 데 중요한 역할을 한다고 주장하는 심리학 이론과도 모순되지 않는다.

수면이 뇌를 제대로 유지하는 역할을 하려면 두 가지 조건이 충족돼야 한다. 수면 시기와 지속 시간이다. 첫 번째 조건인 수면 시기의 관점에서 동물들은 일반적으로 두 가지 범주로 나뉜다.

- 올빼미족(야행성): 낮에 자고 밤에 깨어 있음.
- 종달새족(주행성): 밤에 자고 낮에 깨어 있음.

인간은 본래 종달새족에 해당하며, 밤에 수면을 취해야 한다. 뇌와 신체 기관의 특정한 생리 과정들은 어두운 시간대에만 일어나기 때문이다. 이 과정들은 효과적인 수면을 취하기 위해 필수적이다. 그중 하나는 뇌에서 혈류로 멜라토닌 호르몬을 분비하는 것이다. 멜라토닌의 기능 중 하나는 세포핵 안에 들어 있는 디옥시리보핵산[DNA]을 보호하는 일이다. 야간 근무를 마치고 아침에 잠자리에 드는 사람들의 수면은 뇌를 회복시키는 데 충분하지 않다. 꼭 필요한 시간만큼 자고 상쾌한 상태로 일어난다고 해도 마찬가지다. 이는 배고픈 사람이 간식을 급하게 먹어치우는 것과 비슷하다. 배가 부를 수는 있지만 영양가가 낮아 전체 영양에 기여하는 비중은 보잘것없다. 간식이 '부실 음식$^{junk\ food}$'인 것처럼 밤 대신 낮에 취하는 수면은 '부실 수면$^{junk\ sleep}$'이다. 그러므로 '수면을 보충한다'는 생각은 적어도 뇌를 돌보는 데는 효과가 없다는 점을 분명히 알아둬야 한다.

두 번째 조건은 뇌가 정말로 회복되려면 적절한 양의 수면을 취해야 한다는 것이다. 얼마나 많이 자야 하는지에 대한 의견은 그동안 끊임없이 바뀌었다. 얼마 전만 해도 6시간을 연속해서 자는 것이 이상적이라고 여겨졌다. 하지만 이제는 그것만으로는 충분하지 않고 8시간의 수면이 필요하다는 사실이 분명해졌다.[10] 그리고 너무 많이 자는 것도 너무 적게 자는 것만큼이나 해롭다는 점 또한 밝혀졌다.[11] 이런 발견은 일상의 모든 영역에서 균형을 맞추는 것이 중요하다는 이해와 일치한다.

방금 언급한 연구들은 낮잠이 신체 및 정신 건강에 긍정적인 영향을 미친다는 사실도 발견했다. 하지만 낮잠이 효과적이려면 최소 30분 이상 자되 90분은 넘지 않아야 한다. 90분 이상 자면 그날 밤 수면을 해칠 수 있기 때문이다. 더 나아가 낮잠은 야간 수면을 대체하는 것이 아닌, 야간 수면에 도움이 되는 추가적 요소로 간주해야 한다.

깨어 있는 상태를 수면 상태로 전환하려면 깊은 이완을 취해야 하는데, 이는 피질의 활동이 느려지는 형태로 나타난다. 이 같은 전환에 어려움을 겪는 상태, 즉 좀처럼 잠이 들지 않는 상태를 수면 장애라고 한다. 현대 의학과 21세기의 뇌 연구 결과는 불면 문제를 해결하는 도구를 제공해줬다. 사람들이 제일 자주 찾는 도구는 수면제다. 수면제는 피질의 활동을 억제하는 화학 물질을 포함한 약으로, 수면에 필요한 차분한 상태를 유도한다. 문제는 중독성이다. 약물을 계속 사용할수록 효과가 떨어지기 때문에 점차 용량을 늘려야 한다. 개인적으로는 자연적인 수면 유도법을 선호한다. 하지만 자연적인 방법이 효과가 없을 때는 수면제의 도움을 받아 정상 수면을 취하는 것이 수면 장애를 해결하는 바람직한 방법이다. 물론 세심하게 관찰할 필요는 있다.

불면증 완화를 위해 자연적인 방법을 사용할 때는 우선 수면 환경부터 바꿔야 한다. 침실을 오직 수면을 위한 공간으로 유지하는 것이 중요하다. 따라서 깨어 있을 때 하는 활동과 관련된 물건은 침실에서 치워야 한다. 침실에 TV, 책상, 컴퓨터 등이 있다면 다른 곳으로 옮기자. 이렇게 하면 뇌 알고리듬이 방해받지 않고 수면을 준비하게 된다. 그리고 암막 커튼 등을 설치해 최대한 빛의 양을 줄이는 것이 좋다.

완전하게 어두운 상태를 조성하는 것이 이상적이지만, 조명이 필요하다면 청색광은 피해야 한다. 청색광은 가시광선 중에서 파장이 가장 짧고 에너지가 제일 높은 빛이다. 청색광이 눈에 흡수되어 뇌의 깊은 영역까지 전달되면 지금이 낮이라는 신호를 준다. 따라서 수면 준비의 필수 요소인 뇌 활동 둔화 작용을 억제하게 된다. 청색광은 효과적인 수면에 반드시 필요한 멜라토닌 분비도 방해한다. 가장 좋은 조명은 빨간색, 초록색, 노란색 전구와 같은 단색 조명이며 파란색만 피하면 된다.

어두운 상태 조성의 중요성에 대한 과학적 근거는 여성의 유방암 유병률 연구에서 나왔는데, 조명이나 TV를 켜둔 상태로 잠을 자는 여성들의 유방암 유병률이 더 높았다.[12] 연구자들은 수수께끼 같은 현상을 해독하기 위해 뇌 연구의 통찰을 동원했다.

이 현상은 다음과 같이 설명된다. 잠을 자는 동안에는 자각하지 못한 사이에 가끔씩 눈꺼풀이 열린다. 이때 조명이 켜져 있으면 빛이 눈을 통과해 뇌의 깊은 곳까지 들어가 밤이 끝났다는 신호를 전달하고 멜라토닌 분비를 멈추게 한다. 결과적으로 뇌가 몸에서 일어나는 중요한 과정을 감시하는 능력이 저하되며, 새롭게 생긴 암세포를 제거하는 등의 일이 누락되거나 아예 이뤄지지 않게 된다.

취침 직전에는 신체 활동이나 음식 섭취를 피해야 한다. 잠에 들려면 최대한 이완 상태를 조성해야 하기 때문이다. 또 TV나 다른 화면을 보는 것도 청색광의 영향을 받게 되므로 문제가 된다. 과도한 피질 사용을 요구하는 활동(가령 사고, 기억, 집중)도 피해야 한다.

요약하자면, 잠자리에 들기 전에 뇌 활동을 최대한 줄이고 그 속도를 늦추는 것이 수면을 유도하는 데 도움이 된다. 수면을 취할 때 별도의 도움이 필요하다면 이완을 유도하는 안내 음성, 백색 소음, 해변에서 파도가 밀려오는 소리, 부드러운 빗소리를 듣는 등 다양한 선택지가 있다.

이것들이 의학적인 권장 사항의 전반적인 내용이며 원리적으로는 모두 유효하다. 그럼에도 뇌는 유연하기 때문에, 연구자들은 자기 전에 시끄러운 활동을 피해야 한다는 의학적 권장 사항을 무조건적으로 받아들이지 않는다. 예를 들어, TV를 보면 기분이 차분해져서 기분 좋게 잠에 빠져드는 사람들이 있다. 오랜 시간에 걸쳐 TV 시청과 정신 활동의 둔화 사이에 연결이 형성된 조건화 과정(특정한 반응을 유도하지 못했던 자극이 그 반응을 무조건적으로 유발하게 되는 과정이다-옮긴이)이 발생된 사례다. 그런 경우, 많은 뇌 연구자는 자기 전에 TV를 계속 보라고 권한다. 다만 잠든 후 즉시 (타이머를 맞추거나 다른 사람이 끄는 식으로) TV를 끈다는 조건이 필요하다. TV 시청 외에 다른 것을 해야 편하게 잠에 빠져드는 사람 역시 유연한 뇌를 활용한 다른 활동을 정신 둔화와 연결하는 시도를 해볼 수 있다.

한편 화장실을 가는 등의 이유로 밤에 갑자기 잠에서 깨면 수면에 방해가 될 수 있다. 깨는 횟수가 몇 안 되고(세 번 이하 정도) 바로 다시 잠든다면 치료가 필요한 심각한 문제는 아니다. 하지만 다시 잠들기 어렵다면 수면 장애일 수 있으니 앞서 설명했던 방법이나 의사의 진찰(오래 지속될 경우)을 통해 치료해야 한다.

수면 무호흡증

수면 무호흡증 sleep apnea은 수면 도중 반복적으로 호흡을 멈췄다 다시 시작하는 증상으로, 방치하면 심각한 수면 장애가 될 수 있다. 수면 무호흡증을 겪는 사람은 전혀 자각하지 못한 사이에 여러 번 짧게 잠에서 깬다(때로는 한 시간에 열 번이나 깨기도 한다).

이번 장에서 살펴봤듯이, 우리 몸을 이루는 세포는 규칙적인 산소 공급에 의존한다. 산소는 폐로 흡입된 공기에서 나와 혈관을 통해 세포로 흡수 및 전달된다. 그리고 뇌는 산소의 공급 과정을 감독한다.

정상적인 수면 상황에서는 호흡이 멈추지 않는다. 하지만 수면 무호흡증 환자들은 기도 수축으로 고통을 받는다. 기도 수축은 깊게 잠들었을 때 더 악화되는 경향이 있다(기도 수축은 코골이의 원인이기도 하다). 기도가 좁아지다가 완전히 막혀 호흡이 멈추면, 호흡을 담당하는 뇌 영역은 오작동을 포착해 사람을 깨워서 다시 정상적으로 호흡하게 한다. 깬 상태는 몇 초 간 지속되며, 수면 중에는 이를 자각하지 못한다.

이 일련의 과정(잠들기, 기도 수축과 차단, 무호흡증, 급격한 잠 깨기, 호흡 조절 후 다시 잠들기)은 밤새 반복된다. 짐작할 수 있듯이, 수면 무호흡증이 있는 사람들은 보통 개운할 만큼 충분한 시간을 자고도 하루 종일 큰 피로감을 느낀다. 하지만 피로는 빙산의 일각에 불과하다. 수면 무호흡증이 심각해질 경우, 인지 저하가 일어날 정도로 뇌 기능이 손상되고 심장마비와 뇌졸중 발생률이 증가한다.[13] 환자들이 '아무런 이유 없는' 지속적인 피로를 호소할 때, 의사들이 그 원인을 수면 무호흡증으로 지목하며 전문가에게 보내 진단받게 하는 것도 그래서다. 그런 의심이 확인되면 기도가 좁아지는 원인을 파악하는 검사가 진행된다. 비강 뒤쪽에 용종polyp이 생기는 신체적 원인이 있을 수도 있다. 경우에 따라 옆으로 자거나 술 또는 담배를 끊는 등의 방법만으로 치료가 이뤄지기도 한다. 이런 방법들이 유효하지 않다면, 정상 수면을 돕기 위해 지속적 기도 양압continuous positive airway pressure, CPAP 장치를 사용해야 한다. 이 장치는 압력을 통해 마스크로 공기를 공급해 상기도upper airway를 열어주는 역할을 한다.

질 높은 수면을 위한 간단한 기법

하루를 마치고 잠에 드는 것은 다음 두 가지 요소에 달려 있다.

- 피곤함 느끼기.
- 잠자리에 들기 전에 차분하게 이완하는 시간 갖기.

저녁 무렵 피곤함을 느끼는 상황에서 차분한 이완 상태를 만드는 몇 가지 간단한 기법을 살펴보자.

- 생각을 내면으로 돌려 편안함을 느낀 순간이나 상황에 집중하자. 기분 좋은 기억에 포함된 광경과 소리를 떠올리면 머지않아 그때의 감정을 다시 느낄 수 있을 것이다.
- 이번에는 주의를 외부로 돌려 주변 환경에 집중하자. TV를 보거나, 책을 읽거나, 팟캐스트 또는 음악을 들을 수 있다. 이런 활동은 차분함을 유도해 잠에 들도록 도와줄 것이다. 잠든 뒤에는 외부 자극(빛, TV, 오디오 장치 등)을 차단해야 함을 유의하라.
- 이제 이완이나 명상 안내 음성을 듣는 식으로 첫 번째와 두 번째 전략을 결합해 차분하고 이완된 상태로 들어간다. 외부 자극이 내면의 주의를 천천히 늦추도록 유도해줄 것이다.

잠자리에 들기 전, 감정적으로 과도하게 각성된 상태라면 거기서 벗어나려고 애쓰기보다는 감정을 자연스럽게 조절해 평소 수준으로 되돌릴 수 있는 활동을 하는 것이 좋다.

몇 가지 기법을 실험해보면서 자신에게 가장 잘 맞는 방법을 찾아보자.

11 뇌의 코드를 활용해 식습관을 개선하는 방법

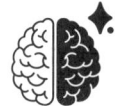

인간 뇌의 전반적인 복잡성(인간종이 존재하는 동안 여러 상황 변화에 적응한 결과)은 식습관에서는 잘 드러나지 않는다. 식습관과 관련된 뇌 활동은 크게 변화하지 않았다. 원시 인류를 괴롭힌 식량난은 생존에 필수적인 기본 반응을 만들어냈으며, 이는 여전히 우리와 동행하고 있다. 음식을 최대한 많이 먹으려 하거나 달고 기름진 음식을 갈망하는 것이 그 예시다.[1] 인간 뇌가 현대 사회에서 음식을 쉽게 구할 수 있게 된 새로운 현실에 적응하지 못한 결과, 우리는 음식 및 섭취량과 관련해 식습관에서 왜곡을 경험하게 된다.

왜 먹어야 하며, 무엇을 먹어야 하는가?

이 주제를 더 깊이 다루기 전에 일반적인 요점 하나를 기억해야 한다. 먹고 마시는 것의 목적은 쾌락이 아니다. 유일한 목적은 몸의 세포를 구성하는 화학 물질을 보충하는 것이다. 세포는 계속해서 수리되거나 교체된다. 세포에 필요한 원료는 단백질, 당, 지방, 비타민, 물 등 다양한 무기질이다. 음식을 소화해 원료를 얻는 과정에서 생산되는 에너지는 노폐물을 제거하는 일에도 도움이 된다.

이런 사실을 알았으니 우리는 이제 두 가지 질문을 던져야 한다. 얼마나 많은 음식이 필요할까? 어떤 음식을 어떤 비율로 먹어야 할까?

꼭 세 끼를 먹어야 할까?

'얼마나 많은 음식이 필요할까?'라는 첫 번째 질문부터 살펴보자. 1990년대, 내가 의학을 공부할 때 널리 받아들여지던 믿음은 성인의 하루 평균 필요 열량이 2,500킬로칼로리^{kcal}라는 것이었다. 정확한 양은 젠더, 체중, 하루 활동량 같은 변수에 따라 달라진다. 하지만 우리는 매우 건강하고 기대 수명도 높은 남반구 국가 사람들의 식습관을 관찰한 연구에서 2,500킬로칼로리라는 양이 너무 많다는 사실을 깨달았다.

연구자들은 남반구 사람들의 음식 섭취량이 서구보다 적다는 사실을 발견했다. 북반구, 특히 서구 사람들은 하루에 식사를 세 번, 즉 아침과 점심과 저녁을 꼭 먹어야 한다는 믿음을 너무 쉽게 받아들인다. 하지만 사실 하루에 한 끼(심지어 이틀에 한 끼)만 먹어도, 성인의 신체에 필요한 음식량을 제대로 섭취한다면 충분히 만족감을 느낀다. 세 끼 식사가 **필요**하며 중간중간 간식을 보충해야 한다는 인식은 피질의 관련 영역에서 만들어진 가짜 배고픔에서 비롯된 것이다. 내가 '가짜'라는 표현을 쓴 이유는 우리 몸에 그 이상의 원료는 필요하지 않기 때문이다. 이를 잠시 기억해두자. 뇌에서 가짜 메시지를 보낸 결과가 어떻게 나타나는지 이번 장 후반부에서 더 자세히 살펴볼 것이다.

지방은 좋을까, 나쁠까?

'어떤 음식을 어떤 비율로 먹어야 할까?'라는 두 번째 질문에 답하려면 몇십 년 전으로 돌아가 '7개국 연구 Seven Countries Study'를 살펴봐야 한다. 이 연구의 결론은 북미와 유럽의 식습관에 광범위한 변화를 일으켰다.[2] 영양학자 엔셀 키스 Ancel Keys를 중심으로 뭉친 과학자들은 문화가 다른 일곱 개 국가의 식단을 조사하고 두 가지 변수를 살펴봤다. 주민들이 매일 섭취하는 지방의 양과 기대 수명이었다. 연구 결과는 분명했다. 주식에 지방, 특히 포화지방이 많이 함유된 나라는 심장 질환 발생률이 높고 기대 수명도 짧았다. 눈 깜짝할 사이에 저지방 식단이 생겨나 전 세계의 관심을 사로잡았지만, 이야기는 여기서 끝나지 않았다.

몇 년 후 과학자들은 7개국 연구를 다시 살펴봤다. 결과가 도출된 과정과 결과의 진정한 의미에 대해 여러 가지 신화가 생겨났기 때문이다.[3] 본래 키스는 저지방 식단을 따라야 한다고 주장하지 않았다. 대신 장기적으로 최상의 건강 상태를 유지하는 식단으로 지중해 식단을 추천했다. 다시 말해, 포화지방과 동물성 제품의 섭취를 줄이고 채소와 과일, 통곡밀, 견과류를 서구의 전반적인 소비량보다 많이 섭취하라는 것이었다.

식단에 함유된 지방의 가치에 대한 인식은 시간이 흐르면서 변화했다. 지방은 몸에 매우 중요하며 저지방 식단은 신체에 몇 가지 심각한 손상을 일으킬 수 있다는 사실이 널리 받아들여지고 있다.[4] 게다가 포화지방 섭취와 심장마비 사이에는 아무런 연관성도 발견되지 않았다.[5] 그럼에도 우리 모두가 알고 있듯이 각종 미디어에는 지방에 대한 반감이 반영되어 지방이라면 **전부** 건강에 좋지 않다는 인상이 널리 퍼졌다. 건강에 가장 큰 영향을 미치는 것은 과도한 열량 섭취, 동물성 제품과 정제당의 지나친 소비, 신체 활동 부족, 흡연, 그리고 그 밖의 생활 습관이다.

설탕은 친구가 아니다

지방을 향한 두려움은 건강을 위협하는 진짜 적에서 시선을 멀어지게 했다. 바로 설탕이다.[6] 설탕이 심장마비, 당뇨, 비만의 주요 원인이라는 점은 의심할 여지가 없다. 불행하게도 인류는 설탕에 중독되어 있다.[7] 이를 입증하는 결정적인 증거는 설탕을 먹든 코카인을 흡입하든 같은 뇌 영역이 활성화된다는 사실이다.[8]

가장 위험한 것은 자당sucrose이다. 자당은 사탕수수와 사탕무를 정제한 백설탕 또는 황설탕으로 대부분의 가공식품, 과자 또는 사탕, 디저트, 페이스트리, 탄산음료에 들어간다. 과일과 꿀도 달긴 하지만 균형 있게 섭취하면 몸에 해롭지 않다. 게다가 필수 비타민과 무기질의 훌륭한 공급원이기도 하다.

몸에 필요한 당분이 꼭 단 음식에만 있는 것은 아니다. 곡물, 콩류, 감자 같은 음식에도 함유되어 있다. 자당은 단순 탄수화물이지만 방금 언급한 음식에 있는 당은 복합 탄수화물이다.

다음 질문을 들으면 분명 의아해할 것이다. 지방 1칼로리와 설탕 1칼로리 중에서 어떤 것이 더 살이 찔까? 정답은 매우 분명해 보인다. 당신은 아마도 "둘 다 칼로리가 같으니 똑같이 살이 찌겠지"라고 말할 것이다.

이는 과학자들 사이에서도 오랫동안 일반적으로 받아들여진 의견이었지만 최근에는 달라졌다. 지방과 설탕의 열량이 같더라도 몸에서 처리되는 방식은 전혀 다르다. 지방에서 나오는 열량의 대부분은 에너지로 전환되면서 몸에서 분해된다. 하지만 설탕에서 나오는 열량은 다르다. 설탕이 몸에 들어오면 췌장에서 인슐린 호르몬을 분비하면서 설탕 대부분을 지방으로 전환한다. 이렇게 전환된 지방은 지방세포에 저장된다. 결과적으로 앞의 질문에 대한 답은 다음과 같다. 단 음식은 기름진 음식보다 더 살이 찐다.

뇌에게 필요한 맛

맛은 식습관에서 큰 역할을 한다. 맛의 감각은 입에서 시작된다. 입은 몸에서 음식과 처음으로 접촉하는 곳이다. 혀, 입천장, 볼 안쪽에 흩어져 있는 장치가 맛을 감지하고 신경 말단 부분을 통해 막을 담당하는 뇌 영역으로 신호를 보내 처리한다. 처리의 목적은 음식을 즐기는 것이 아니라 생존이다. 우리의 뇌가 여전히 사냥과 채집 모드로 프로그래밍돼 있기 때문이다. 먹을 수 있는 음식을 섭취하고 부적절하거나 위험한 음식은 멀리하기 위해 뇌는 단 몇 가지의 기본 맛만 필요로 한다.

단맛은 즉각적인 에너지를 제공할 수 있는 능력을 의미한다. 원시 인류가 살아 있는 음식을 쫓거나 포식자로부터 도망칠 때 필수적인 요소였다. 뇌는 단맛을 감지하는 장치를 만드는 데 만족하지 않고 단맛과 쾌락을 연결해 우리가 단 음식을 섭취하도록 하는 충동을 일으켰다.

짠맛은 마그네슘, 칼슘, 아연, 철, 나트륨처럼 몸에 필수적인 무기질이 들어 있다는 뜻이다. 하지만 적당량만을 섭취해야 한다. 나트륨을 과다 섭취하면 혈압이 높아지므로 뇌는 지나치게 짠 음식을 먹는 것에 거부감을 느끼게 하는 식으로 경고를 보낸다. 문제는 우리 몸이 소금에 익숙해져서 결국 필요하거나 건강에 좋은 양 이상으로 섭취하게 된다는 점이다.

신맛과 **쓴맛**을 감지하는 능력도 생존을 위해 고안된 것이지만, 단맛과 짠맛과는 반대로 작용한다. 신맛과 쓴맛은 우리를 끌어들이는 대신 그 음식을 싫어하게 만든다. 따라서 건강에 좋지 않은 음식 섭취를 기피하도록 유도한다. 예를 들어보자. 지나치게 신 과일을 한 입 베어 물면 과일이 덜 익었거나 심지어 독이 있다는 사실을 알게 된다. 고기에서 쓴맛이 난다면 고기가 상했거나 해로운 세균이 들어 있다는 뜻이다.

20세기 초, 일본의 연구자들은 맛을 하나 더 발견하고 일본어로 '맛있는 맛'이라는 뜻의 우마미, 즉 **감칠맛**이라는 이름을 붙였다. 비교적 새롭게 발견된 이 맛에 대한 정확한 정의는 없지만, 주로 풍미가 있는 고기 맛으로 여겨진다. 뇌는 몸과 신체 기능에 필수적인 단백질을 감칠맛 수용체를 통해 인식한다. 단백질은 뇌에서 영양소로 부호화돼 있지만 당과 지방보다는 덜 중요한 것으로 간주된다. 당과 지방만큼 필수적인 것으로 여겨지지 않기 때문에, 감칠맛은 뇌의 쾌락 영역을 활성화하지 않는다. 그럼에도 다른 맛과 균형을 이루면 감칠맛 또한 매우 맛있게 느껴진다.

1908년, 일본의 생화학자 이케다 기쿠나에池田 菊苗는 여러 물질을 혼합해 분말을 만들었다.[9] 이케다는 곤부こんぶ의 맛을 분리해 복제하려 했다. 곤부는 다시だし라는 일본식 육수 맛을 내기 위해 사용되는 식용 해초다. 곤부에는 감칠맛 감지 장치를 활성화하는 단백질이 들어 있다. 이케다가 개발한 분말은 글루탐산 나트륨MSG으로, 이후 중국 포장 음식을 비롯한 다양한 패스트푸드와 식품 생산에 사용된 논쟁 많은 화학 조미료다.

21세기 초에는 인류의 진화 과정에서 발달한 또 하나의 맛이 발견됐다. 바로 **기름맛**이다.[10] 원시 인류가 살던 시기에 기름맛은 그들이 지방을 섭취해 에너지를 저장하고, 그 에너지로 생존하도록 하는 중요한 역할을 수행했다.

어쩌면 독자들은 (6장에서와 마찬가지로) 내가 왜 맛 목록에서 매운맛을 제외했는지 궁금할지도 모른다. 어찌 됐든 매운맛은 많은 음식을 먹음직스럽게 만들어주지 않는가? 나 역시 매운 음식을 즐기지만, 매운맛은 맛으로 분류되지 않으므로 목록에서 제외했다. 왜냐하면 우리가 이번 장에서 살펴본 다른 맛과 동일한 방식으로 감지되지 않기 때문이다. 매운맛은 맛 감지 장치가 아닌 입안의 통증 감지 장치가 활성화되면서 발생한다. 이를 직접 증명해보고 싶다면 고추를 손에 문질러보라. 화끈거리는 느낌이 날 것이다. 이런 느낌이 나는 이유는 캡사이신 때문이다. 캡사이신은 모든 종류의 고추에 함유된 활성 성분으로, 몸 전체에 두루 분포되어 있는 통증 수용체를 활성화한다.

음식을 먹을 때 뇌의 관련 영역은 음식의 기본 맛만이 아니라 냄새와 질감, 외관도 지각한다. 이런 모든 측면은 피질에서 처리되며, 여러 측면이 조합된 결과, 우리는 음식 맛과 그 밖의 정보를 알게 된다. 맛을 느끼는 능력은 원래 생존을 돕는 음식의 질을 판단하기 위해 발달했지만 그 후로도 상당히 많이 변화했다.

가짜 배고픔

배고픔과 포만감은 우리가 먹는 음식의 양을 조절한다. 음식이 소화계를 통과하면 위를 비롯한 소화 기관들이 그렐린^{ghrelin}이라는 호르몬을 분비한다. 그렐린은 뇌에 도달해 시상하부의 배고픔 중추$^{hunger\ center}$를 활성화한다. 3장에서 설명했듯이, 시상하부는 여러 기능 중에서 특히 감정이 행동과 생리적 현상으로 드러나도록 하는 피질하부 구조다.

배고픔 중추의 역할은 음식과 우리 사이의 연관성을 구축하는 것이다. 이는 음식과 쾌락 경험이 연결되면서 이뤄진다. 따라서 음식에 대한 생각은 뇌의 쾌락 영역을 자극하고 그 결과로 식욕이 증가한다. 반대로 소화계에 음식이 충분히 쌓이면 지방 세포에서 렙틴leptin이라는 호르몬이 방출된다.[11] 이 호르몬 역시 시상하부에 도달하지만, 그렐린과 달리 포만 중추satiety center라는 신경망을 활성화한다. 포만 중추는 음식과 쾌락을 연결하는 회로를 끊고 포만감을 느끼게 한다. 하지만 배고픔 및 포만 중추 조절에 대한 설명은 여기서 끝이 아니다. 뇌는 유연성을 바탕으로 앞서 설명한 메커니즘을 우회하는 다양한 방법을 만들어냈다.

이번 장 서두에 언급한 가짜 배고픔이 그 사례다. 이는 원시 인류가 식량난에서 생존하기 위해 생겨난 전략이다. 요즘은 대부분 식량난을 겪지 않지만, 여전히 같은 메커니즘이 작동한다.

이 과정을 더 명확하게 이해하기 위해 잠시 수렵·채집인 원시 인류 무리를 만나보자.

그들은 정처 없이 돌아다니던 중 잘 익은 과일이 가득 달린 나무 한 그루를 발견한다. 배가 고팠던 그들은 나무 아래에 앉아서 과일을 즐긴다. 얼마 후 위가 가득 차서 렙틴 호르몬이 강하게 작용하기 시작한다. 이제 식사가 끝나리라 짐작하겠지만, 폭식은 계속된다. 이유는 바로 영양 불안감, 즉 '내일 이 나무로 다시 오면 과일이 전부 사라져 있을지도 모른다'는 두려움이 오랜 시간에 걸쳐 렙틴의 효과를 우회하는 방법을 찾아냈기 때문이다.

인류 생존의 촉진이라는 관점에서 보면, 이런 진화적 발달은 수렵·채집인 같은 초기 인류에게 큰 도움이 됐다. 언제 또 그런 보물을 발견하게 될지 알 수 없었기 때문에, 과일을 계속 섭취해 체내에 많은 당분을 지방으로 저장해두고 훗날 필요할 때 사용하는 것은 생존의 관점에서 옳은 선택이었다.

대부분의 사람은 포만 중추를 우회하는 방식이 존재한다는 사실을 경험을 통해 알고 있다. 가족과 함께 푸짐한 저녁 식사를 즐기고 있다고 상상해보자. 배부르게 먹고 나자 누군가가 주방에서 휘핑크림을 얹은 초콜릿 케이크를 들고 온다. 이미 식사 도중에 렙틴이 방출되어 포만 중추가 배부름 메시지를 명확하게 전달한 참이지만, 당신은 케이크 조각을 마지막 부스러기까지 남김없이 먹어치울 것이다.

연구에 따르면, 포만감 우회 메커니즘은 당과 지방을 확보하기 위해 진화했다. 원시 인류는 당과 지방이 항상 부족했지만, 신체는 두 영양소를 쉽게 에너지 비축분으로 전환할 수 있었다.[12] 이 우회 메커니즘은 오랜 세월이 흘러 생활 방식이 풍요롭게 바뀐 뒤에도 온전히 유지됐다. 배가 불러도 초콜릿 케이크를 먹어치우고 더 많은 케이크를 찾는 이유가 바로 그래서다. 앞선 사례에서 포만 중추의 우회 메커니즘을 활성화한 원인은 케이크가 식탁 위에 놓였을 때 눈이 뇌에 전달한 정보다. 하지만 다른 감각들도 똑같은 영향을 미칠 수 있다.

감정 또한 영향력을 발휘한다. 슬프거나 스트레스를 받을 때 냉장고를 습격해 아이스크림과 초콜릿을 꺼내 먹는 것은 많은 이에게 익숙한 일이다. 단 음식을 먹으면 기분이 좋아지기 때문이다. 음식은 뇌 안에서 쾌락과 연결될 수 있는데, 특히 단 음식이 그렇다. 앞서 생존에 기여하는 다양한 맛의 잠재력을 논의할 때도 살펴본 바 있다. 이런 현상은 감정적 과식emotional eating이라고 알려져 있으며, "그만, 충분히 먹었어!"라는 렙틴 호르몬의 외침을 외면하는 자연적인 우회 메커니즘이 작동하기 때문에 발생한다.

뇌 프로그래밍 다시 하기

앞서 살펴본 대로, 배고픔 및 포만 중추가 유발해 행동에 영향을 미치는 감정은 본래 원시 인류의 영양적 필요 때문이지, 현대인의 필요를 반영한 것은 아니다. 다행히도 뇌는 유연하기 때문에 우리는 오래된 충동과 감정에서 벗어날 수 있다.

뇌는 뇌와 신체 손상을 복구하는 데 필요한 원료만큼만 음식을 섭취해도 만족할 수 있다. 우리에게는 섭취량을 조절하는 정신적 도구가 있다. 그리고 그 도구를 이용해 진화적 역사에 뿌리를 둔 욕구가 아닌, 실제 생리적 욕구를 충족시키는 음식의 종류와 양을 결정할 수 있다. 물론 이런 변화는 하루아침에 일어나지 않는다. 성공하려면 동기 유발에 필요한 학습 과정을 거쳐야 하지만, 확실히 가능한 일이다. 음식에 대한 깊은 학습을 통해 뇌를 다시 프로그래밍해 수렵·채집인의 기본 패턴을 현대 생활에 더 적합한 형태의 충동으로 바꿀 수 있다.

식욕과 무관한 섭식 장애

너무 많이 먹거나 너무 적게 먹으면 건강에 매우 해롭다. 이런 패턴이 배고픔 및 포만 중추의 조절 부족이나 환경적 요인에서 비롯된다고 해도 섭식 장애로 간주되진 않는다. 그로 인한 피해와 상관없이 말이다. 임상의들은 섭식 패턴의 원인이 빈약한 자기상$^{\text{self-image}}$, 우울증, 불안 같은 정신 건강 문제에서 기인하고 식욕과 무관할 때만 섭식 장애라고 규정한다. 가장 잘 알려진 섭식 장애는 폭식증^{bulimia}과 거식증^{anorexia}이며, 여러 유형 중에서도 이 두 가지가 제일 위험하고 치료도 어렵다.

폭식증

폭식증은 쾌락을 추구하는 동기 때문에 폭식이 반복적으로 일어나는 섭식 장애다. 폭식증이 발생하는 동안에는 손에 잡히는 모든 음식을 먹게 되며 섭취 열량이 1만 킬로칼로리에 이를 수 있다. 한 젊은 여성은 폭식 증세가 있을 때 냉장고 안의 음식을 전부 먹어치운 후 냉동식품을 먹기 시작한다고 말했다. 한번은 냉동 닭고기를 먹다가 이가 부러지기도 했다.

안타깝게도 폭식증이 유발하는 피해는 치과 진료로 해결되지 않는다. 많은 양의 음식을 한꺼번에 먹게 되면 위장 파열이 일어날 수 있으며, 폭식 후 구토와 완하제 복용 등으로 음식을 배출하려는 행동은 탈수와 무기질 결핍으로 이어진다. 폭식 증세가 자주 반복되면 사망에 이르기도 한다.

앞서 언급했듯이, 섭식 장애는 빈약한 자기상과 관련될 수 있다. 뇌에서 자기상을 형성하는 패턴은 두 갈래로 이뤄져 있는데, 하나는 피질에 있고 다른 하나는 피질하부에 있다. 자존감이 낮으면 일상적인 상황도 위협으로 인식되며 불쾌하고, 화나고, 분노하는 경향이 강해진다. 이런 사람들은 다른 사람들보다 평균적으로 더 많은 고통을 겪는다. 반면, 자존감이 높은 사람들은 편도체(위협감을 느끼게 하는 뇌 영역)를 적절하게 조절하므로 일상의 위협감에 대응하는 면역력이 높고 그만큼 정신적 행복감도 크다.

자존감이 낮은 일부 사람들은 위협감을 줄이기 위한 차선책으로 음식을 먹는다. 먹는 행위는 쾌락을 만들어내는 신경망을 활성화한다. 하지만 이렇게 몸의 체계를 우회하는 방식에는 문제가 있다. 긍정적인 효과는 일시적이며 감정적 과식을 한 후 다시 원래 상태로 돌아가기 때문이다. 즉, 또다시 위협감에 지배당하게 된다. 이 악순환은 고통을 더하고 편도체가 더 과하게 작용하도록 만든다. 폭식증을 앓는 사람들은 강박적 과식이라는 위험 지대로 빠져들면서 통제하기 힘든 극심한 역겨움과 자기혐오에 시달린다. 절박한 상황에서 음식을 먹은 후에, 그런 감정을 유발한 역겨운 음식을 최대한 빨리 위에서 배출하고 싶어 한다.

폭식증을 앓는 비율은 여성이 남성보다 9배 더 높은데, 이는 드문 현상이 아니다. 미국에서 실시된 종합적인 조사에 따르면, 젊은 여성의 약 1퍼센트가 폭식증을 앓고 있으며 발작적 폭식의 빈도는 일정하지 않다고 한다.[13] 폭식증의 증세는 과식하지 않고도 구토를 하거나 완하제를 복용하는 사람들에게서도 발견된다.

과거에는 폭식증을 치료하기 위해 항우울제와 항불안제를 처방하는 것이 일반적이었지만, 효력에 대한 증거는 부족했다. 폭식증 치료의 중요한 돌파구는 인지행동치료cognitive behavioral therapy, CBT의 도움으로 마련됐다. 12개월 동안 치료를 받았을 때 회복률이 50퍼센트에 이를 정도다. 인지행동치료가 효과적인 이유는 폭식증 환자의 음식 섭취 충동이 배고픔이 아닌 쾌락을 향한 갈망에서 기인한다는 사실에 바탕을 두기 때문이다. 폭식증의 인지적 측면에 대한 이해를 통해, 우리는 뇌가 이 같은 왜곡을 교정할 능력을 가진 피질이 활동하도록 유발할 수 있다. 인지행동치료의 성공 여부는 폭식증에서 벗어나고자 하는 동기가 어느 정도인지에 달려 있다.

거식증

거식증은 겉보기에 폭식증의 정반대 상태, 즉 음식 섭취에 대한 병적인 거부감처럼 보인다. 거식증은 사실 폭식증보다 훨씬 더 심각한데, 자기인식의 왜곡에서 비롯된 섭식 장애이기 때문이다. 폭식증과 마찬가지로 거식증 또한 여성에게 더 높게 나타난다. 거식증 환자의 3분의 2는 젊은 여성이며, 그들 대부분은 마른 몸매를 최고로 여긴다. 모델이나 바비 인형같이 야윈 사람을 아름다움의 이상적인 기준으로 생각한다.

대부분의 사람은 어떤 생각이 아무리 중요하더라도 삶을 바치거나 죽을 가치가 있다고 여기지 않는다. 생각에 그토록 강렬하게 몰두하려면 상당히 높은 수준의 지능이 필요하다. 실제로 거식증 환자들은 똑똑한 여성인 경우가 많다. 그들은 어떤 대가를 치르더라도 자신이 정한 목표를 이루려는 의지가 매우 강하다.

거식증은 단계적으로 진행된다. 우선 음식 섭취량이 서서히 줄어든다. 이 시점에서 환자는 매우 중요한 일을 해냈다는 생각에 큰 성취감을 느낀다. 결과는 머지않아 나타나는데, 체중이 줄어들기 시작한다. 이 과정이 계속되는 동안 만족감은 점점 더 커진다. 동시에 마른 몸에 부여한 의미가 피질과 피질하부의 모든 기능을 지배하게 된다. 뇌는 이 메시지를 내면화하고, 결함이 있는 잘못된 목표를 이루는 일에 동원된다. 보통이라면 배고픔을 느껴야 할 순간에 음식에 대한 거부감이 나타난다. 살찌는 것에 대한 두려움은 환자를 가만히 내버려두지 않는다. 그들은 곡기를 끊고 주변 사람들로부터 자신의 행동을 숨기기 위해 무슨 짓이든 한다. 체중을 더 빨리 감량하기 위해 신체 활동을 과도하게 많이 하는데, 때로는 통제력을 잃어 체력이 완전히 소진될 때까지 반복한다.

이 단계에 이르면 만족감을 전혀 느끼지 못한다. 체중에 대한 불만과 불안은 살이 빠질수록 더 심해진다. 더는 안전하게 체중을 감량할 수 없더라도 거울 속 자신이 여전히 뚱뚱하다고 생각한다. 이런 현실 인식의 왜곡은 모델이나 바비 인형처럼 되고 싶다는 생각이 피질에 뿌리를 내리면서 생겨난 것이며, 이것이 가장 중요한 목표로 설정되어 뇌 전체가 동원된다.

거식증은 임상적으로 정신병적 상태로 정의되며, 합병증이 생길 수 있으므로 강제 입원이 필요하다. 거식증 전문 병동을 운영하는 병원은 인지행동치료를 비롯한 다양한 치료법과 코 위관 급식을 통해 환자를 치료한다. 그럼에도 회복이 매우 어려우며, 성공이 보장되지도 않는다. 왜냐하면 중증 거식증 환자들은 무엇보다도 마른 몸을 가치 있게 생각하기 때문이다.

    병원에서 본 쇠약한 젊은 여성이 떠오른다. 포크로 닭고기 한 점을 집어든 그녀는 간병인의 격려에도 불구하고 음식을 차마 입에 넣지 못했다. 한 의사는 거식증 환자가 음식을 먹는 게 얼마나 힘든지를 다음과 같이 표현했다. "유대인에게 안식일에 돼지고기를 삼키라고 명령한다고 생각해보세요." 나는 이 표현이 그 여성의 당시 감정을 압축해서 보여준다고 생각한다.

    거식증 환자의 뇌가 마른 몸에 부여한 큰 중요성은 약물 치료의 '기적 같은 효과'를 막는 장벽이다. 거식증 환자를 돕는 유일하고 효과적인 방법은 폭식증과 마찬가지로 인지행동치료밖에 없다. 인지행동치료의 성공률은 약 30퍼센트다.[14] 거식증의 심각성을 고려하면 놀라운 성취다. 인지행동치료는 환자가 새로운 목적을 설정해 본래 거식증을 유발한 목적을 극복하도록 돕는다.

    인지행동치료가 어떻게 효과를 낼 수 있는지 설명하기 위해 거식증 환자 레베카가 도움을 받은 방식을 소개하고자 한다.

    대학원에서 과학을 전공하던 레베카는 중증 거식증에 빠져 삶이 심각하게 망가진 상태였다. 레베카에게 큰 기대를 걸었던 지도 교수는 이제 그에게 완전히 관심을 잃었다. 레베카 본인도 스스로를 포기했다.

레베가는 부모의 요청으로 여러 번 입원 치료를 받았지만 늘 거식증 상태로 돌아가곤 했다. 그래서 최후의 수단으로 인지행동치료를 시도하기로 결정했다. 담당 심리학자는 치료 과정에서 레베카가 어릴 때 신체 활동을 많이 했고 특히 헬스장에서 운동하는 것을 정말 좋아했다는 사실을 알아냈다. 그는 이 정보를 바탕으로 체력 단련의 경이로움과 몸매를 탄탄하게 만들고 근육을 강화하는 효과에 대해 레베카와 대화를 나눴다.

체력 단련에 대한 생각은 서서히 레베카의 인식 속으로 들어와 다시 운동을 시작할 수 있는 동기를 유발했다. 그 과정에서 레베카는 음식을 먹지 않으면 운동에 반드시 필요한 영양소를 충분히 공급받지 못한다는 점을 깨달았다. 그는 갈림길에 섰다. 원하는 몸을 만들기 위해 음식을 먹을 것인가, 아니면 같은 목표를 위해 계속 음식을 먹지 않을 것인가.

오랜 치료 끝에 새로운 동기가 본래 거식증을 유발했던 동기를 앞질렀다. 레베카는 대학원 과정을 성공적으로 마쳤고, 이제는 여느 사람들과 마찬가지로 일주일에 세 번 헬스장에서 건강한 방식으로 운동한다. 무엇보다도 복잡하게 생각하지 않고도 음식을 제대로 먹게 됐다. 레베카는 거식증에 빠졌던 과거를 "완전히 미쳐 있던 시기"라고 솔직하게 표현했다.

안타깝게도 이런 성공 사례는 드문 편이다. 인지행동치료를 받는 환자들 중 절반은 여전히 음식에 대한 생각을 멈추지 않으며 끊임없이 열량을 계산하고 수시로 체중을 잰다. 그들은 계속해서 저체중 상태로 거식증 증상과 싸워야 한다. 그럼에도 레베카의 성공 사례가 보여주듯이 결과가 긍정적일 때도 있다. 이는 뇌의 유연성과 그 유연성을 활용해 정신 건강을 회복하는 데 도움을 주는 방법들 덕분이다.

설탕을 해독하는 두 가지 방법

연구자들 사이에는 정제당이 건강과 관련이 있다는 압도적인 합의가 이뤄져 있다. 이는 백설탕과 황설탕 둘 다에 해당한다. 이제 과학에 기반한 설탕 해독 접근법 두 가지를 소개할 것이다.

첫 번째 방법

- 앞으로 이틀 동안 설탕이 들어간 음식은 먹지 않기로 결심한다. 음식을 먹을 때마다 정제당이 함유되지 **않은** 음식이 얼마나 많

은지에 집중한다. 단, 천연 꿀과 과일은 먹어도 괜찮다.

둘째 날이 끝나면 자기 자신에게 성취감을 강조한다. 그러면 뇌가 자부심과 자존감이라는 멋진 감정을 보상으로 제공하고, 해독을 이틀 더 지속할 수 있는 강한 동기를 유발할 것이다.

넷째 날이 끝나면 다시 한번 성취를 자각하고 자부심을 느낀다. 처음에는 뇌가 둘째 날과 넷째 날에 경험한 쾌락과 성취감 때문에 설탕을 끊는 도전에 응할 동기를 부여받는다. 나중에는 뇌가 그런 감정을 늘 존재하는 동기로 파악하고, 좋아하는 대체 식품이 생겼으므로 더는 정제당이 필요하지 않다는 학습이 이뤄진다.

두 번째 방법

정제당 섭취를 줄이는 또 하나의 방법은 혐오 요법 aversion therapy 이다. 이는 해로운 것을 멀리하는 방법이다. 이를 통해 뇌가 설탕과 위협을 연관 지음으로써 쾌락과 설탕 섭취를 자동으로 연결했던 기존의 방식을 변화시킬 수 있다. 혐오 요법이 효과를 발휘하려면, 설탕 섭취를 피하려는 진정한 내면의 동기를 확립하는 것이 핵심 조건이다.

혐오 요법은 이런 식으로 시작된다. 다음 장면을 상상하고 거기에 집중하자. 빈민 지역의 설탕 농장에서 노동자들이 사탕수수를 수확하고 있다. 그중 한 명에게 주의를 기울이자. 몸이 아팠던 그는 이미 잘려 설탕으로 만들어지던 사탕수수 위에 구토를 한다. 이 장면을 떠올릴 때 나타난 혐오감은 몇 초 만에 사라지겠지만, 반복해서 상상하며 혐오감을 느끼다 보면 나중에는 그 감정이 굳어져서 설탕이 들어간 음식을 혐오스럽거나 적어도 덜 매력적으로 여기게 된다. 설탕을 쾌락이 아닌 불쾌감과 연결했기 때문이다.

이제 우리는 브레인 코드를 통해 불쾌감조차 가치 있는 목적을 위해 활용할 수 있다는 점을 깨달았다. 12장에서는 간혹 자연스러운 감정 조절 메커니즘에 지장이 생기면 두려움과 불안에서 기인하는 불쾌감이 우리를 압도하기도 한다는 사실을 살펴볼 것이다. 또 위협감의 특징이 무엇인지, 그리고 어떻게 해야 자연스러운 감정 조절 메커니즘을 다시 작동시키고 그것을 활용해 기분에 대한 통제력을 되찾을 수 있는지 알아볼 것이다. 이를 통해 우리는 다시 긍정적인 상태로 돌아갈 수 있다.

12 뇌 활용의 적신호, 편도체 기능 이상

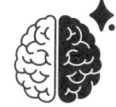

우리는 두려움과 불안에 대해 이야기할 때 이 두 가지를 같은 맥락에서 생각한다. 두 감정 모두 편도체를 자극해 위협을 받고 있다는 감각을 만들어내기 때문이다. 하지만 편도체라는 공통점이 있다고 해도, 우리가 두려움을 경험하는 방식은 불안이 작용하는 방식과 본질적으로 다르다.

두려움은 자극이 피질하부에 도달했을 때 생긴다. 이때 자극은 대부분 외부 세계에서 오지만, 때로는 신체적 통증처럼 내부에서 올 수도 있다. 반면, 불안은 신체적 자극으로 생기지 않고 피질이 주변 상황을 위협적으로 인식하면서 생기는 반응이다. 예를 들어, 사나운 개가 나에게 달려온다면 두려움에 사로잡혀 도망칠 것이다. 한편, 날이 저문 후에 낯선 숲속으로 들어가려 한다면 불안감이 엄습해 앞으로 취할 행동에 영향을 미칠 것이다. 뇌는 두 상황 모두에서 생존에 대한 관심의 일환으로 편도체를 활성화하지만 결과는 서로 다르다.

두려움과 불안은 일상적인 상황에서 필수적인 부분을 이루는 자연스러운 감정이다. 하지만 이 감정들이 제 역할을 하면서 도움이 되기 위해서는 중요한 조건 하나가 반드시 충족돼야 한다. 편도체가 현실에 맞게 반응해야 한다는 것인데, 문제는 항상 그렇지는 않다는 점이다. 때로는 그렇게까지 할 필요가 없을 때에도 편도체가 지나치게 높은 수준으로 경보를 울려 뇌 전체에 경고를 전달한다. 정반대의 경우도 있다. 실제로 위협적인 상황에서 편도체가 경고를 보내지 않고 위협에 무관심한 반응을 보이는 것이다. 이는 생각보다 흔한 일인데, 감성 지능이 고도로 발달한 소수의 사람만이 편도체를 효과적으로 작동시킬 수 있기 때문이다. 이번 장에서는 편도체 기능에 영구적인 불균형이 발생하면 무슨 일이 일어나는지 볼 것이다. 이 같은 불균형은 사이코패스적 기질을 가진 사람들에게서 나타나는 특징이다.

두려움의 부재

사이코패스는 평균적인 사람보다 위협감을 덜 느끼는 경향이 있다. 이처럼 두려움이 부재하면, 위험을 감수하는 데 거리낌이 없다. 많은 범죄자가 사이코패스적 기질을 가지고 있다. 범죄를 저지를 때 잡힐 가능성을 인식하고는 있지만 위협을 느끼진 않으므로 범죄를 단념하지 않는다.

하지만 그런 반응의 원인이 되는 편도체의 낮은 활동성이 항상 결점으로 작용하진 않는다. 연구에 따르면, 편도체가 비교적 덜 민감한 사람들은 스트레스가 극심한 직업에서 뛰어난 능력을 발휘한다. 예를 들어, 외과 의사 또는 소방관이 될 수 있다.[1] 그들은 자신에게 주어진 위험과 책임의 무게를 인식하면서도 편도체가 비활성화된 덕분에 일반 사람들보다 더 침착하게 행동한다.

두려움 부재는 연구자들이 '청소년기 뇌adolescent brain'라고 부르는 상태의 특징이기도 하다. 이는 10대와 20대 초반의 어리고 젊은 사람들을 포괄하는 상태다. 해당 연령대는 전전두엽피질(불안을 비롯한 적절하고 이성적인 반응에 대한 계획과 인지 기능을 관장하는 영역)이 아직 완전히 발달하지 않았다. 따라서 같은 영역이 조화롭게 발달한 성인과는 다른 방식으로 편도체가 활성화된다. 결론적으로 청소년들은 자신의 행동이 어떤 결과를 낳을지 생각하지 않고 위험을 감수하거나 자제력을 잃는 식의 행동을 보인다.

나이가 젊은 오토바이 운전자는 구불구불한 도로에서 과속하면 사고가 날 수 있다는 사실을 알고 있지만, 큰 불안감이 생기지 않아 행동을 멈추지 않는다. 오히려 사고가 날 가능성에 흥분하면서, 자신에게 닥칠 수 있는 재앙의 결과는 생각하지 않고 더 빠르게 달린다. 세월이 훌쩍 지나 나이가 지긋해진 오토바이 운전자가 그 무모한 질주를 회상한다면, 아마도 '내가 그런 짓을 했다니!' 하고 경악할 것이다. 이런 사고방식의 차이는 전전두엽피질이 완전히 발달함에 따라 행동의 심각성을 이해하게 되고, 그

인식이 편도체로부터 위협감을 유발하기 때문에 생겨난다.

신경과학자들은 청소년기 뇌 발달 단계가 인류의 진화 과정에서 필수 요소였다는 사실을 깨달았다.[2] 수백만 년 전, 뇌가 반쯤 발달한 덕분에 두려움을 모르던 젊은 인간들이 걱정 많은 부모들을 설득해 동물이 고갈된 사냥터를 떠나 더 풍부한 먹을거리를 찾아나섰다. 원시 인류가 아프리카에서 아시아와 유럽으로 이주했던 것도 상당 부분은 청소년기 뇌 덕분이었을 것이다.

청소년기 뇌는 젊은 사람들이 놀라운 성취를 이루도록 이끌 수 있지만, 때로는 파괴와 혼란을 초래한다. 또 두려움과 불안에 얽매인 나이 많은 어른들이 쉽게 시도하지 못하는 대담한 발상을 행동으로 옮기고 새로운 영역을 개척하는 능력을 선사하기도 하지만, 동시에 억제되지 않는 파괴력을 부여할 수도 있다. 따라서 이상적인 태도를 가르치는 교육은 청소년기 뇌가 어느 길로 나아갈지 결정하는 데 핵심적인 도움을 준다.

불안감이 과도할 때

편도체의 지나치게 낮은 활동성은 두려움과 불안의 부재로 이어진다. 반면, 지나치게 높은 활동성은 정반대의 상황, 즉 특별한 이유 없이 과도한 두려움과 불안을 느끼게 한다.

공황발작

두려움과 불안은 도저히 견디기 어려울 정도로 심해지기도 한다. 편도체의 과도한 활동이 초래한 가장 극단적인 상태는 바로 공황발작이다. 공황발작을 겪은 한 환자는 그 경험을 이렇게 설명했다.

"살면서 가장 길었던 순간이었습니다. 끝없이 이어졌죠. 끔찍한 공포를 느꼈어요. 주변 세상이 모조리 파괴되고 내가 곧 죽겠구나 하는 확신이 들었습니다."

이것은 공황발작 동안 일어나는 현상의 일부에 불과하다. 편도체는 단순히 경보를 울리면서 불안감을 자각하도록 하는 데 그치지 않는다. 뇌의 넓은 영역을 활성화해 땀, 호흡 곤란, 급격한 심박수 증가, 어지럼, 끊임없는 근육 움직임을 유발한다. 이 모든 반응은 많은 에너지를 소모하므로 뇌는 생존을 방해하는 소진을 막기 위해 공황발작이 몇 분 이상 지속되지 않도록 조절한다.

나도 공황발작을 한 번 경험한 적이 있다. 공황발작은 의과

대학에 합격했다는 소식을 들은 지 몇 시간 후에 발생했다. "왜 그런 상황에서?"라고 묻고 싶을 것이다. 나도 처음에는 이상했지만, 나중에 곰곰이 생각해보니 이유를 알 수 있었다.

합격 자체는 좋은 소식이었다. 하지만 한편으로는 학업을 못 따라가지 않을지 또 내가 중도 포기하면 친구들과 가족이 뭐라고 할지 걱정됐다. 온갖 생각이 밀려들어와 압도되는 느낌이었다. 고차원 기능을 담당하는 뇌 영역이 내 두려움을 처리하면서 편도체에 경고를 보냈고, 편도체는 그 두려움이 엄청난 재앙의 표시라도 되는 것처럼 부적절하게 해석하고 말았다. 한마디로 말해 편도체가 침소봉대를 저지른 것이다.

내가 경험한 공황발작에는 이유가 있었지만 항상 그런 것은 아니다. 공황발작은 언제 어디서든 갑자기 찾아온다. 운전을 하거나, TV를 보거나, 수영장에서 햇볕을 즐기는 등 전혀 예상치 못한 다양한 상황에서 발생한다. 모든 것이 괜찮아 보이다가도 갑자기 별다른 이유 없이 편도체가 메시지를 위협으로 해석하고 과하게 반응하는 부당한 결정을 내린다. 공황발작이 자주 발생하면(어떤 사람들은 일주일에 여러 번 겪는다), 공황 장애 panic disorder 의 진단 기준을 충족한다. 공황 장애 환자들은 광장 공포증 agoraphobia(탁 트이거나 사람들로 붐비는 장소에 두려움을 느끼는 증상)이 생길 수 있고, 결국 집 안에서만 지내게 된다.

외상후 스트레스 장애

편도체의 지나친 활동이 특징인 또 다른 심각한 상태로는 외상후 스트레스 장애post-traumatic stress disorder, PTSD가 있다. PTSD는 위협적인 상황을 겪은 후에 생기는데, 이때 위협적인 상황이란 대부분에게는 큰 문제가 되지 않는 사건부터 교통사고나 강간, 무장 강도, 전쟁처럼 목숨을 앗아갈 수 있는 매우 심각한 사건까지 다양하다. 대부분은 그런 힘든 경험을 한 다음에도 평범한 삶으로 돌아가는 데 성공한다. 하지만 참전 군인과 같은 일부 사람들은 정신적 외상이 섬광처럼 반복해서 나타나거나 악몽으로 이어진다. 그들은 자신이 겪은 경험과 조금이라도 관련 있는 일을 하는 것을 두려워하며 끊임없이 공포를 느낀다.

이런 비참한 상태는 심각한 사건을 경험하는 동안 편도체가 과도하게 작용했기 때문에 발생한다. 그 결과, 해당 사건은 편도체에 외상적 기억으로 등록되어 계속해서 재생된다. 편도체의 활발한 활동과 함께 기억이 형성되는 과정은 뇌의 관점에서 생존에 중요하다고 여겨진다. 따라서 편도체는 좋은 기억이든 나쁜 기억이든 반복해서 회상하도록 허가를 받는다.

공포증

공포증이 있는 경우, 편도체는 만성적으로 더 활발하게 작용한다. 공포증은 특정 대상이나 상황에 대한 지속적이고 과도하며 대개 비합리적인 민감한 반응을 뜻한다. 이는 단순한 두려움에서 극심한 공포까지 여러 감정으로 나타난다. 일부 연구에 따르면, 전체 인구의 약 20퍼센트가 다양한 수준의 공포증을 겪는다고 한다.[3]

공포증은 일상에서 접하는 거의 모든 것을 대상으로 발생한다. 파충류, 높은 곳, 천둥과 번개, 오염, 개, 고양이, 어둠, 횡단보도, 밀폐된 공간, 탁 트인 공간, 운전, 치과 의사, 바늘……. 목록은 끝없이 이어진다.

앞서 언급했듯이, 공포증 환자의 감정은 실제 위협에 비해 지나치게 과장되어 있다. 우리는 비행기에 탑승할 때 기계상의 결함이 발생할 수도 있음을 알고 있다. 하지만 그런 생각 때문에 비행기에 타지 않는 일은 거의 없고, 결함 가능성이 매우 낮다는 점을 알고 있으므로 침착함을 유지한다. 하지만 비행 공포증이 있는 사람들은 사고에 대한 생각만으로도 통제되지 않는 위협을 느낀다. 게다가 비행기 여행을 피할 뿐만 아니라 지상에 있는 비행기를 보는 것만으로도 두려움을 느낀다.

진화생물학자들은 공포증에 유전적 요인이 있다는 사실을

발견했다. 이는 수백만 년 전으로 거슬러 올라간다. 당시 원시 인류는 맹수와 독성 파충류 같은 위험에 둘러싸인 채 살면서 자연의 힘에 위협을 느꼈다.[4] 야생 환경에서 발달한 두려움은 그들에게 가치 있는 감정이었다. 왜냐하면 물림과 쏘임, 감염, 중독, 실족, 익사 등 다양한 재난을 피하는 데 도움이 됐기 때문이다. 따라서 이런 두려움은 유전적으로 보존되어 오늘날까지도 남아 있다. 시간이 지남에 따라 공포증은 꽤 많은 사람 사이에서 더욱 강해졌다. 흥미롭게도 뱀과 거미, 높은 곳, 천둥과 번개, 탁 트인 공간, 좁은 장소에 대한 두려움은 여전히 가장 흔한 공포증이다.

공포증은 안 좋게 끝난 사건 때문에 생기기도 한다. 예를 들어보자. 개에게 물린 적이 있는 사람은 그 기억 때문에 개를 볼 때마다 두려움에 휩싸일 수 있다. 심지어 목줄을 맨 강아지를 보고도 두려워한다. 공포증은 직접 겪지 않고 목격한 사건에 의해 발생하기도 한다. 보행자가 자동차에 치이는 장면을 목격한 사람은 신호등이 있는 횡단보도에서도 두려움을 느낄 수 있다.

범불안

대부분의 공포증보다는 덜 심각하지만, 더 흔한 현상은 범불안generalized anxiety 상태다. 이는 시간이 지나면서 생겨나는 후천적인 상태로, 편도체가 과도하게 활동하면서 나타난다. 범불안은 편도체의 선천적 결함이 아니라 특정한 사건을 경험하면서 편도체가 이전보다 더 민감해지는 갑작스러운 변화 때문에 발생한다.

범불안을 겪는 동안에는 편도체의 활동 강도가 공황발작 때만큼 크지 않다. 그래서 뇌는 그 상황을 더 오래 유지한다. 하지만 과도하게 활동하는 편도체는 위협감을 증폭하므로 범불안 상태는 실제 상황에 적합한 행동보다 더 고집스럽고 공격적인 행동으로 이어질 수 있다. 특히 경직되거나 부드럽게 물러나는 것이 적절한 반응인 상황에서 곧바로 투쟁 반응으로 돌입하는 경향을 보인다. 범불안을 겪는 사람들은 편도체가 정상적으로 기능하는 이들보다 대체로 세상을 더 음울하고 위협적인 곳으로 인식하고 이런 인식이 이들의 행동을 좌우한다.

불안을 조절하는 두 가지 방법

8장에서 살펴봤듯이, 거울뉴런은 우리의 행동을 타인과 동기화하도록 해준다. 예를 들어, 차분하고 평온하며 느긋하게 행동하는 사람은 주변 사람들을 차분하게 만드는 효과를 발휘해 자신과 비슷하게 느끼고 행동하게 유도한다. 하지만 이 능력은 양날의 검과 같다. 극성스럽고 불안한 사람은 주변 사람들에게 부정 감정을 유발할 수 있다. 따라서 불안감을 느끼기 시작했다면 그런 식으로 행동하는 사람 곁에 있지 않는 것이 좋다.

불안감을 느낄 때 실제로 활용할 수 있는 방법을 소개한다.

첫 번째 방법

주변을 둘러보자. 만일 당신이 좌절과 분노, 질투 같은 부정적이고 불균형한 감정을 느끼고 있다면, 차분하고 평온한 사람(긍정적이고 균형 잡힌 감정 상태에 있는 사람)과 신체적 또는 정신적으로 가까이 있는 것이 도움이 된다.

누군가의 감정이 차분한지는 몸짓 언어를 통해 확인할 수 있다. 그 사람과 반드시 대화를 나눌 필요는 없다. 가까이 있기만 해도 효과가 있다.

당신이 현재 느끼고 있는 부정 감정에 거울뉴런으로 인한 진정 효과를 적용해보자. 부정 감정이 줄어들고 기분이 좋아질 것이다.

두 번째 방법

- 당신이 생각하기에 성격과 태도가 차분한 사람의 사진을 찍거나 인터넷에서 다운로드한다.
- 표정을 알아볼 수 있을 만큼 사진을 확대해서 저장한다.
- 하루 중에 불균형하고 부정적인 감정이 차오르는 순간이 있다면, 감정을 최적으로 조절하기 위해 사진을 보며 집중한다. 특히 사진 속 사람의 표정에 주의를 기울인다. 그리고 부정 감정의 강도가 줄어드는 것을 느낀다.

　이를 비롯한 다양한 방법을 사용하면 감정을 더 주도적으로 조절할 수 있다(4장 끝부분에서 설명한 활동을 다시 참고해도 좋다).

13 뇌 기능을 최고 수준으로 유지하는 방법

뇌 활동을 이해하는 좋은 방법 중 하나는 뇌를 정교한 산업 단지에 비유하는 것이다. 산업 단지에서는 다양한 장소와 층에서 생산 활동이 이뤄진다. 단지 내 공장들은 제각기 고유한 부품을 생산하는 임무를 수행하면서도 공동의 목적을 위해 다른 공장들과 긴밀하게 협업한다. 여기서 공동의 목적이란, 전체 뇌를 통합하는 사업을 유지하는 것이다.

모든 사업이 그렇듯이 뇌 또한 기계와 일꾼이 함께 일하는 기반 시설이 필요하다. 여기서 기계는 다양한 화학 물질로 만들어지는 신경세포(뉴런)를, 일꾼은 각자가 맡은 고유한 뇌 기능(기억, 감정, 집중, 운동 등)을 수행하는 신경망을 의미한다(각 기능에 대한 자세한 내용은 2, 3, 10장을 참고하라). 마지막으로 기반 시설은 신경세포에 영양을 공급하고 보호하며 축적된 노폐물을 배출하는 뇌의 능력을 말한다.

뇌 연구자들은 뇌가 공장처럼 작동한다는 비유를 오랫동안 받아들였다. 이런 생각은 지금도 널리 받아들여지고 있다. 하지만 최근 몇십 년간의 연구 끝에, 그들은 뇌가 제대로 기능하려면 또 다른 요소가 필요하다는 사실을 알게 됐다. 바로 유능한 관리자다. 산업 단지와 마찬가지로 최신 기계와 효율적인 기반 시설, 단지 내 생산 공간을 매일 운영하며 돌보는 헌신적인 일꾼들이 있다고 해도, 관리팀이 없다면 좋은 제품을 만들기 힘들다.

뇌 관리자, 집행 기능

뇌의 관점에서 유능하게 관리한다는 것은 뇌의 '상부층'에서 고차원 기능을 적용한다는 뜻이다. 예를 들어, 하드웨어(작업 환경, 기계, 기계를 작동시키기 위한 기반 시설)와 노동력을 어떻게 효율적으로 운영할지에 대한 장기적인 사고를 말한다. 또한 적절한 우선순위를 정하고 그에 따라 일꾼들을 배치하는 일도 포함된다.

'뇌 관리자'는 집행 기능이라고 하는데, 전전두엽피질의 특별한 영역에 거주한다. 이 영역은 뇌 과학에서 가장 열광적으로 연구되는 주제 중 하나였으며, 연구자들은 좋은 하드웨어와 성실한 일꾼들을 갖추더라도 제대로 관리하지 않으면 일상생활에 문제가 생길 수 있다는 사실을 점차 이해하게 됐다.[1]

이를 잘 보여주는 사례는 고기능 자폐증 high-functioning autism(과거에는 아스퍼거 증후군이라고 불렸다)을 가진 사람들이다. 그들은 적

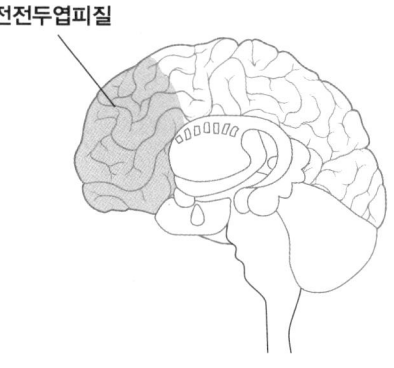

어도 기억 면에서는 뇌 하드웨어가 완전히 정상적으로 작동하며 일꾼들도 제대로 역할을 수행한다. 하지만 기억 관리 측면에서는 심각한 문제를 겪는다. 예를 들어, 최근 월드컵 경기에서 어떤 선수가 몇 분에 골을 넣었는지까지 모두 기억할 수 있지만, 방금 전 가방을 어디에 뒀는지 같은 현시점의 사건에 대한 기억 인출에는 어려움을 겪는다. 그런 사람들은 아무런 문제없이 공학 학위를 취득할 수 있지만, 엔지니어로서 일상적인 업무를 수행할 때는 쩔쩔맬 것이다.

집행 기능은 거대한 산업 단지 내 여러 공장들의 활동을 동시에 통제해야 한다. 그뿐만 아니라 항상 정확하고 유연하게 작동해야 한다. 나는 강의를 할 때 나의 작업 기억(단시간 동안 의식적으로 인출할 수 있는 중요한 기억 정보)이 강의 주제와 관련이 있기를 원한다. 또 내가 졸업하고, 일하고, 연구한 의과대학, 병원, 와이즈만 연구소의 경험과도 관련되길 바란다. 그런데 누군가가 갑자기 "선생님, 사람이 쓰러졌어요!"라고 외친다면, 나는 즉시 강의를 중단하고 내가 의사라는 사실을 떠올리며 당장 도우러 갈 것이다. 그 순간 내 집행 기능은 강의와 관련된 기억은 일시 저장해두고, 오래전에 의과대학에서 배운 '실신 환자 응급 처치법'에 대한 정보를 꺼내 바로 사용할 수 있도록 준비할 것이다.

집행 기능은 다양한 저차원 뇌 기능(운동·감각·인지 기능과 신체 조절 기능)도 감독한다. 운동과 관련된 집행 기능은 우리의 즉각적인 욕구와 미래의 욕구에 따라 모든 운동을 계획한다. 예를 들어, 내가 물컵을 들어올린다고 해보자. 이때 나의 집행 기능은 물컵의 크기와 무게, 온도, 내 손가락이 동작 수행을 위해 가해야 하는 압력의 세기를 예상한다. 그리고 이 데이터 집합을 바탕으로 어떤 근육을 어느 정도의 강도로 활성화할지 결정한다.

20세기의 과학자들은 당시 고도로 정교한 로봇이 컵이나 접시를 들어올리지 못한다는 사실에 깜짝 놀랐다.[2] 로봇이 임무 수행에 실패한 이유는 로봇 제조업체들이 운동 계획과 운동 기억의 중요성을 간과했기 때문이다. 최근에는 뇌 연구의 영향을 받은 로봇 공학 산업이 인간 뇌와 유사한 방식으로 움직임을 학습하고 기억하는 기계를 생산하는 데까지 발전했다.

7장에서 논의한 회전하는 찰리 채플린 마스크 영상을 기억하는가? 이는 집행 기능이 감각을 감독한다는 사실을 보여주는 훌륭한 예시다. 집행 기능은 우리가 혼란스러워할 만한 장면을 의식하지 못하게 하는데, 이 자체가 집행 기능이 작동한다는 증거다. 일반적으로는 사람의 뒤통수를 본다고 해서 얼굴 안쪽의 빈 공간이 보이지 않기 때문이다. 집행 기능은 이 같은 혼란을 제거해서 생존에 방해가 되는 요소를 피하는 데 도움을 준다.

뇌 연구자들은 이런 인지 관리 영역에 특별히 관심을 기울이는데, 우리에게 매우 중요한 기능이기 때문이다.[3] 우리는 매 순간 셀 수 없이 많은 자극에 노출된다. 온갖 뇌 활동을 적절하게 관리하려면 중요한 자극과 부차적인 자극을 명확하게 구분할 줄 알아야 한다. 인지를 담당하는 집행 기능이 바로 이 역할을 수행한다. 특정한 자극이 우리의 생존 능력과 관련이 있는지 여부를 판단하는 것이다.

가장 중요한 것과 부차적인 것을 구분하는 능력에서 다양한 관리 기능이 파생된다. 제일 중요한 기능들은 다음과 같다.

- **주의 집중**: 자각의 방향을 중요한 자극으로 돌리는 능력.
- **작업 기억**: 중요한 것을 기억하는 능력.
- **의사 결정**: 선택하는 능력.
- **감성 지능**: 쾌락과 위협의 감정을 정확하게 조절하는 능력.

중요한 것과 무시해도 되는 것을 구분하는 능력은 사람마다 다르다. 스펙트럼의 한쪽 끝에는 천재에 가까울 정도로 매우 높은 수준의 분별력을 가진 사람들이 있다. 중간에 위치한 사람들은 평균적인 능력을 가졌다. 다른 쪽 끝에는 병적인 기능 부전을 겪는 사람들이 있다. 기능 부전은 주로 집행 기능과 관련된 뇌 영역에 부상을 입거나 뇌졸중으로 인해 발생한다.

이 능력의 차이가 일상생활에 어떤 영향을 미치는지 알아보기 위해 한 신경과 의사가 나에게 들려준 일화를 살펴보자. 심각한 집행 기능 부전을 겪는 남자에게 일어난 이 사건은, 집행 기능의 결함이 중요한 것과 부차적인 것을 구분하는 능력에 어떤 영향을 미치는지 보여준다. 그는 뇌졸중으로 인해 집행 기능과 관련된 뇌 영역이 손상됐지만 그 밖의 뇌 기능은 온전한 상태였다.

어느 날 저녁, 남자는 거실에서 TV를 보고 있었고 아내는 부엌에서 샐러드용 야채를 썰고 있었다. 그런데 아내가 칼에 손을 베였고, 몹시 당황한 상태로 이렇게 외쳤다.

"칼에 베였어! 온통 피투성이야. 칼까지!"

아내의 비명을 들은 남자는 부엌으로 달려가 칼을 깨끗하게 씻은 다음에 아내의 상처 입은 손을 닦고 붕대를 감아줬다.

무슨 일이 일어난 걸까? 남자는 아내가 다쳤다는 사실을 알고 있었다. 아내의 손에서 피가 흐르고 어서 치료해야 한다는 사실도 알고 있었다. 하지만 병적인 기능 부전 때문에 중요한 것과 부차적인 것을 구분하는 능력을 제대로 발휘할 수가 없었다. 이로 인해 우선순위가 왜곡되어 당연히 가장 먼저 해야 할 상처 치료보다 칼을 닦는 것이 제일 시급한 사항이 되고 말았다.

이 정도로 심각한 사례는 드물지만 경미한 기능 부전 사례는 꽤 흔하다. 항상 지각하는 사람을 떠올려보자. 진심으로 늦고 싶지 않아도 회의와 약속에 제때 도착하지 못하고 심지어 비행기를 놓치기도 한다. 여기서 가장 중요한 것은 회의고, 부차적인 것은 만성적으로 지각하는 사람들이 집을 나서기 전에 하는 모든 일(바닥 닦기, 친구에게 전화해서 생일 축하하기, 아이들 신발 정리하기, 나중에 하지 않고 당장 해야 한다고 생각하는 모든 것)이다.

경미한 기능 부전은 충분히 극복할 수 있다. 해결의 첫걸음은 중요한 사건(회의)과 부차적인 것(바닥 닦기)을 구분하는 능력에 문제가 있다는 사실을 인식하는 것이다. 더 나은 습관을 들이기 위한 실질적인 방법은 회의에 앞서 일어났던 일련의 사건을 재구성해 기능 부전이 어디서 발생했는지 확인한 다음, 앞으로 비슷한 상황에서는 어떻게 접근해야 할지 대비하는 것이다.

일상생활에서 중요한 일과 사소한 일을 구분하지 못해 발생한 또 하나의 기능 부전 사례를 살펴보자. 이번에는 매주 토요일 오후 4시마다 친구들을 초대해 차와 케이크를 대접하던 한 여자의 이야기다. 그녀는 친구들과 만나기 15분 전에 근처 빵집에서 갓 구운 케이크를 사곤 했다.

어느 토요일, 여자는 평소처럼 약속 15분 전에 빵집으로 갔지만 케이크가 품절이었다. 하지만 그리 멀지 않은 다른 빵집에서 케이크를 팔고 있었다. 여자는 망설임 없이 그곳에 가서 케이크를 사고 집으로 돌아왔는데, 약속 시간보다 30분이나 늦은 뒤였다. 친구들은 단 한 명도 보이지 않았다. 여자가 케이크를 사는 동안 집에 도착해 잠긴 문 앞에서 오랫동안 기다리다가 결국 포기하고 돌아가 버린 것이다.

이처럼 중요한 행사(모임 주관)와 선택 가능한 부차적 요소(평소에 준비하던 케이크)를 구분하지 못하는 데서 기인하는 문제는 꽤 흔히 일어난다. 당신도 기억을 더듬어보면 그런 실수를 전혀 하지 않았다고는 말할 수 없을 것이다. 반대로 그런 구분 능력이 탁월한 사람은 상당히 드물다. 이 능력을 타고난 사람들은 고위 관리직에 오를 때가 많으며, 결정을 내려야 하는 수많은 상황을 처리하는 데 자신의 능력을 활용한다.

연구소에서 소장을 맡은 과학자들이 좋은 예시다. 연구소장은 자신의 연구에만 집중하지 않고 해당 분야의 최신 동향을 파악해야 하며 어떤 주제가 주목받고 있는지도 알아야 한다. 그래야 연구소의 자금을 확보하고 권위 있는 학술지에 논문을 게재하는 데 도움을 줄 수 있기 때문이다. 연구소장의 역할은 여기서 끝이 아니다. 교육에도 참여해야 하고, 동료 연구자들에게도 신경

써야 한다. 또 연구소의 행정 및 재정 문제를 관리하고, 연구단에 합류하고자 하는 지원자들 중에서 최고의 인재를 선별하는 등 수많은 일을 해야 한다. 이 모든 요구 사항을 준수하려면 당연히 핵심에 집중하고 작업의 우선순위를 적절하게 결정하는 높은 수준의 능력이 필요하다.

중요한 것과 중요하지 않은 것을 구분하는 능력은 모두에게 도움이 된다. 이 능력은 집행 기능의 또 다른 중요한 인지적 역할인 '의사 결정'을 수행하도록 해준다. 올바른 결정을 내리려면 우리 앞에 놓인 모든 선택지 중에서 최선을 골라야 한다. 이 과정을 완료하려면 우리가 고른 선택지를 고수하고 나머지는 무시해야 한다. 이 마지막 부분에 중요한 주의 사항이 있다. 집행 기능이 계속해서 현 상황을 감시하다가 환경 조건이 바뀌면, 새로운 상황에 더 적합한 다른 결정을 내리도록 안내해야 한다는 점이다.

분석 능력이 고도로 발달했다고 해서 반드시 의사 결정 능력이 뛰어난 것은 아니다. 돌아가신 아버지의 개인적인 이야기를 들려주겠다. 아버지는 정부 기관의 국장이었다. 아버지의 상관은 몇 주에 한 번씩 찾아와서 여러 방식으로 해결할 수 있는 문제를 제시하곤 했다. 상관의 분석은 늘 탁월했지만, 해결책과 관련된 결정은 내리지 못했다. 상관은 아버지에게 이렇게 물었다. "할라미시 국장, 자네가 나라면 어떻게 하겠나?"

아버지는 그 문제를 곰곰이 생각한 끝에 의견을 전달했다.

그러면 상관은 한숨을 돌리고는 매우 고마워하며 아버지의 조언을 받아들였다.

아버지의 상관이 탁월한 분석적 사고를 가졌다는 사실은 그의 정신이 견고한 기반 시설과 훌륭한 노동력을 갖췄음을 뜻한다. 하지만 적절한 관리팀이 없었기 때문에 그 위치에 있는 사람에게 기대되는 능력, 즉 의사 결정 능력을 발휘할 수가 없었다.

안타깝게도 대개 고용주들은 분석 능력과 의사 결정 능력이 서로 다르다는 사실을 잘 모른다. 따라서 우수한 직원들 중에서 의사 결정 능력을 검증받지 않고 관리직으로 승진하는 경우가 많다. 우수한 직원은 관리자의 일도 훌륭하게 하리라는 가정이 깔려 있는 것이다. 하지만 이 가정은 틀리는 경우가 훨씬 많다.

타인을 이해하도록 돕는 기능

지속적인 관리가 필요한 또 다른 인지 기능은 바로 감정이다. 우리는 지금까지 감정과 관련된 여러 측면을 다뤘다. 뇌는 감정을 매우 중요하게 생각하므로 운동·감각·인지 기능과 신체 기관의 통제를 비롯한 모든 뇌 활동은 감정의 영향을 받는다. 우리는 흥분하면 움직임이 빠르고 정신없게 변하고, 슬프면 입맛이 떨어지고, 쾌활하면 과거의 유쾌한 사건을 기억하기가 쉬워진다. 불안감을 느끼면 심장 박동이 빨라지는 이유도 그래서다. 심지어 스트레스를 간접 경험할 때도 심장이 빠르게 뛴다.

감정이 제대로 관리되지 않으면 운동 기능이 영향을 받아 움직임에 변화가 생긴다. 극심한 스트레스를 받으면 뇌가 그때그때 신체의 움직임을 계획하는 능력과 그 정밀함이 모두 저해된다. 마찬가지로 감각도 제 기능을 발휘하지 못한다. 스트레스는 촉각을 더 예민하게 하는 동시에 시선을 위협적인 자극에 집중시킨다. 인지 기능의 결함은 기억력 손상과 사고 능력 저하로 나타나며, 스트레스를 유발하는 상황은 면역계를 약화시키고 심장과 폐, 그 밖의 장기에 오작동을 일으킨다. 하지만 대체로 감정 관리는 원활하게 이뤄진다. 이는 진화 덕분이며, 사회에서 타인과 조화를 이루며 사는 것이 인류 생존의 필수 조건이라는 뇌의 인식 때문이다. 무리를 이루며 살아가는 동물도 마찬가지다.

원시 인류는 맹수와 자연의 힘에 맞서 싸우는 등 온갖 위험을 감수한 채 살아야 했다. 또 영토나 다른 것들을 놓고 부족 간 다툼이 벌어지기도 했다. 이런 상황에서 원시 인류는 다른 인간들과 협력할 필요가 있었다. 다시 말해, 사회적 존재가 돼야 했다. 이 목표를 달성하기 위해 우리 뇌는 특별한 공장(앞서 뇌를 산업 단지에 비유했던 것을 떠올리자)을 만들어 사회적 존재가 되는 능력을 발달시켰다. 타인과 함께 있고자 하는 욕구는 결코 당연하지 않다.

따라서 공장 일꾼들은 우리 뇌 안에서 적절한 수준의 원동력을 만들어내야 한다. 이 기능이 제대로 작동하지 않으면 분열성 성격 장애로 간주된다. 분열성 성격 장애가 있는 사람들은 사회적 관계에 관심을 잃거나 타인을 피하는 경향을 보인다. 또는 스스로 은둔을 택하고 감정적으로 냉담해지기도 한다.

뇌 속 일꾼들이 맡은 임무는 하나 더 있다. 타인이 우리와는 다른 고유한 생각과 욕구를 갖는다는 점을 깊이 이해하고 그들이 무슨 생각을 하는지 고려하는 것이다. 이 특별한 사회적 능력을 마음 이론theory of mind이라고 부른다. 뇌에 손상을 입어서 이런 능력이 저하된 사람들도 있다(자폐증이나 정신분열증schizophrenia 환자들이 그렇다).

마음 이론이 얼마나 완전한지 확인할 수 있는 수십 년 전부터 사용된 효과적인 시험 방법이 있다. 이 고전적인 시험은 이렇게 시작된다. 시험관은 참가자와 또 다른 사람(시험관의 조수)에게 밀봉된 상자를 두 개 보여준다. 하나는 파란색, 다른 하나는 빨간색이라고 하자.[4] 시험관은 두 명이 보는 가운데 빨간색 상자를 열어 동전을 하나 넣는다. 그리고 상자를 닫은 후 참가자에게 동전이 어디에 있는지 묻는다. 참가자는 빨간색 상자를 가리킨다. 조수도 똑같은 질문을 받아 정답을 말하고, 답을 맞힌 직후 방을 나가라는 요청을 받는다.

조수가 없는 상황에서 시험관은 빨간색 상자에서 동전을 꺼내 파란색 상자에 넣고 참가자에게 동전이 어디에 있는지 묻는다. 참가자는 파란색 상자를 가리킨다. 조수가 다시 방에 들어오고, 시험관은 참가자에게 이렇게 묻는다. "이제 이 사람에게 동전이 어디에 있냐고 물을 겁니다. 그럼 어떻게 대답할 것 같나요?"

일반적으로는 "빨간색 상자요"라고 답할 것이다. 조수는 동전의 위치가 바뀔 때 방에 없었기 때문이다. 하지만 참가자의 마음 이론에 심각한 문제가 있다면 한 치의 망설임도 없이 "파란색 상자요"라고 답할 가능성이 높다.

왜 그럴까? 마음 이론이 손상된 사람은 자신의 생각을 타인에게 그대로 투영하기 때문이다. 즉, 타인이 자신과 다른 생각을 지닌 개별적인 존재라는 인식이 결여되어 있다.

마음 이론의 기능 부전은 자폐증 또는 정신분열증 환자들에게만 나타나지 않는다. 정상으로 간주되는 사람들에게도 미약하게나마 발생할 수 있다. 예를 들어, 누군가에게 줄 선물을 고를 때를 생각해보자. 사람들은 자신이 좋아하는 물건을 고르면서 상대방도 분명히 좋아하리라고 생각하는 경우가 많다. 비록 의도는 좋을지라도 선물을 받는 사람의 취향이 자신과 다를 수 있다는 사실을 아예 떠올리지 못하는 것이다.

심지어 뇌 속 일꾼들이 임무를 충실하게 수행하더라도(즉, 타인과 함께 있고자 하는 욕구를 만들고, 동시에 그들 각각이 나와 다른 생각과 욕구를 가진 개별적인 존재임을 이해한다고 해도) 그것만으로는 좋은 결과가 보장되지 않는다. 타인과의 적절한 친밀감 형성이라는 목표를 달성하기 위한 필수 조건은 사회적 상황에 맞는 행동을 하는 것이다. 이 과제 역시 집행 기능의 몫이다. 집행 기능은 특정한 사회적 사건과 그 자리에 어떤 사람들이 있는지에 따라 우리가 적절하게 행동하도록 이끌어야 한다. 다시 말해, 적절한 표정, 몸짓 언어, 대화 도중의 반응, 침묵 등을 조정해야 한다. 이 모든 요소는 우리가 사회에 잘 통합되도록 해주는 행동이다.

이해를 돕기 위해 극단적인 사례 하나를 살펴보자.

한 남자가 혼자 카페에 앉아 있다. 외로움을 느낀 그는 사람들과 어울리고 싶어 한다. 그리 멀지 않은 곳에 두세 쌍의 커플 무리가 활기차게 대화를 나누고 있다. 함께 어울리고 싶었던 남자는 그들에게 다가가서 활짝 웃으며 손을 내민다.

"안녕하세요, 여러분. 제 이름은……. 방금 대화하는 걸 들었는데 정말 흥미롭더라고요. 저도 함께 얘기 나누고 싶습니다!"

사람들이 어떤 반응을 보일지는 쉽게 예상할 수 있다. 하지만 남자가 이렇게 행동한다고 해서 반드시 뇌 속 일꾼들의 활동에 결함이 있다는 뜻은 아니다. 문제는 남자의 '행동 관리자'다.

높은 수준의 감성 지능을 바탕으로 집행 기능을 작동시키는 사람들은 흔히 인간적인 매력이 있다고 평가된다. 하지만 그런 사람들에게 어떻게 해야 주변 사람들과 쉽게 어울리고 무리에 자연스럽게 녹아들며 인기를 얻을 수 있는지를 묻는다면 아마도 명확한 답을 듣지 못할 것이다.

ADHD의 뜻밖의 장점

집행 기능 장애 중에서 가장 흔한 것은 주의력 결핍 과잉행동 장애attention deficit hyperactivity disorder, ADHD다. 이를 자세히 살펴보기 전에 언급할 것이 있다. ADHD는 뇌 관리 기능이 제대로 작동하지 않아서 발생하는 상태가 아니다. 집행 기능은 제대로 작동하지만, 사회에서 정상이라고 또는 적절하다고 여겨지는 방식과 상충하는 전략을 채택할 뿐이다. 그래서 ADHD를 비규범적non-normative이라고 부르기도 한다.

주의와 집중 활동은 뇌의 특정 영역이 담당한다. 이 영역 덕분에 우리는 외부 세계로부터 감각을 통해 들어오는 자극과 내부에서 발생하는 자극(생각, 신체 통증, 배고픔 등)에 대한 메시지를 자각할 수 있다. 피질하부에는 자극과 관련된 메시지가 늘 많이 들어오지만 그중 소수만 여과되어 피질까지 도달한다. 이 단계에서 생존 촉진을 위해 그 순간에 **모든** 메시지를 자각해야 할지 또는 일부만 자각해야 할지를 판단하는 게 집행 기능의 몫이다.

우리의 주의력 수준은 연속선 위에 위치한다. 한쪽 끝에는 초점주의focused attention가 있고, 다른 쪽 끝에는 분리주의divided attention가 있다. 주의가 '분리'된 쪽에 위치할 때는 수많은 메시지를 동시에 자각하는 반면, 주의가 '초점'을 맞추는 쪽에 위치할 때는 무수한 메시지 가운데 피질로 흘러 들어오는 메시지만을 자각한다. 두 번째가 바로 우리가 집중이라고 말하는 상태다. 마치 카메라 렌즈의 조리개처럼 우리에게는 초점을 특정한 대상에 또렷하게 맞추거나 파노라마같이 넓게 보는 능력이 있다. 이처럼 초점주의와 분리주의의 두 극단을 오가는 '주의력 조리개'를 통해 우리는 특정 순간에 얼마나 많은 메시지를 자각할지 결정한다.

여기서 내가 "주의력 조리개를 얼마나 열어야 역할을 가장 잘 수행할까요?"라고 묻는다면, 논리적인 답은 "중간쯤"일 것이다. 사실 문제는 훨씬 더 복잡하다. 특별한 사건이 발생하지 않는 한, 조리개를 중간 정도로 열면 가장 좋다. 하지만 일상에서는 각기 다른 조리개 설정이 필요한 사건이 많이 일어난다. 예를 들어, 병원 응급실을 책임지는 의사는 현재 일어나고 있는 수많은 일을 끊임없이 자각해야 하므로 주의를 분리할 줄 알아야 한다. 그렇다면 응급실 의사는 연속선의 한쪽 끝에 위치하게 된다. 정비공을 여럿 관리해야 하는 대형 정비소의 감독관이나 경기 중인 축구 선수, 한꺼번에 많은 아이를 돌봐야 하는 어린이집 또는 유치원 선생님도 마찬가지다. 이런 상황에서는 환경에서 들어오는 수많은 메시지를 자각하는 능력이 있어야 적절히 행동할 수 있다. 앞서 언급한 사례들만이 아니라 일상을 살아갈 때도 그렇다. 반면, 최대한 좁게 초점을 맞추고 집중해야 하는 상황들도 있다. 병원에서 주사를 놓는 의사, 까다로운 엔진 부품을 조립하는 정비소 감독관, 페널티킥을 준비하는 축구 선수, 아이에게 밥을 먹이는 선생님이 여기에 해당한다.

대부분의 사람은 상황에 따라 주의력 조리개가 적절히 조절된다. 이 변화는 의식하지 못하는 사이에 별다른 어려움 없이 일어난다. 하지만 ADHD를 가진 사람들은 그렇지 않다. 뇌 속 일꾼들은 문제없이 임무를 수행한다. 다시 말해, 초점주의나 분리주의 자체는 제대로 작동한다. 문제는 집행 기능이다. ADHD가 있는 사람들의 뇌는 대부분의 시간 동안 주의력 조리개를 연속선 끝에 위치한 분리주의로 설정한다. 특정한 자극에 집중해야 한다는 강한 동기가 있을 때만 조리개의 초점을 최대한 좁게 바꾼다.

이를 설명하기 위해 ADHD가 있는 일곱 살 소년 오마르의 이야기를 살펴보자.

오마르는 교실에 앉아 선생님의 목소리를 듣고 있다. 하지만 동시에 열린 창문을 통해 들려오는 나뭇잎을 흔드는 바람 소리, 파리가 교실을 날아다니는 소리, 점심시간에 친구와 놀 생각, 그 밖의 수

많은 메시지를 같은 강도로 의식한다. 나중에 무엇을 배웠는지 묻는다면 오마르는 아마 당황해하며 어깨를 으쓱할 것이다. 수업을 마친 오마르는 집으로 달려가 새로 산 조각 그림 퍼즐을 맞추기 시작한다. 그리고 만 개의 퍼즐 조각을 몇 시간 안에 완성하는 놀라운 집중력을 보여준다.

무슨 일이 일어난 건지 살펴보자. 오마르는 선생님의 말을 들어야 한다는 걸 잘 알고 있다. 그리고 수업 내용이 시험에 나온다는 사실도 알고 있다. ADHD가 없는 아이라면, 이 사실을 아는 것만으로도 집행 기능을 작동시켜 선생님의 말에 최대한 집중할 수 있다. 하지만 오마르는 그렇지 않다. 공부에 몰입해야 한다는 강한 동기가 없다면 집행 기능은 오마르를 분리주의 상태로 내버려둔다. 따라서 오마르는 수업 시간에 들어오는 감각 및 개념 메시지 **전부**에 동등한 중요성을 부여했다. 반대로 퍼즐 만 조각을 맞추는 도전은 그에게 강한 동기를 유발했고, 집행 기능은 그의 주의력을 반대편 극단, 즉 초점주의로 이끌었다.

ADHD는 유전되는 경향이 있으므로 어린 나이에도 진단이 가능하다. 진화심리학은 ADHD의 발생과 확산을 다음과 같이 설명한다. 선사시대에는 ADHD가 생존을 촉진하는 바람직한 성향이었다. 집행 기능이 여느 사람들과 다르게 작동했기 때문에 최고의 사냥꾼이 되어 짝짓기 대상으로 선호됐고, 따라서 그 유전자가 널리 퍼지면서 명맥을 유지했다.

ADHD를 가진 사냥꾼들이 왜 그토록 유능했는지 쉽게 이해할 수 있다. 사냥감 추적이 시작되면, 분리주의가 최고조에 달한 사냥꾼이 여느 사냥꾼보다 사냥감의 징후를 더 잘 포착했다. 그러다가 동물의 흔적을 발견하면 높은 수준의 동기가 유발되어 추적에 몰입했다. 집행 기능이 주의력을 반대편 극단으로 이동시켜 사냥감 추적 임무에 최대한 초점을 맞춘 것이다. 물론 함께 사냥에 나선 동료들도 사냥감을 찾으려 애썼을 테지만, ADHD를 가진 사냥꾼만이 다른 메시지들은 모두 차단한 채 특정한 흔적에 계속 집중하며 마침내 동료들을 동물의 굴까지 인도했다. 그 순간 모든 사냥꾼이 굴 입구로 활을 겨눴으나, 오직 ADHD가 있는 사냥꾼만이 자세를 제대로 유지한 채 흔들림 없이 정확하게 활을 쏨으로써 부족의 존경을 받게 됐다.

최근 ADHD를 진단받는 아동의 수가 급격하게 증가했다.[5] 부모들과 교사들의 인식이 높아지면서 ADHD가 예전보다 더 많이 발견되기 때문이다. 더 근본적인 수준의 설명도 있다. 이는 비교적 최근에 등장한 유연한 뇌 개념을 받아들이면서 생겨났다. 이 설명의 기원을 이해하려면 약 백 년 전으로 거슬러 올라가야 한다. 당시는 ADHD 유전자를 가진 사람들의 삶이 매우 고달팠던 시기였다.

ADHD를 가진 사람들은 경직된 교육 제도를 힘겹게 버텨야 했던 탓에 학업 성취도가 낮았다. 그들 대부분은 학교를 졸업한 후 유럽과 미국의 일반적인 일자리(반복적이고 단조로운 공장 생산 라인 업무)를 유지하는 데 어려움을 겪었다. 이런 직무들은 강한 동기를 유발하지 않으면서 장시간 높은 수준의 집중력을 요구했다. 유일한 목표가 생존이었던 탓에 뇌는 새로운 현실에 적응하는 과정을 거칠 수밖에 없었다. 그 과정에서 뇌는 집행 기능의 전략을 바꿔야 했다. (집중을 유도하는 강력한 동기가 없다면) 지속적으로 주의가 분리되는 방식에서 강한 동기 없이 환경이 집중을 요구할 때 집중할 수 있는 행동 방식으로 변화한 것이다. 이런 식으로 ADHD는 20세기 대부분을 거치면서 모습을 감췄고 지금에서야 더 두드러지게 됐는데, 오늘날은 앞서 언급한 업무 방식이 줄어들었기 때문이다.

현대로 넘어오면서 경향은 반대로 전환됐다. 기술 및 디지털 시대에 우리 뇌는 수많은 메시지에 끊임없이 노출되고 있다. 지금은 여러 메시지를 동시에 처리하면서도 차분함을 유지하고 제대로 기능하는 사람들이 높이 평가된다. 그들의 능력은 컴퓨터 분야에서 따온 '멀티태스킹'이라는 용어로 불리며 인정받는다. ADHD를 가진 사람들은 이처럼 매력적인 범주에 포함될 가능성이 높다. 이런 사례로는 아카데미상을 수상한 영화 감독이자 각본가인 알레한드로 곤살레스 이냐리투 Alejandro Gonzalez Iñárritu 가 있다(대표작으로는 〈21그램〉, 〈버드맨〉, 〈레버넌트〉가 있다). 이냐리투는 자신에게 ADHD가 있음을 공개적으로 인정했다. 특별한 정신적 접근 방식 덕분에 그는 장면들을 세심하게 계획하고 촬영했다. 편집할 때는 초집중 상태에 도달하면서도 제작을 총괄해야 할 때는 분리주의 상태를 유지했다. 이냐리투의 성과는 ADHD 방식의 효과를 증명해준다.

지금까지 살펴본 내용에 따르면 ADHD를 진단받은 아이들은 집행 기능의 전략을 굳이 바꿀 필요가 없는 것처럼 보일 수 있다. 하지만 실제로는 그렇지 않다. 현 교육 제도는 현대 사회에서 광범위하게 일어난 변화를 아직 따라잡지 못했다. 아이들은 여전히 경직된 틀(교실, 시험, 점수, 성적) 안에서 공부할 것을 요구받는다. 그들은 수업을 듣고, 숙제를 하고, 공부해서 시험을 치는 동안 높은 집중력을 유지해야 한다. 과거에도 ADHD를 가진 사람들은 어린 시절 이런 환경에 적응하느라 어려움을 겪었다. 그래도 학교를 졸업한 후에는 사회적 압력 때문에 어느 정도는 평준화되곤 했다. 반면, 오늘날은 대부분의 아이들이 중고등 교육을 마치고 대학까지 진학하리라는 기대를 받는다. 따라서 학교에서 주의력과 집중력 문제를 겪는 아이들에게는 이런 어려움이 10대일 때 학교를 떠났던 과거보다 더 오래 지속될 수밖에 없다.

이 같은 맥락에서 보면 현대 사회는 모순된 두 가지 메시지를 전하는 셈이다. 한편에서는 항상 과도한 양의 메시지를 처리해야 하는 환경에서 제대로 행동할 수 있는 비관행적 집행 기능을 가진 사람들에게 환호하면서, 다른 한편에서는 세상이 중요시하는 상황에서 제대로 집중하지 못한다고 질책한다.

그렇다면 어떻게 해야 이처럼 복잡다단한 상황에서 벗어날 수 있을까? 일반적으로는 리탈린Ritalin 같은 약의 도움을 받을 수 있다. 약물 처방은 분리주의를 초점주의로 바꾸도록 도와준다. 하지만 완벽한 해결책과는 거리가 먼데, 효과가 일시적이며 다양한 부작용이 나타날 수 있기 때문이다. 게다가 집중력이 향상되는 반면 분리주의 능력은 약해진다는 문제가 있다. 예를 들어 보자. 앞서 만났던 오마르가 약물을 복용하면 수업 시간에 선생님의 말을 집중해서 듣게 되겠지만, 쉬는 시간에 친구들과 축구를 할 때는 약해진 분리주의 때문에 어려움을 겪을 수 있다.

유연한 뇌 개념이 널리 인정받으면서 뇌 연구자들은 ADHD를 가진 사람들의 주의력을 향상시키는 자연적인 방법을 몇 가지 마련했다.[6] 그중 하나는 다른 사람들과 함께 악기를 연주하는 것이다. 악기 연주를 통해 초점주의와 분리주의를 자연스럽고 빠르게 전환하는 연습을 할 수 있다. 예를 들어, 어떨 때는 혼자 연주를 하다가도 어느 순간에는 함께 연주하는 것이다. 이런 면에서 드럼 연주는 특히 더 효과적이다. 드럼을 연주할 때는 드럼 하나에 집중하다가도 여러 드럼을 동시에 쳐야 하기 때문이다. 이 밖에도 명상이나 무술처럼 다른 이들과 함께하는 신체 활동 또한 효과적인 치료 활동으로 간주된다.

이 모든 활동의 공통점은 초점주의와 분리주의를 빠르게 전환한다는 것이다. 우리는 연습을 통해 다른 상황에서도 비슷한 전환을 일으키는 집행 기능의 능력을 향상시킬 수 있다.

'주의력 결핍 과잉행동 장애'라는 이름에서 알 수 있듯이, ADHD 진단을 받는 아이들은 과잉행동 진단도 함께 받을 때가 많다. 과잉행동은 신체 활동의 수준이 매우 높고 환경에서 뇌에 전달되는 메시지에 과도하게 반응하는 경향으로 나타난다. 따라서 쉽게 산만해지고 충동적이며 집중하는 데 어려움을 겪고 때로는 공격적인 행동을 보이기도 한다.

과잉행동의 핵심을 이해하려면 먼저 집행 기능 작동의 또 다른 측면인 '건전한 호기심을 형성하는 능력'을 알아봐야 한다. 이 능력은 자각 속으로 들어오는 새로운 메시지를 완전히 무시하는 상태와 그것에 지나치게 주의를 기울이는 상태 사이에서 중도를 지키는 것이라고 볼 수 있다.

뇌의 정상적인 관리 전략은 중요한 메시지에는 적절한 주의를 기울이고 중요하지 않은 메시지는 무시하는 것이다. 하지만 과잉행동이 있는 사람은 **모든** 메시지를 중요하게 판단하고 주의를 최대한 기울인다. 예를 들어, 치과를 방문한 아이가 취할 법한 행동은 다양한 의료 기구와 도구에 관심을 보이는 정도일 것이다. 어쩌면 그것들에 관해 몇 가지 질문을 던질 수 있다. 거기서 더 나간다고 해도 그중 하나를 만져봐도 되냐고 허락을 구하는 정도에 그친다. 하지만 과잉행동이 있는 아이는 기구를 만지고 의자 높이 조절 페달을 눌러보려는 충동을 억누르지 못한다. 그뿐만 아니라 서랍 안에 무엇이 들어 있는지까지 관심을 보이고 결국 억제 불가능한 충동에 굴복해 서랍을 뒤진다.

과잉행동 또한 선사시대 인류의 생존에 도움이 된 덕분에 현재까지 이어져 내려온 유전 형질로 간주된다.[7] 감각을 통해 들어오는 모든 메시지에 최대로 주의를 기울이는 특성은 원시 인류가 위험 요소로부터 도망치거나 식량을 얻을 기회를 활용하는 데 도움이 됐을 것이다. 과잉행동이 주의력 및 집중력 장애와 동시에 나타난 사람들은 매우 유능한 사냥꾼으로 인정받았을 것이다. 그들은 존경과 명성을 누리면서 좋은 짝짓기 상대로 여겨졌고 따라서 자손을 남길 가능성도 높아졌다. 오늘날에도 적당한 수준의 과잉행동은 환경에서 들어오는 메시지를 색다른 관점에서 바라보게 해주고 뇌가 메시지를 처리하는 속도를 끌어올려준다.

마음 이론을 향상시키는 두 가지 방법

마음 이론과 관련된 브레인 코드는 감성 지능의 중요한 구성 요소다. 이는 타인이 우리와는 다른 욕구, 감정, 생각을 가진다는 이해를 바탕으로 그들의 정신 상태(감정, 생각, 행동적 의도)를 파악하는 능력이다. 당연한 것처럼 들리지 않는가? 사실 이는 하나의 정신적 능력이며, 다른 모든 능력과 마찬가지로 그것에 매우 능한 사람들이 있다. 그들은 구직 면접과 데이트에서 훌륭한 성과를 거두며 언제나 좋은 인상을 남긴다.

사회적 기술 또는 마음 이론을 향상시킬 수 있는 몇 가지 연습 방법을 소개한다.

첫 번째 방법

당신에게 소중한 사람 한 명을 떠올리고, 그 사람의 머릿속으로 들어간다는 생각에 집중하자. 그 사람이 이상적으로 생각하는 것, 꿈, 목표, 좋아하는 것, 취미 활동, 취향, 선호하는 장소는 어디인지 생각해보자.

이제 그 사람에게 줄 선물을 상상한다. 너무 비싸지는 않되 상징적이고 개인적인 의미가 담긴 선물, 그리고 받았을 때 진심으로 기뻐할 만한 선물 말이다. 어떤 선물이 좋을까? 그 사람의 취미, 선호, 과거에 어떤 물건들을 선택했는지 등을 고려해보자.

실제로 선물을 사서 그 사람에게 주자!

두 번째 방법

하루 중 아무 때나 일을 하고 있는 사람 한 명을 5분 동안 관찰해보자. 카페에서 일하는 사람도 좋고, 가게 직원이나 동료도 괜찮다. 몸짓 언어, 말투, 행동 방식에 주의를 기울이며 관찰한다.

그 사람이 일하는 동안 어떤 감정을 느끼고 어떤 생각을 하고 있을지 파악해보자.

이번 장에서는 뇌의 집행 기능을 알아봤다. 그리고 집행 기능이 어떻게 다른 모든 기능을 관리하면서 그 능력을 향상시키는지 또한 살펴봤다. 14장에서는 브레인 코드가 뇌 관리자에게 어떤 또 다른 놀랍고 소중한 능력들을 부여했는지 알아보자.

14 스스로 치유하는 뇌

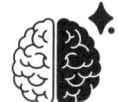

이번 장에서는 최고 수준의 뇌 기능에 대한 탐구를 이어간다. 이제 뇌 관리자(집행 기능)의 또 다른 역할을 알아보자. 13장에서는 정장을 입은 관리자의 역할이었지만 여기서는 정장 대신 외과 수술복을 입었다고 보는 것이 더 적절하다. 집행 기능이 어떻게 뇌의 오작동을 정밀하게 치료하는지 알아볼 것이기 때문이다.

일상생활에서 문제를 해결하기 위해 활용할 수 있는 일반적인 방법이 있긴 하지만, 이는 치유를 목적으로 하기에는 충분하지 않다. 다시 말해, 신경망을 제대로 활성화하는 것만으로는 손상된 뇌 기능을 복구할 수 없다. 효과가 오래 지속되는 치유를 위해서는 구조적 변화가 필요하다.

머리 꼭대기에서 내리는 명령

지금부터 논의할 영역은 말 그대로 가장 높은 수준의 영역,

즉 정수리 부분인 피질 맨 위에 위치해 있다. 이곳에서 발견되는 신경망이 집행 기능을 담당하며, 모든 뇌 활동을 촉진 혹은 억제하는 능력을 발휘한다. 집행 기능에서 나오는 명령은 피질의 높은 지점에서 낮은 영역으로 끊임없이 흘러 내려온다. 이런 뇌 활동을 '하향식top down, TD'이라고 부른다. 집행 기능의 명령은 목표가 확실해야 하고 정확하게 전달돼야 한다.

하향식 개념을 더 명확하게 설명하기 위해 뇌 연구 분야에서 '자기 손magnetic hands'이라는 이름으로 알려진 실험 하나를 소개하고자 한다.[1] 실험 참가자들은 양팔을 앞으로 뻗어 손바닥을 마주 보게 펼친다. 그리고 두 손바닥을 약간 떨어뜨린 채 평행을 유지한다. 그런 다음 두 손이 서로 반대 극을 가진 자석 금속판이라는 생각에 집중한다. 연구자들은 참가자들이 그 생각을 머릿속에 명확하게 그렸다고 가정한 후, 그들에게 두 금속판 사이에 자기력이 느껴지고, 맞닿는 순간 달라붙을 것이라고 말한다.

많은 경우, 참가자들은 **실제로** 자기력을 느꼈고, 의식적인 생각 없이도 두 손바닥은 점점 가까워졌다. 물론 참가자들의 손바닥에 정말로 자기력이 작용한 것은 아니다. 참가자들이 이런 감각을 느끼고 손바닥을 움직인 것은 뇌의 두 영역(손의 감각을 담당하는 영역과 손 근육의 활성화를 담당하는 영역)이 집행 기능의 정확한 하향식 명령을 받고 행동으로 옮겼기 때문이다. 이때 집행 기능의 명령은 두 가지 뇌 기능 형태로 전달된다. 바로 집중과 기대다.

집중

13장에서 살펴봤듯이 집중하는 능력(뇌가 환경에서 받는 수많은 메시지 중 하나만 자각하는 능력)은 주의력 조리개를 닫아 하나를 제외한 다른 모든 메시지에 대한 자각을 줄이는 능동적인 작용이다. 우리가 특정한 사물이나 생각에 초점을 맞추면, 뇌는 그것이 중요하다고 간주하고 생존에 필수적인 정보라는 결론을 내린다. 그러면 집행 기능이 우리가 집중하는 대상과 관련된 메시지 처리에 필요한 뇌 영역을 활성화한 다음, 다양한 정신 과정을 담당하는 신경망으로 조작 명령을 전달한다. 이 전달은 하향식 경로를 따라 이뤄진다.

기대

전전두엽피질을 가진 모든 동물(많은 포유류종이 여기에 속한다)에게 있는 집중 능력과 달리, 기대는 인간의 고유한 능력이다. 우리가 이 놀라운 능력을 갖게 된 이유는 인류가 언어 혁명을 겪은 유일한 종이기 때문이다. 6장에서 살펴본 것처럼, 인류는 7만여 년 전부터 언어로 소통하기 시작했으며 그 덕분에 현재를 넘어 미래를 기대하는 능력을 갖게 됐다. 기대는 언어를 매개로 한 추상적인 생각에 대한 집중과 감정의 결합이다.

자기 손 실험은 기대가 이뤄지는 과정을 잘 보여준다. 참가자들의 뇌는 손이 자석화된 금속판이라는 추상적인 생각에 집중한 다음, 자기력이 느껴지면서 손이 움직일 것이라고 기대한다. 이때 집행 기능은 그 기대가 생존에 가장 중요한 것이라고 짐작하고, 관련된 뇌 영역에 명령을 전달해 기대를 실현시킨다.

하향식 명령을 이용한 치유법

집행 기능은 우리가 집중하는 생각과 기대가 일상적인 활동(집행 기능이 '사무 모드'에서 늘 수행하는 활동)에서 벗어나지 않을 때 하향식으로 작동한다. 예를 들어, 우리의 팔이 날개 같은 능력을 가졌다는 생각에 집중하고 팔을 움직이면 하늘을 날 수 있다는 기대를 한다고 해보자. 그런 일은 당연히 일어나지 않는다. 이유는 간단하다. 우리에게는 날개가 없으므로 그에 맞는 뇌 소프트웨어, 즉 날개를 움직이는 데 필요한 뇌 활동이 신경망에 저장되어 있지 않기 때문이다.

하지만 과학이 아직 충분히 탐구하지 못한 회색 지대가 있다. 집행 기능이 일상적인 활동을 넘어서는 듯한 일을 해낼 때다.

과학적으로는 아직 제대로 이해되지 않았지만, 하향식 활동을 통해 건강이 크게 호전되는 경우가 있다. 신체가 스스로를 공격하는 상황(자가면역 및 알레르기 질환)이 완화되고, 주의력 및 집중력 장애에서 상당한 개선이 이뤄질 때가 있다. 또 드물지만 암이 자발적으로 회복됐다는 보고도 있다.[2]

하향식 처리는 여느 복잡한 뇌 활동처럼 지능의 한 형태로 간주된다. 또한 다른 유형의 지능과 마찬가지로 하향식 능력이 천재 수준으로 매우 뛰어난 사람은 극히 드물고, 반대로 하향식 능력이 매우 낮은 사람도 많지 않다. 대부분은 중간 어딘가에 위치해 있다. 하향식 능력이 탁월한 사람은 어떤 생각이 현실적이기만 하면, 그것에 집중하고 실제로 이뤄지리라 기대함으로써 거의 모든 생각을 실현시킨다. 그런 사람이 익숙한 영화에 생각을 집중하고 눈앞에 보이리라 기대하면서 빈 TV 화면을 바라보면 실제로 영화가 보이기도 한다.

우리는 모두 머릿속에서 영화를 **상상**할 수 있다. 하지만 하향식 능력이 최고 수준인 사람들만이 빈 화면에서도 영화를 실감나게 관람한다. 나는 와이즈만 연구소에서 박사 후 과정 연구를 진행하면서 이와 관련된 실험을 한 적이 있다. 하향식 처리 능력이 고도로 발달한 여성을 대상으로 수행한 실험이었다. 나는 영화가 끝났다고 말한 다음 사실 TV가 처음부터 꺼져 있었다고 밝혔지만, 그녀는 영화가 실제로 화면에 나왔다고 단호하게 주장했다. 그녀에게는 꺼져 있는 TV 화면에서 정말 영화가 나오고 있었던 것이다.

나는 유사한 능력을 가진 남성을 대상으로 또 다른 실험을 수행했다. 몇 가지 사적인 질문을 하고자 하는 사람이 옆방에 있다는 생각에 집중하라고 말했다. 그리고 두 방에 마이크와 스피커가 설치되어 있다고 설명한 후 옆방 사람이 묻는 질문에 크고 명확하게 대답해달라고 요청했다.

만약 내가 실험 참가자였다면 기껏해야 누군가가 나에게 말을 거는 장면을 상상하는 데 그쳤을 뿐, 목소리를 분명하게 듣지는 못했을 것이다. 하지만 참가자는 달랐다. 그는 크고 또렷한 목소리로 이렇게 말했다. "제 이름은…… 전 남자이고…… 결혼은 하지 않았고…… 주소는……."

앞선 장들에서 설명한 많은 장애와 문제는 뇌 유연성을 바탕으로 충분히 개선할 수 있다. 반드시 높은 수준의 능력이 있어야만 하향식 능력을 활용해 감정과 정신 및 행동 조절 뇌 프로그램의 오작동을 바로잡을 수 있는 것은 아니다. 대부분의 사람은 충분한 능력을 갖추고 있다. 내 생각에는 인구의 상당수가 자신의 능력을 활용해 스스로를 도울 수 있다. 게다가 우리는 뇌 유연성을 바탕으로 연습과 훈련을 통해 하향식 처리 능력을 향상시킬 수도 있다(방법은 이 장의 마지막 부분을 참고하라).

치료 목적으로 하향식 처리를 활용하는 방법이 최근에 개발된 것은 아니다. 선사시대의 치유자들은 언어 혁명이 일어난 후 그 능력을 효과적으로 활용했다. 언어 혁명 덕분에 그들은 도움을 구하러 온 사람들에게 이득이 될 만한 생각을 말로 표현할 수 있었다. 다음 상황을 상상해보자.

> 한 부족 구성원이 심한 두통으로 고통받다가 전적으로 신뢰하는 주술사에게 도움을 구한다. 주술사는 그에게 자신의 눈을 바라보라고 말한 다음, 머리에 손을 얹고 권위 있는 말투로 이렇게 말한다.
> "두통이 사라지는 것이 느껴진다……. 이제 조금만 걷다 보면 통증이 완전히 사라질 것이다."

이런 방식은 대부분 효과가 있다. 주술사가 아버지로부터 치유 의식을 진행하는 방법을 배웠을 때, 그는 자신도 모르게 하향식 능력 활용법을 전수받은 것이다. 주술사의 말에 집중하고 실제로 효과가 있으리라 기대하는 행위는 (특히 다른 구성원들에게도 효과가 있었을 때) 두통 치료라는 목표 달성으로 이어졌을 것이다.

하지만 이런 형태의 치료에는 근본적인 문제가 있다. 뇌의 구조와 기능을 변화시키지 않고 단순히 통증의 **발현**만을 무력화하는 하향식 처리를 이용하기 때문에 효과가 제한적이다. 통증의 원인은 치료되지 않으므로 잠시 후 두통이 재발할 가능성이 남아 있다. 더욱 효과적인 치료를 위해서는 뇌 소프트웨어, 즉 신경망을 좀 더 철저하게 바꿔야 한다.

21세기에 들어서는 이처럼 문제의 원인 해결이 하향식 처리 기반 치료 대부분의 목표가 됐다. 그런 치료법 중 하나가 명상이다.

뇌 연구로 살펴보는 명상의 가치

명상을 하는 동안에는 피질의 활동이 깨어 있을 때보다 느려진다. 그러면 피질이 처리하는 정보의 양이 한정되어 하나의 생각에 집중하기가 쉬워진다. 그 결과, 초점주의와 분리주의 사이를 오가는 하향식 능력을 향상시키는 것이 가능해진다. 예를 들어, 호흡에 집중하다가 마음속에 떠오르는 일련의 생각에 집중하면서 그 생각들을 마치 흘러가는 구름처럼 바라보는 식이다.

이런 방식으로 우리는 뇌가 정신적 고착과 괴로운 감정에서 벗어나도록 훈련시킬 수 있다. 명상 상태에 들어갈 때는 다양한 이완 기법을 사용한다. 한 가지 방법은 치료사의 안내 음성을 듣는 것이다. "잠시 후면 몸과 마음이 기분 좋게 편안해지면서 차분하고 평온해집니다. 이 느낌은 점점 더 강해집니다……." 치료사의 음성에 반응함으로써 뇌는 하향식 처리의 두 가지 필수 요소인 집중과 기대를 작동시킨다.

누군가의 도움을 받지 않고 혼자서도 효과적인 명상을 할 수 있다. 실제로 많은 이가 그렇게 하고 있다. 어떤 문화권에서는 서양에서 흔히 사용되는 이완 기법 없이도 명상을 한다. 아프리카와 아메리카 선주민 문화에서는 주로 북 같은 악기로 음악을 연주하면서 몸을 반복해서 움직이고 춤을 추며 명상을 수행한다. 유대인들에게도 비슷한 관습이 있는데, 기도를 하면서 리드미컬하게 몸을 흔든다.

명상에는 다양한 종류가 있지만 모두 같은 원리를 바탕으로 하며, 오래전 극동 지역과 아프리카에서 유래했다. 서양에서의 명상 역시 현대에 들어 생겨나지 않았다. 유럽에서 중세시대까지 널리 수행되던 명상은 교회가 사용을 금지함에 따라 자취를 감췄다. 하지만 아시아, 아프리카, 미국에서는 계속 번성했고, 이후 다시 서양으로 유입되어 큰 인기를 끌었다.

뇌 연구자들 역시 명상을 뇌 활동의 여러 측면을 변화시키는 효과적이고 자연스러운 방법으로 여기며 많은 관심을 기울였다. 특히 마음챙김mindfulness 또는 경청 명상이라는 이름으로 알려진 티베트식 명상에 기반한 기법에 관심이 집중됐다. 달라이 라마Dalai Lama는 수많은 승려를 미국의 저명한 연구소로 파견하기도 했다. 연구자들은 명상 중에 뇌에 무슨 일이 일어나는지 조사했고, 명상이 승려들의 일상에 어떤 영향을 미치는지 살펴보는 연구를 수행했다.[3] 연구자들은 명상을 정기적으로 하는 사람은 공감 능력이 뛰어나고 더 평온하며 관리 능력 수준이 평균보다 높다는 사실을 발견했다. 이 연구 결과를 알게 된 많은 신경과학자는 명상 워크숍에 등록해 효능을 직접 확인해보기도 했다.

명상과 상상을 하향식 처리에 기반한 치료 도구로 사용하는 것의 효과는 모두의 예상을 뛰어넘었다. 뇌 연구자들은 일상생활 전반에 걸쳐 상상이 뇌를 형성하는 데 매우 광범위한 영향을 미친다는 사실을 깨달았다. 우리는 무언가를 상상할 때 그것에 집중하는 동시에 그 상상이 실현되리라 기대할 수 있다. 이 두 요소의 결합을 적절히 활용하면 매우 효과적인 치료 도구가 된다. 알리의 경험은 이 방법이 얼마나 도움이 되는지 보여준다.

나에게 도움을 요청할 당시, 알리는 20대였다. 알리는 외모가 출중하고 대화를 유쾌하게 이끌었으며 정예 군부대에서 복무한 경력이 있었다. 그런 사람이 자신감이 없어서 힘들다고 말하니 놀랄 수밖에 없었다.

"자신감이 없어서 인생이 망하고 있어요. 맞는 직업을 찾는 것도 어렵고, 여자친구를 사귀는 것도 어렵고, 사람들과 어울리는 것도 어려워요. 항상 가장 쉬운 선택을 하는데, 그게 최악의 결과로 치닫더라고요."

나는 조용히 듣고 있다가 그에게 물었다.

"알리, 생각해봐요. 정말 자신감을 느낀 적이 한 번도 없었나요?"

이것은 알리의 뇌 속에 '자신감 소프트웨어'가 있는지 확인하는 중요한 질문이었다. 컴퓨터 과학의 용어를 빌려 설명하자면, 하향식 방식으로는 새로운 뇌 프로그램을 만들 수 없고, 오직 원래 있던 소프트웨어만 실행할 수 있기 때문이다. 만약 알리가 '없다'고 대답했다면 그의 뇌 안에 '자신감 소프트웨어'가 빠져 있다는 뜻이었고, 나는 그에게 더 심도 있는 임상 심리 치료를 받으라고 권했을 것이다. 그럼 알리는 자신감 형성에 대한 내면적 저항이 있는지 확인하고, 저항의 본질을 분석하며 극복하려 했을 것이다. 이런 치료 방법은 당연히 시간이 오래 걸린다.

알리는 잠시 생각하더니 밝아진 얼굴로 말했다.

"제가 서핑을 좋아하거든요. 서핑보드를 타고 있으면 세상을 다 가진 기분이 들어요. 그런데 그때 빼고는 기운이 나지 않아요. 자신감이 바닥을 치죠."

알리의 말이 끝나자마자 해결할 만한 방법이 생각났다. 나는 그에게 눈을 감고 내가 들려주는 장면을 마음속에 그려보라고 했다.

나는 알리에게 화창한 날 해변가에 있는 장면을 자세히 묘사했다. 기분 좋은 바람이 불고, 해변가로 밀려오는 파도는 서핑하기에 딱이었다. 상상 속의 알리는 해변가를 걸었다. 발밑으로 따뜻한 모래를 느끼며 서핑보드를 들고 바닷속으로 들어갔다. 그러자 큰 파도가 밀려왔다.

나는 계속 상상의 나래를 펼쳤다.

"이제 서핑보드에 올라탑니다. 서핑보드 위에 두 발로 서 있고,

파도가 당신을 나르고 있어요."

말을 멈추고 알리를 지켜봤다. 표정으로 미루어 보아 그는 상상에 깊이 몰입해 있었다. 입가에 맴도는 미소는 그가 상상 속에서 얼마나 좋은 감정을 느끼고 있는지 증명해줬다.

알리에게 물었다.

"알리, 말해봐요. 지금 기분이 어때요?"

"세상을 다 가진 것 같아요!"

알리는 한 치의 망설임도 없이 답했다.

나는 그를 현실로 데려오며 말했다.

"지금 서핑을 하고 있는 것도 아닌데 말이죠. 방 안에 앉아 있으면서도 자신감을 느꼈군요."

감격한 알리는 여전히 미소를 지으며 중얼거렸다.

"살면서 이런 일은 처음 겪어요."

우리의 첫 만남은 대성공이었다. 물론 단 한 번의 만남으로 알리의 문제를 해결할 수는 없었다. 그럼에도 알리의 '자신감 소프트웨어'에 처음으로 작동 명령을 전달하는 계기가 됐다.

이후의 만남에서도 우리는 상상 속 해변가로 돌아갔다. 나는 알리가 혼자서도 서핑 장면을 떠올리는 연습을 하도록 했다. 이 활동은 알리의 표현을 빌려 말하자면 "틀에서 벗어난다"는 강한 동기와 상상력을 결합한 학습 과정이었다. 얼마 지나지 않아 그의 자신감 소프트웨어는 원활하고 점점 더 자연스럽게 작동했다. 이건 알리의 뇌가 학습하고 있다는 증거였다. 또 자신감 부족과 슬픔을 활성화하던 과거 메시지에 귀 기울이지 않을 때까지 뉴런들 사이에 새로운 연결이 형성되고 있다는 증거이기도 했다.

이성이 감정 치유에 미치는 영향

앞선 장들에서 살펴봤듯이, 감정은 지배적인 역할을 하며 현실에 대한 인식을 좌우할 때가 많다. 감정의 지배는 원시 인류의 뇌가 취할 수 있었던 유일한 선택지였을지도 모른다. 하지만 언어 혁명이 일어나면서 상황은 달라졌다. 언어 덕분에 인간은 세상을 더 폭넓게 이해하게 됐다. 그러면서 이성이 현실에 대한 인식뿐만 아니라 감정까지 좌우할 가능성이 생겨났다. 이를 잘 보여주는 이야기를 하나 살펴보자.

애비는 톰에게 깊은 사랑을 고백하며 인생을 함께하고픈 강한 소망을 전한다. 톰은 행복에 겨워 말한다.

"나도 같은 마음이야. 그런데 너한테 꼭 말해야 할 게 있어. 최근에 검사를 받았는데 HIV 양성이 나왔어."

상상력이 특별히 뛰어나지 않더라도 이 소식이 애비의 감정에 큰 변화를 일으킬 것이라는 점은 충분히 알 수 있다. 애비에게 무슨 일이 일어났는지 살펴보자.

그의 현실 자체는 변하지 않았다. 하지만 톰의 소식을 통해 애비의 현실에 새로운 정보가 추가됐고, 그 정보가 감정에 변화를 일으켰다. 이런 변화는 언어 혁명에 뒤따른 발전 때문에 가능해졌다. 그 전에는 정보를 실시간으로 표현하고 전달하는 것이 불가능했다. 언어를 바탕으로 현실을 다른 시각으로 바라보게 해 감정에 영향을 미치는 능력은 하향식 처리를 활용하는 인지행동치료의 기초가 된다. 뇌 연구자들은 인지행동치료를 효과적이고 실용적인 도구로 간주한다.[4]

인지행동치료

뇌가 어떤 상황을 위협으로 해석하면, 고통과 두려움이라는 감정을 만들어내고 우리는 이를 일종의 경고로 받아들인다. 인지행동치료의 목표는 현실에 대한 새로운 인식을 형성하는 것이다 (물론 현실 자체는 변하지 않는다). 치료 대상자는 새로운 인식 속에서 자신이 실제로 생존을 위협받는 상황에 처해 있지 않다는 결론에 도달하게 된다. 뇌가 더 이상 현실을 위협적으로 인식하지 않으면 고통과 불안, 두려움 같은 경고 신호가 중단된다. 요컨대 대개는 감정이 행동을 주도하지만, 인지행동치료는 그 주도권을 감정에서 이성적 사고로 옮기는 것을 목표로 한다.

이런 과제를 수행하는 주체는 하향식 처리 시스템이다. 인지행동치료의 성공 조건 두 가지는 치료사의 말에 집중하는 것과 치료 전략을 실천하면 긍정적인 효과가 있으리라는 강한 기대를 하는 것이다. 이제부터 내가 켄지를 도운 사례를 바탕으로 인지행동치료 방법을 설명하고자 한다.

켄지는 IT 분야에서 일하는 젊은 남성이다. 그는 나에게 최근 들어 삶에 방해가 될 정도로 심각한 어려움을 겪고 있다고 털어놨다. 켄지는 불안과 우울에 시달렸고 일에 집중하지 못했으며 식욕을 잃고 불면증을 앓았다. 나는 그에게 이유를 알 것 같냐고 물었다. 대답은 명확했다. 두 달 전, 그가 일하는 부서에 새로운 관리자가 부임했다. 켄지는 이렇게 설명했다.

"원래 있었던 관리자는 제 전문성을 매우 높이 평가했어요. 제가 창의적이라고 자주 칭찬했죠. 승진까지 시켜줬어요. 그런데 새로 온 관리자는 정반대예요. 50대 남잔데, 엄청 고집스럽고 참을성도 없죠. 처음부터 절 깔보더라고요. 매번 무시하는 말투로 제가 하는 일마다 트집을 잡았어요. 아무런 이유 없이 비난하고 남들이 보는 앞에서 창피를 줘요."

켄지의 말을 주의 깊게 듣던 나는 한 가지 아이디어를 떠올렸다. 하지만 성공하려면 켄지가 극도로 집중해야만 했다.

"지금부터 제가 하는 말에 온 정신을 집중하세요. 그 까다로운 상사는 이제 막 새로운 직장에 부임했습니다. 말씀하셨듯이 50대고, 제가 말하지 않아도 아시겠지만 IT 분야에서 그 정도면 나이가 많은 편이죠. 아마 미래에 대한 두려움이 클 거예요. 자신의 자리가 언제든 위태로울 수 있다고 느낄 거고요. 그러니 상사의 목표는 자신의 자리를 위협할 만한 사람을 없애는 것이겠죠. 아마 당신이 그 자리를 차지할 수 있는 유력한 후보라는 걸 금세 알아차렸을 겁니다. 그래서 당신에게 적대적인 태도를 보이는 거고요."

켄지는 내가 한 말을 몇 분간 곰곰이 생각하더니 침묵을 깨고 안도의 한숨을 내쉬었다.

"이제 모든 게 말이 되네요."

그 후 우리는 세 번의 상담을 걸쳐 생각을 더 확장했다. 상황에 대한 켄지의 이해는 점점 깊어졌다. 그가 의미 있는 깊은 학습을 하고 있다는 뜻이었다. 마지막 상담에서 켄지는 이렇게 말했다. "심지어 오늘도 제 업무를 부정적으로 비난하더군요. 그런데 이제는 상사가 흥분할수록 오히려 속으로 웃게 됩니다."

인지행동치료를 통해 목표를 달성한 것이다. 물론 현실은 변하지 않았고 상사는 똑같이 행동했다. 하지만 켄지가 현실을 바라보는 인식에는 근본적인 변화가 생겼다. 켄지는 더 이상 자신이 위협받고 있지 않다고 느꼈고, 따라서 그의 뇌는 경고를 중단하고 정신적 고통을 멈췄다.

최면

최면hypnosis은 여전히 잘 봐줘야 신비한 마술 정도로 여겨진다. 최악의 경우에는 오래전부터 오락을 위해 뇌의 능력을 조작하거나 악용해온 못 미더운 사기꾼들의 쇼로 간주된다. 이런 평판은 〈맨츄리안 켄디데이트〉(1962) 같은 심리 스릴러 영화들이 등장하면서 더 확고해졌지만, 꼭 그렇게 볼 필요는 없다.

사실 최면은 하향식 처리를 활용하는 정당하고 효과적인 치료법이다. 하지만 뇌 과학자들은 21세기가 돼서야 최면을 제대로 이해하기 시작했다. 하향식 처리 능력에 대한 주된 연구 성과들이 나타나면서 최면은 상상과 인지행동치료와 함께 정당한 치료법으로 격상됐다.

최면에 빠지면 명상할 때와 비슷한 상태가 된다. 다시 말해, 이번 장에서 이미 살펴본 것처럼 피질의 활동이 평소보다 느려진다. 이 상태에서는 동시에 여러 대상에 집중할 수 없기 때문에 온전히 최면 치료사나 심리 치료사의 말에 주의 집중하게 된다. 최면 치료사의 말이 어려움을 해결해주리라는 기대감과 그에 대한 집중력이 높아진다는 것은 하향식 처리의 효과가 극대화된다는 뜻이다. 이런 이유로 최면은 효과적인 치료법 중 하나로 여겨지고 있다.

안타깝게도 최면이 지금보다 더 널리 인정되지 못하게 막는 근거 없는 미신들이 여전히 끈질기게 되풀이되고 있다. 그중 하나는 최면에 빠지면 자유 의지를 행사하지 못한 채 최면 치료사의 노예가 된다는 믿음이다. 이는 사실이 아니다. 최면 치료사는 최면에 걸린 사람에게 전능한 영향을 미칠 수 없다.

그 이유를 이해하려면 하향식 처리가 최면 치료사의 뇌가 아닌 최면에 걸린 사람의 뇌에서 시작되고 이뤄진다는 사실을 기억해야 한다. 만일 치료사의 생각이 최면에 걸린 사람의 인식과 충돌한다면, 그 사람은 더 이상 치료사의 말에 집중하지 못하게 된다. 그럼 치료사는 그 사람에게 영향을 미칠 수가 없다. 예를 들어보자. 최면 치료사가 최면 대상자에게 창문 밖으로 뛰어내리라고 명령하더라도 본래 자살 생각이 있지 않은 한 지시에 따르지 않을 것이다. 또 최면에 걸렸다고 해도 치료사의 말에 집중하는 대신 다른 생각에 빠져 있다면 치료사의 말은 무용지물이다. 마찬가지로 '방 안을 날아다녀라'와 같이 뇌의 평상시 능력을 벗어난 지시도 아무런 영향을 미치지 못한다.

또 하나의 잘못된 믿음은 최면에서 깨어나지 못할 수도 있다는 것이다. '최면'이라는 단어는 그리스 신화에 등장하는 잠의 신 히프노스의 이름에서 유래했다.[5] 하지만 최면은 수면 상태가 아니라 명상 상태다. 나는 최면을 임상 치료에 활용하는 과정에서 잠에 든 환자들을 본 적이 있지만, 그건 피로 때문이지 최면 과정 때문은 아니었다. 환자들이 잠에 들면 내가 뭘 말하더라도 헛수고다. 왜냐하면 수면 상태에서는 듣는 능력이 대폭 감소해 내 말이 전달되지 않기 때문이다. 그럴 때면 환자들을 조심스럽게 깨운 다음 세수를 하고 와서 다시 치료를 시작하자고 하거나 나중에 피로감이 덜할 때 돌아오라고 예약을 변경해주곤 한다.

내가 활동하고 있는 이스라엘에서는 임상 심리학자, 일반의, 치과 의사에게만 최면을 허용하는 법이 1984년에 제정됐다. 이후 보건복지부는 최면의 허용 범위를 의학 및 심리 진단과 치료, 과학 연구, 경찰 수사의 일환인 기억 회상 등으로 확대했다. 남아프리카공화국에서는 1997년 보건종사자법이 개정되어 면허를 소지한 심리학자와 정신 건강 전문가만이 최면 및 최면 치료를 실시할 수 있도록 제한했다. 영국에서는 1952년 최면법이 제정됐으나 이는 무대 최면(치료를 목적으로 하는 임상 최면과 달리 쇼를 통해 오락거리를 제공하는 최면을 말한다-옮긴이)만을 다루며 치료 목적의 최면과는 무관하다. 그 밖의 국가에서는 최면 사용이 법으로 제한되지 않고 대부분 자율적으로 규제되고 있는 것으로 보인다.

이스라엘에서 관련 법률이 제정된 계기는 1975년 쇼 도중에 발생한 망신스러운 사건 때문이었다.[6] 쇼를 진행하던 최면술사는 청중 몇 명을 골라 무대 위로 불렀다. 그중에는 16세 소녀 야파 스비사Yaffa Svisa도 있었다. 최면술사는 알 길이 없었지만, 야파는 뇌의 하향식 처리가 비정상이었다. 야파의 뇌는 정신적 고통이 극심할 때마다 마비와 신체 통증을 유발하고 감각 기관의 신호 전달을 방해했다. 이런 현상은 '해리 장애dissociative disorder'라고 불린다.

최면술사는 나란히 놓인 의자 세 개 위에 야파를 눕힌 다음, 가운데 의자를 빼면서 상체의 근육을 경직시키라고 말했다. 그리고 야파 위에 앉았다. 관객들의 웃음소리는 점점 잦아들었다. 최면술사가 야파와의 의사소통에 실패하면서 야파를 최면 상태에서 깨우지 못했기 때문이다.

이 현상은 과학적으로 설명할 수 있다. 야파가 처한 거북한 상황이 뇌의 위협 회로를 활성화해 팔다리, 성대, 눈꺼풀의 근육을 마비시켰던 것이다. 불운한 소녀는 병원에 입원했지만 며칠이 지나도 상태는 호전되지 않았다.

야파의 소식은 이스라엘에서 최면 요법의 아버지로 불리는 심리학자 모리스 클라인하우스Maurice Kleinhaus의 귀에 들어갔다. 클라인하우스는 차분함과 자기통제를 유발하는 이완 기법과 치료자에 대한 신뢰와 협력을 바탕으로 야파의 억제된 기능을 다시 활성화할 수 있었다.

클라인하우스는 야파에게 자신을 소개하면서 그를 이 지경에 빠뜨린 사람보다 훨씬 더 훌륭한 최면술사라고 설명했다. 그리고 자신의 목소리가 들리면 눈을 한 번, 들리지 않는다면 두 번 깜빡이라고 말했다.

야파는 눈을 한 번 깜빡였고, 이것이 치료의 시작이었다.[7] 얼마 후 클라인하우스는 야파를 데리고 밖으로 나와 그를 걱정하는 부모를 만났다. 야파는 원래대로 돌아와 있었다.

최면을 치료 목적으로 활용하는 많은 동료와 마찬가지로 나 역시 임상적 상황에서 사용되는 최면 연구는 잘 규제돼야 한다고 생각한다. 하지만 현재 이스라엘처럼 치료 목적의 최면 사용을 너무 엄격하게 제한할 필요는 없다고 본다.

생체 되먹임

생체 되먹임은 정교한 기술과 뇌 연구를 결합한 비교적 새로운 치료법이다. 8장에서 언급한 것처럼, 생체 되먹임에는 뇌파(뇌파를 이용한 생체 되먹임은 신경 되먹임 neurofeedback이라고 부른다), 근육 긴장도, 심박수, 혈압, 감정적 각성, 체온, 호흡 등 생리 기능의 미세한 변화를 지속적이고 정확하게 측정할 수 있는 전자 장치들이 사용된다. 이를 통해 생리 기능을 통제하는 능력을 기를 수 있다.

장치를 사용해 생리 기능을 지속적으로 측정하면 결국 '되먹임'이 발생해 장치 화면에 실시간으로 반영된다.

예를 들어, 심박수가 너무 높게 나온 것을 눈으로 확인했을 때 심박수를 낮추고자 하는 강한 동기와 함께 집중력을 발휘하면 대체로 원하는 목표를 달성하게 된다. 하향식 처리를 통해 집행 기능이 활성화돼 심박수 조절 뇌 영역에 메시지가 전달되고, 그에 따라 심박수가 안정적인 수준으로 내려가는 것이다. 하지만 전자 장치를 끄면 심박수가 원래대로 돌아갈 가능성이 높다. 왜냐하면 처음에는 심박수 조절 학습이 영구적으로 자리 잡지 않기 때문이다. 다시 말해, 심박수 조절 신경망에 장기적인 변화가 일어나지 않는다. 그러나 지속적으로 치료하며 같은 과정을 반복하면 우리에게 필요한 신경망 변화가 일어나게 된다.

이 점을 더 명확하게 설명하기 위해 이번 장 앞부분에서 소개한 자신감 없는 젊은 서퍼, 알리를 다시 언급하고자 한다. 알리 또한 첫 상담 이후 원래 상태로 돌아갔다. 하지만 몇 차례 더 상담을 거치고 내가 알려준 과정을 집에서 반복하면서 상태를 영구적으로 개선하고 자신감을 회복했다. 요컨대 생체 되먹임 치료만으로는 문제를 완전히 해결할 수 없다. 생체 되먹임은 심박수나 그 밖의 건강 문제를 통제하겠다는 강한 동기를 가져야만 효과가 있다. 왜냐하면 꾸준하게 노력해야 학습으로 이어질 수 있고, 그래야만 개선하는 데 필요한 과정이 자동적으로 수행되기 때문이다.

생체 되먹임 치료 기관은 전 세계적으로 늘어나는 추세이며 치료 장치에 사용되는 기술도 계속 발전하고 있다. 그에 따라 생체 되먹임 치료는 점점 더 효과적인 방법으로 자리를 잡고 있다.

플라세보

플라세보placebo란 실제 약물을 투여하지 않는 의료 절차를 말하며, 플라세보 효과는 그 절차로 나타나는 효과를 뜻한다. 플라세보라는 용어는 보통 설탕만 들어 있는 알약처럼 실제 효과는 없지만 복용하는 사람이 진짜 약이라고 믿는 가짜 약을 의미한다. 하지만 전원을 켜지 않은 초음파 장치를 가리킬 때도 있다. 실제로는 아무런 효과가 없지만 치료사는 환자들에게 그 장치가 두통을 없애준다고 말한다. 흥미로운 점은 자신이 플라세보를 받았다는 사실을 알고 있는 사람들에게도 효과가 나타났다는 연구 결과가 있다는 것이다. 하버드대학교 의과대학의 테드 캅추크Ted Kaptchuk는 과민성대장증후군 환자들에게 무해한 설탕 알약을 처방하면서 약에는 설탕만 들어 있다고 솔직하게 말했다. 그럼에도 환자의 59퍼센트가 증상이 호전됐다고 응답했다.[8]

오래전에 사용되던 많은 치료법은 플라세보 효과에 크게 의존했다. 현대에 들어 플라세보는 신약의 효과 검증을 위한 시험에서 의도적으로 사용된다. 실험 참가자들의 절반은 시험 중인 신약을 받고, 나머지 절반인 대조군은 아무 활성 물질도 없는 가짜 약을 받는다. 참가자들은 자신이 어떤 약을 받았는지 전혀 알지 못한다. 따라서 두 집단의 복용 결과를 비교하면 신약의 효과를 평가할 수 있다. 만약 참가자들이 자신이 어떤 약을 복용했는지 안다면 심리적 편향 효과가 작용할 것이다. 플라세보 효과 때문에 대조군에 포함된 일부 사람들도 긍정적인 효과를 보일 수도 있다. 다시 말해, 가짜 약을 받은 사람들 중에서도 증상이 완화됐으며 심지어 완치됐다고 보고하는 이들이 있다. 신약이 승인을 받으려면 반드시 가짜 약보다 효과가 뛰어남을 입증해야 한다.

신경과학자들은 플라세보가 신약 시험만이 아니라 효과적인 치료 수단으로도 사용될 수 있다고 의료계를 설득해왔다. 그들의 주장은 하향식 처리가 적용될 때 활성화되는 메커니즘에 대한 지식과 플라세보의 효과를 보여주는 다양한 연구 결과에 기반한다. 무릎 염증을 겪은 사람들의 사례를 살펴보자.[9] 이들 중 약 절반은 수술을 받은 뒤 통증이 완화됐다고 보고했다. 하지만 이들 중 일부 환자들은 수술을 제대로 받지 않은 상태였다. 마치 수술을 받은 것처럼 보이도록 마취하고, 절개하고, 봉합한 다음 제대로 수술을 받은 환자들과 비슷한 양의 진통제를 투여했을 뿐이다. 연구를 진행한 의사는 무릎 염증 수술의 효과가 플라세보를 뛰어넘지 못한다면 해당 수술을 더 이상 시행할 필요가 없다고 결론지었다.

안타깝게도 그 의사는 똑같이 중요한 사실 하나를 강조하지 않았다. 무릎 염증 수술은 **실제로** 효과가 있지만, 증상이 호전되리라는 **기대**의 힘, 즉 플라세보 효과 또한 그에 못지않게 강력하다는 점이다. 이런 이유로 신경과학자들은 정형외과 의사들이 염증 환자들을 대상으로 플라세보 효과 치료를 시행해야 한다고 제안했다. 신경과학자들이 수행한 다양한 실험들은 이 관점을 뒷받침하는 증거를 제공한다. 그중 하나는 파브리치오 베네데티Fabrizio Benedetti가 진행한 실험이다.[10] 2012년에 열린 학술대회에서 베네데티가 다른 동료들과 함께 수행 중인 연구를 설명하던 장면이 떠오른다.

베네데티는 화상을 입은 환자들과 그들을 치료하던 의사들에게 플라세보 효과 연구에 적극적으로 참여하겠다는 동의를 받았다. 피부의 넓은 부위를 뒤덮은 중증 화상은 통증이 극심한 상처다. 환자들의 통증 완화를 위해 병원에서는 모르핀을 포함한 주사액을 하루에 세 번 투여했다. 연구의 첫 번째 단계에서 환자들은 모르핀을 투여받은 후 기능성 자기공명영상fMRI으로 뇌를 촬영했다. 예상대로 통증과 관련된 신경망의 활동이 감소했다.

다음 단계에서는 정오에 투여하던 모르핀 주사액을 약리 작용을 일으키지 않는 생리 식염수(염화나트륨 농도가 0.9퍼센트인 용액)로 교체했다. 환자들과 간호사들에게는 이 사실을 알리지 않았다. 역시 예상대로 환자들은 변화를 눈치 채지 못했고 오후 내내 통증을 호소하지 않았다.

베네데티는 여기서 멈추지 않았다. 베네데티 연구팀은 생리 식염수를 투여받은 환자들을 대상으로 fMRI 촬영을 진행했다. 촬영 결과는 모르핀 주사를 맞았을 때와 같았다. 통증 신경망의 활동이 감소한 것이다. 물론 이는 플라세보 효과였다. 환자들은 혈관을 타고 들어오는 투명한 액체가 그들의 새로운 친구인 모르핀이라고 믿었기 때문에 통증이 완화될 것이라고 기대했다.

실험 후반 단계에서 베네데티 연구팀은 환자를 만나 다음 날에는 모르핀 대신 생리 식염수를 투여하겠다는 동의를 받았다. 화상 환자들을 돌보던 간호사들도 그 자리에 있었고 계획에 동의했다. 하지만 환자들에게는 생리 식염수가 투여되지 않았다. 베네데티 연구팀이 의사들에게 모르핀 주사액을 투여하라고 지시했던 것이다. 그 결과, 실제로는 모르핀이 투여됐지만 환자와 간호사 모두 주사액이 생리 식염수라고 생각했다.

학술대회에서 연구 결과를 설명하던 베네데티는 그 후에 일어난 일은 전혀 놀랍지 않았다고 말했다. 효과 없는 액체를 투여받았다고 믿은 환자들은 고통을 호소하며 비명을 질렀다. 실제로는 평소와 동일한 양의 모르핀을 맞았는데도 말이다.

베네데티는 연구를 통해 이런 결론에 도달했다. **모든** 약물의 긍정적 효과는 상당 부분 플라세보 효과에서 기인한다는 것이다. 따라서 아무리 효과적인 약일지라도 그것을 처방한 의사가 환자에게 증상이 호전되리라는 기대감을 제대로 심어주지 않는다면 효과는 완벽하게 발휘되지 않을 것이다. 이는 환자 앞에 앉아서 눈도 마주치지 않고 키보드만 두드리는 성급하고 산만한 의사들, 또 환자의 말을 끊거나 관심을 보이지 않는 의사들에게 매우 중요한 교훈이다.

하향식 처리의 핵심 요소 중 하나인 기대는 아이의 양육 및 교육에도 효과적이다. 부모와 교사가 아이들이 학교생활을 잘해나가고 사회적으로 바른 행동을 하리라는 기대를 진심으로 품는다면, 또 기대에 부합하는 메시지를 꾸준히 전달한다면, 그 기대는 실현될 가능성이 높다. 이런 지식이 과학적 근거에 기반한다는 점은 아무리 강조해도 지나치지 않다. 기대는 예언과 마찬가지로 자기 충족적이다.

하향식 처리 능력을 향상시키는 방법

이미 알고 있겠지만, 브레인 코드는 생존과 행복감을 촉진하도록 프로그래밍돼 있다. 일상생활 속에서 브레인 코드를 긍정적인 방향으로 활용하려면 뇌에 명확하고 현실적인 메시지를 심어줘야 한다. 하향식 처리를 통해 메시지를 받은 집행 기능은 주의, 기억, 중요한 것과 부차적인 것을 구분하는 능력, 의사 결정 등의 기능을 동원해 최상의 시나리오를 실현한다. 생존을 보장하려면 그렇게 해야 한다는 메시지를 받았기 때문이다.

이 과정을 돕는 한 가지 방법을 소개한다.

> 앞으로 6개월 동안 스스로에게 바라는 것들을 작성한다. 그리고 작성한 것을 연애, 가족, 직업, 건강, 사회적 관계 등 여러 범주로 나눈다.
>
> 각 범주에서 하나를 골라 이루고 싶은 내용을 한두 문장으로 요약한다.
>
> 문장은 매우 명확해야 한다. 집행 기능이 이해할 수 있을 정도로! 작성을 마쳤다면 목록을 큰 소리로 읽으면서 집중한다.
>
> 당신이 작성한 메시지는 이제 뇌에 부호화됐다. 목록을 접어서 잘 보관하고 일상을 이어간다.
>
> 6개월이 지난 후 다시 목록을 꺼내 읽어본다. 그리고 얼마나 많은 변화가 일어났는지 확인한다. 그동안 집행 기능은 당신을 새로운 기회로 이끌었을지 모른다. 이 하향식 처리 능력 향상 연습을 마치지 않았다면 도달하지 못했을 기회로 말이다. 이렇게 뇌에 전달하는 메시지를 의도적으로 관리함으로써 집행 기능은 당신의 선호를 목록의 메시지와 일치하도록 조정한다.

뇌 상부에 위치한 집행 기능에서 출발해 하부 영역의 신경망을 거쳐 몸 전체로 전달되는 메시지의 흐름을 강화함으로써 하향식 처리 능력을 향상시키면 놀라운 효과를 거둘 수 있다. 상상치료법, 최면, 생체 되먹임, 플라세보 효과 중 어떤 방법을 사용하든, 하향식 처리는 고통스러운 삶에서 벗어나 견딜 만한 삶, 심지어 좋은 삶으로 향하는 데 도움이 된다. 효과가 미약한 경우에는 변화의 폭이 훨씬 작을 수 있지만, 10퍼센트의 차이만으로도 힘든 삶이 훨씬 더 만족스럽게 바뀌기도 한다. 어느 정도로 개선되든, 일단 한번 시도해보자. 분명히 그럴 만한 가치가 있다.

15 사랑은 머리로도 가능하다

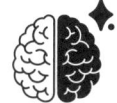

누군가와 나눈 사소한 대화에서 깊은 울림을 받은 경험이 있을 것이다. 나도 그런 적이 있다. 친구가 아내와의 관계에 대해 이야기할 때였다.

> "아내를 향한 사랑을 생각하면 젊은 시절이 떠올라. 아버지를 도와서 집을 수리하는 중이었지. 현관문을 교체하는 동안 문틀 윗부분을 붙잡고 있었어. 위쪽 가로대를 양손으로 한참 받치고 있으니까 팔에 힘이 다 빠지더라고. 아버지께 더는 못 하겠다고 말씀드리니 내가 쉴 수 있도록 잠시 작업을 멈추셨어. 그런데 한순간 모든 게 바뀌었지. 문득 이런 생각이 드는 거야. 오랫동안 지치지 않고 문틀 윗부분을 받치는 가장 좋은 방법은 양손을 번갈아 쓰는 거라는 것. 한 손으로는 문틀을 받치고 다른 손은 쉬는 거야. 받치고 있던 손이 피곤해지면 다른 손으로 바꾸면 되지. 실제로 작업 중에 이 생각을 시험해봤더니 완벽하게 통하더군. 오랫동안 안정적으로 문틀을 붙잡을 수 있었지."

"흥미로운 이야기네. 그런데 그게 너랑 아내의 관계와 무슨 상관이 있는 거야?"

"아내는 내 인생에서 가장 사랑하는 사람이야. 보통은 아내에게 매우 열정적인 감정을 느끼지. 그런데 살다 보면 열정의 불꽃이 사그라드는 순간이 있어. 그럴 때 나는 다른 팔을 써서 사랑을 지키지. 우리 사이에 존재하는 멋진 우정과 연대에 집중하는 거야. 대화를 나누면서 즐거운 시간을 보내고, 노래를 부르거나 함께 음악을 연주하기도 해. 그러면 어느새 열정이 되살아나지."

친구의 이야기를 들으며 느꼈던 흥분이 지금도 생생하다. 그의 관계 속에서 조화롭게 작동하는 뇌 활동이 눈앞에 그려지는 듯했다. 친구의 이야기를 들을 수 있어 진심으로 기뻤다. 이번 장 뒷부분에서 친구의 멋진 이야기가 다시 나올 것이다.

이제부터는 사랑의 본질을 알아보고자 한다. 뇌 연구에서 나온 통찰을 통해 사랑이 왜 우리의 신체 및 정신 건강과 깊이 연결되어 있는지, 그리고 어떻게 일상 속에서 사랑을 키워나갈 수 있는지 살펴볼 것이다.

사랑이란 무엇인가?

사랑은 강렬한 애정, 깊은 일체감, 강한 창조적 충동과 관련된 고차원적인 감정의 집합으로 정의된다. 사랑은 사람(자기 자신 또는 타인), 동물, 물건, 장소, 심지어 생각을 대상으로도 느낄 수 있으며, 사랑하는 대상과의 친밀감을 추구하는 것이 특징이다.

사랑의 강도는 무관심과 지나친 사랑(집착이나 중독에 가까운 상태)이라는 두 극단을 가진 연속선 위에 위치한다. 즉, 사랑의 세기는 그 위치를 극단에 표시함으로써 표현할 수 있다.

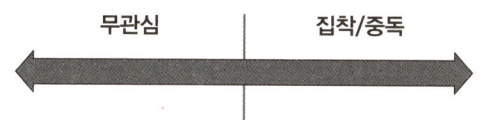

이를 더 분명하게 이해하기 위해 간단한 활동을 해보자. 다음 항목을 대상으로 당신이 느끼는 사랑의 강도를 연속선 위에 표시해보자.

- 자기 자신.
- 연인(현재나 과거의 연인).

- 친한 친구.
- 반려동물.
- 자동차.
- 인생 영화.
- 오락 시설에 휠체어 접근을 요구하는 법규.

각 항목에 대해 느끼는 사랑의 강도가 서로 얼마나 다른지에 주목하자.

사랑에도 동기가 필요하다

인간의 뇌는 사랑이라는 감정을 만들어낸다. 다른 뇌 기능들과 마찬가지로 특정 신경망이 활성화돼야 사랑을 느낄 수 있는데, 그 신경망은 동기와 관련되어 있다. 이 신경망이 작동해야 비로소 관련된 감정과 충동이 형성된다. 그 감정과 충동은 우리가 사랑이라고 부르는 뇌 활동으로 나타난다. 사랑에 동기가 필수적이라는 점은 우리가 종종 듣는 말에서 분명하게 드러난다. "이상해. 그 사람은 모든 걸 갖췄어. 친절하고, 잘생겼고, 집도 있고, 안정적인 직업도 있어. 그 사람을 사랑하고 싶은데 도저히 그럴

수가 없어." 이는 뇌가 사랑에 필요한 동기 신경망을 활성화하지 않기로 결정했기 때문이다.

비슷한 결과로 이어지는 또 다른 일상적인 예시로, 한 남자가 중요한 행사를 위해 정장을 사러 가는 상황을 살펴보자. 남자가 정장을 입어보자 함께 간 사람들이 스타일과 재단, 원단의 질, 색상이 잘 어울린다고 칭찬한다. 하지만 남자는 전혀 공감하지 못한다. 좋아하려 해봐도 마음에 들지 않는다. 남자의 뇌가 (나중에는 바뀔 수도 있지만) 지금 당장은 애착을 불러일으키는 동기 신경망을 활성화하지 않기로 결론지었기 때문이다.

1장에서 언급했듯이, 우리의 뇌는 두 개의 독립적인 부분으로 이뤄져 있다. 하나는 깊은 뇌 영역인 피질하부로, 위협과 기회를 감지하고 즉각적인 생존에 중점을 두면서 신호를 처리한다. 다른 하나는 바깥쪽 뇌 영역인 피질로, 장기적인 생존과 행복감을 담당한다. 하지만 흥미롭게도 사랑 표출과 관련된 뇌 기능은 두 부분(피질하부와 피질) 모두에서 발생한다. 차례대로 작용하기도 하고, 독립적으로 일어나기도 하며, 함께 발맞춰 작동하기도 한다. 내 경우를 예로 들자면, 집, 어머니, 친구, 자동차, 반려견 등 사랑하는 대상이 많다. 모든 사람에게 두루 사랑을 느끼지만, 딸에게 느끼는 사랑은 유독 깊다. 딸을 향한 사랑은 피질하부와 피질 둘 다에서 비롯되기 때문이다. 반면, 친구나 반려견을 향한 사랑은 오직 피질에서만 생긴다. 앞에서 언급한 사람들과 동물,

물건 모두에 진정한 사랑을 느끼지만, 사랑하는 대상을 향해 드러나는 감정과 행동에는 근본적인 차이가 있다. 그 이유는 두 가지 중요한 요소가 사랑을 규정하기 때문이다. 바로 사랑이 발생하는 뇌 부위(피질 또는 피질하부)와 사랑의 강도다.

첫눈에 반한 사랑은 얼마나 지속되는가?

앞서 언급했듯이, 사랑이 피질하부에서 시작되기 위한 핵심 조건은 동기 신경망의 활성화다. 초기 단계의 활성화는 사랑의 대상(생물이든 무생물이든)이 사랑을 느끼는 사람의 즉각적인 생존에 도움이 된다는 뜻이다. 이를 확인하기 위해 뇌 안에서는 우리의 의식 몰래 비밀스러운 논의가 이뤄진다. 그 논의를 통해 동기를 유발하고 사랑을 불러일으킬지 여부를 결정한다.

잠재적인 사랑의 대상과 상호작용이 시작되면, 뇌 안에 존재하는 매우 정교한 화학 실험실이 감각 기관에서 들어오는 메시지를 조사한다. 가벼운 대화, 포옹, 볼에 하는 입맞춤 같은 행동은 상대방의 데이터를 수집해 뇌의 깊은 곳으로 보내 분석하기 위한 수단이다. 후각과 시각, 미각, 촉각을 통해 필요한 데이터를 수집하고 화학·전기적 시험을 수행한 다음 결정을 내린다. 눈앞의 사람이나 물건이 생존에 도움이 될까? 대답이 '예'라면 뇌는 '진행' 신호를 전송해 피질하부의 동기 신경망을 활성화하고 '사랑' 설정으로 전환하는 스위치를 켠다. 대답이 '아니오'라면 동기 신경망은 작동하지 않고 사랑을 시작하게 하는 그 어떤 신호도 피질하부에서 생성되거나 전달되지 않는다.

사랑을 담당하는 신경망의 반응에는 중요한 두 가지 특징이 있다. 첫 번째는 신경망에서 형성되는 동기의 강도다. 동기의 강도는 연속선 위에 위치하며, 피질하부 실험실에서 '예'라고 판단하면 사랑의 강도가 낮은지 중간인지 높은지 결정된다.

'첫눈에 반한 사랑'이라는 말을 들어봤을 것이다. 첫눈에 반한 사랑은 감각 메시지의 결과를 분석해 단호하고 빠르게 대답을 결정하는 경우다. 사람들은 대개 이런 종류의 사랑을 연애의 맥락에서만 이야기하지만, 다른 상황에서도 충분히 찾을 수 있다. 면접관이 눈앞의 지원자가 직무에 가장 적합한 사람임을 바로 알아차릴 때도 즉각적인 긍정적 반응이 일어난다. 진열대에 놓인 옷이나 특별한 상품, 미술관에 전시된 그림, 반려동물로 삼고 싶은 동물, 새로운 친구를 대상으로도 같은 반응이 일어난다.

두 번째 특징은 불안정성이다. 사랑은 항상 조건부로 일어난다. 피질하부 실험실은 결정을 내린 후에도 계속해서 새로운 메시지를 평가하면서 사랑의 대상이 생존을 돕는지 판단한다. 그리고 최근의 판단에 따라 사랑을 향한 동기의 강도를 조정한다. 처음에는 소중하게 여겼던 신발에 대한 열정이 점차 식는 이유가 그래서다. 통장을 털어 구매한 운동 기구도 결국 먼지만 쌓여간다. 서로 미치도록 사랑하던 연인도 헤어지고 만다.

피질하부에서 비롯되는 사랑은 언제 안정적으로 유지될까? 사랑이 일상에서 지속되도록 뇌가 학습할 때다. 학습이 이뤄지면 동기 신경망을 반복해서 활성화하지 않아도 사랑이 꾸준히 형성된다. 학습이 일어났다는 것은 신경망 내에 새로운 연결이 형성됐다는 뜻이며, 이 새로운 요소들이 뇌 소프트웨어에 추가되어 일상적인 뇌 활동의 일부로 자리 잡았다는 뜻이다.

사랑이 안정을 찾는 능력은 기질^{temperament}이라는 브레인 코드의 특징과 관련이 있다. 기질은 또한 성격의 유전적 기반과 관련된다(이에 대해서는 9장을 참고하라). 이 점을 좀 더 분명하게 이해하기 위해 극단적인 감정 불안정을 겪은 윌의 이야기를 들어보자.

감정이 불안정한 윌은 사회적 관계를 유지하고 직장을 꾸준히 다니는 데 심각한 어려움을 겪었다. 윌은 급격한 감정 변화를 경험하곤 했다. 연인으로 발전할 수 있던 사람을 향한 열정은 며칠 사이에 식어버렸다. 새로운 직장에서 느꼈던 활력과 동기 역시 머지않아 불만으로 바뀌었다. 마찬가지로 가게에서 첫눈에 반해 구매한 물건도 며칠만 지나면 흥미가 완전히 사라졌다.

그럼에도 윌에게는 장기간 지속된 사랑이 하나 있었다. 처음에는 피질하부에서 비롯됐지만 시간이 지나면서 피질에도 자리 잡은 사랑이었다. 그는 어떤 말과 마주친 즉시 한눈에 반했는데, 매일 마구간에 가서 털을 다듬고 돌봐줬다. 말을 듣지 않아도 화를 내는 법이 없었다.

월의 이야기에는 중요한 메시지가 있다. 뇌에 대한 우리의 지식은 아직 완벽하지 않기 때문에 연구자들과 의사들은 환자의 상태가 복잡할 때 단호한 진단을 내리지 않도록 주의해야 한다.

나는 월에게 승마 수업을 통해 학습 장애가 있는 아이를 도와줄 것을 제안했다. 물론 이 모든 과정은 자격을 갖춘 조언자의 감독하에 이뤄졌다. 나의 제안은 월의 뇌에 있는 감정적 안정을 위한 소프트웨어(말을 향한 사랑)를, 인생의 나머지 요소에 대한 감정적 안정으로 확장하는 데 사용할 수 있겠다는 추론에 근거한 것이었다. 결과는 성공적이었다! 월은 아이에게 애착을 갖게 됐고, 승마 수업 내내 감정적으로 안정될 수 있었다.

우리는 월의 경험을 통해 뇌가 사랑의 대상이 생존 촉진 능력을 갖고 있다는 사실을 깊이 이해할 때, 피질하부에서 비롯되는 사랑이 어떻게 더 발전할 수 있는지 알게 됐다. 그 반대의 경우도 일어난다. 다시 말해, 사랑의 대상과 그 어떤 관계도 맺지 않을 것이라고 갑자기 결정할 수 있다. 그러면 동기 신경망의 활성화가 억제되고, 결과적으로 무관심이라는 감정이 생겨난다.

사랑하는 마음에 기복이 생기는 이유

이제 사랑이 어떻게 피질에서 비롯될 수 있는지 살펴보자. 사람과 반려동물, 물건, 생각에 사랑을 느끼는 이유가 피질에 있고 그에 대한 뇌 활동이 피질에서 발생한다면, 결과적으로 나타나는 감정은 피질하부에서 형성된 사랑과 완전히 다를 것이다.

앞서 살펴봤듯이, 피질은 뇌의 바깥 부분을 구성하는 회색질로 피질하부와 독립적으로 작동한다. 물론 피질도 피질하부와 마찬가지로 감각으로부터 끊임없이 메시지를 받아 처리한다. 하지만 피질의 목표는 눈앞의 미래에 초점을 맞추는 피질하부와 달리, 장기적인 생존을 촉진해 행복감을 보장하는 것이다. 또한 피질 역시 환경으로부터 메시지를 받아 처리하는 고도로 정교한 화학 실험실을 갖추고 있다. 피질하부의 실험실과 똑같이 피질의 실험실도 메시지를 처리해 동기 신경망을 활성화하고 사랑의 감정을 만들어낸다. 피질에 있는 사랑 실험실은 어떤 일을 하기에 피질하부에서 형성되는 사랑과 다른 감정을 만드는 것일까?

피질의 실험실은 감각으로 정보를 포착해 자각한 사람과 물건 또는 생각이 장기적인 행복감을 증진하는지 여부를 판단한다. 판단 결과가 '예'라면 피질의 동기 신경망이 활성화되고 사랑이 시작된다. 그 사랑에 보답을 받는다고 해보자. 거기서 발생하는 따뜻하고 기분 좋은 감정은 더 높은 친밀감을 느끼도록 자극해 '예'라는 대답의 강도를 높인다. 그렇게 사랑의 감정이 더 강해지면 친밀감을 향한 더욱 큰 욕구가 뒤따른다. 반대로 실험실의 대답이 '아니오'라면 동기 신경망이 활성화되지 않아 사랑의 감정이 형성되지 않는다.

피질이 '예'라고 대답한다고 해서 모든 과정이 끝나는 것은 아니다. 사랑의 대상이 동기 신경망의 신뢰를 얻기 위해 실험실의 시험을 계속 통과해야 하는 '시험 기간'이 지나면, 안정성이라는 결과가 뒤따르는 '학습 단계'가 시작된다. 사랑이 피질에서 장수를 누리려면 두 가지 균형을 유지해야 한다. 누구를 사랑할 것인가와 얼마나 사랑할 것인가다. 우리가 누구를 사랑할 것인가에 대해 연구한 결과, 우리는 배경과 성격이 비슷한 사람을 사랑할 가치가 있다고 여긴다는 사실을 알게 됐다.[1] 누군가를 (너무 약하지도 너무 강하지도 않게) 얼마나 사랑할 것인가를 고려할 때는 피질과 피질하부에서 생성되는 감정의 상대적 세기가 균형을 이루는 것이 중요하다. 균형이 맞지 않으면 피질의 '사랑에 대한 집착' 혹은 피질하부의 '사랑에 대한 중독'으로 과하게 쏠릴 수 있다. 더 분명하게 이해하기 위해 예시를 보자.

물건을 쟁여놓는 것은 피질에서 비롯된 애착의 연속선에서 강박적인 극단에 위치한 감정을 보여주는 사례다. 수집광들은 오래된 종이나 옷처럼 보통은 버리거나 재활용하는 물건에 애착을 느낀다. 그들에게 "왜 이런 쓰레기를 보관하고 있나요?"라고 물으면, 아마 "언제 필요할지 모르니까요"라고 대답할 것이다. 이런 행동의 동기는 물건에 과도한 의미를 부여하는 데서 비롯된 잘못된 애착이다.

극단적인 탐욕도 비슷한 메커니즘에 뿌리를 두고 있지만, 이는 피질하부에서 기원한 중독이다. 돈과 소유물이 가져다주는 쾌락은 그것들에 대한 과도한 사랑으로 이어진다. 여느 중독이 그렇듯이, 중독 때문에 탐욕스러워진 사람은 항상 더 많은 것을 원하고 절대 만족하지 않는다.

부모가 아이에게 느끼는 사랑은 주로 피질에서 비롯된다. 부모의 사랑을 이루는 요소는 불면의 밤, 짜증, 재정적 스트레스 등 자녀 양육 때문에 생존에 위협을 느끼는 순간마다 부모를 도와준다. 때로는 이런 사랑이 일시적으로 사라지기도 하는데, 그러면 가까운 사람들에 대한 분노, 거부감, 무관심이라는 불쾌하고, 낯설고, 두려운 감정을 경험할 수도 있다.

사랑은 오랫동안 사라지기도 한다. 임상 우울증에 걸리면 뇌 활동이 전반적으로 억제되고 사랑을 형성하는 피질 신경망도 영향을 받는다. 내가 정신의학과 인턴으로 근무할 때 이 사례를 실제로 봤다. 한 할머니를 치료할 때였다. 할머니에게는 손주들은 세상의 전부였다. 하루 종일 손주들을 학교와 유치원에서 데려오고, 점심을 먹이고, 숙제를 돕고, 함께 놀아줬다. 할머니와 손주들의 사이는 정말 좋았다. 하지만 할머니는 입원이 필요한 중증 임상 우울증에 시달렸고, 그 기간 동안 손주들에게 무관심한 모습을 보였다.

5장에서 살펴봤듯이 임상 우울증은 파도처럼 갑자기 밀려오는 경향이 있고, 대부분 몇 달이 지나면 괜찮아진다. 할머니는 우울증에서 회복된 후 손주를 향한 강력하고 활기찬 사랑을 되찾았다. 그렇다고 해서 우울증을 겪는 사람들만 피질에서 비롯되는 사랑이 일시적으로 감소하는 것은 아니다. 분노가 폭발하는 동안에는 피질하부에서 발생하는 활발한 활동이 피질의 영향보다 우선시되기 때문에 사랑을 형성하는 전반적인 과정이 일시적으로 중단된다. 친구가 나에게 들려준 일화가 이를 잘 보여준다.

> 어느 날 친구는 가게 주인의 전화를 받았다. 그의 열네 살 아들이 가게에서 초콜릿을 훔치다가 잡혔다고 했다. 친구는 아들을 경찰에 신고하지 않기로 결정한 주인에게 감사의 뜻을 전하며 꼭 문제를 처리하겠다고 약속했다.
>
> 친구는 나에게 말했다.
>
> "요시, 자네는 이해하겠지. 난 아들을 진심으로 사랑해. 그런데 가게 주인의 전화를 받았을 때는 분노가 치밀고 너무 실망스럽더라고. 그 순간에는 아들을 향한 깊은 사랑이 사라졌었지. 그게 두려웠지만 다행히도 오래가진 않았어. 아들이 나와 주인에게 사과

한 뒤로는 사랑이 돌아왔거든. 흥분도 진정됐고 말이야."

사랑이라는 감정과 문화적 영향

이제 한 걸음 물러서서 사랑이 형성되는 과정을 다른 관점에서 살펴보자. 피질에서 비롯되는 사랑은 사랑의 대상이 행복감을 증진하는 데 기여하리라는 이해가 뇌의 깊은 층에서 이뤄질 때 발생한다. 그렇다면 우리의 행복감에 기여하는 것은 무엇일까? 무엇이 우리에게 행복을 가져다줄까?

우리가 이 질문에 답하는 과정에서 결정을 내리도록 하는 요소는 우리가 경험하며 자라온 문화적 가치에 기반한다. 이와 관련된 뇌 연구에서 나타난 중요한 개념 하나는 문화가 뇌를 형성한다는 것이다. 즉, 문화적 영향은 이상적인 외모 기준, 성격 특성, 행복감에 기여한다고 여겨지는 개념들을 피질에 각인시킨다.[2]

옥스퍼드 사전은 2016년 올해의 단어를 '탈진실 post-truth'로 선정했다. 이는 서로 다른 문화적 배경을 가진 두 사람의 사고방식이 너무 판이한 탓에 어떤 성격 특성이 행복감에 유익한지 혹은 해로운지를 완전히 다르게 받아들인다는 뜻이다.[3]

어떤 사람들은 온화함과 조용한 말투 같은 특성을 긍정적으로 해석한다. 따라서 그들은 그런 특성을 가진 사람들에게 유대감을 형성하는 피질의 동기 신경망을 활성화한다. 하지만 다른 문화적 환경에서 자란 사람들은 그런 특성을 완전히 다르게, 가령 약함의 표시로 해석할 수 있다. 그렇다면 피질은 온화한 사람들은 행복감에 기여하지 않는다고 낮게 평가하면서 반감을 불러일으킨다. 누가 맞고 누가 틀린 것일까? 진실이 상대적인 오늘날에 명확한 답은 없다. 우리는 각자만의 진실을 갖고 있으며, 그 진실은 시간이 지나면서 변할 수 있다.[4]

머리인가, 마음인가?

지금까지는 사랑을 피질에서 비롯되는 사랑과 피질하부에서 시작되는 사랑으로 나눠서 다뤘다. 하지만 실제 상황에서는 대부분 피질과 피질하부 두 영역에서 사랑이 다양한 강도로 결합되어 나타난다. 사랑의 주된 근원이 피질인지 피질하부인지 명확하게 말하려면, 사랑에서 오는 즐거움을 더 이상 느끼지 못하게 됐을 때 우리에게 무슨 일이 발생하는지 살펴봐야 한다.

만일 연인, 배우자, 부모, 자녀, 친구 혹은 물건이 병들거나 수리가 필요할 때 사랑의 강도가 그대로 유지된다면, 우리는 사랑의 대상을 돕거나 고치기 위해 나설 것이다. 이런 반응은 사랑을 구성하는 강력하고 주도적인 요소가 피질에서 비롯됐다는 뜻이다. 반대로 같은 상황에서 사랑의 강도가 약해지거나 무관심해질 정도로 변한다면, 그때 사랑의 주도적인 요소는 피질하부에서 비롯된 것이다. 피질에 기반한 사랑의 사례는 다음 이야기에서 볼 수 있다.

사랑에 대한 강의를 마치자 한 남자가 다가와 말했다.
"할라미시 선생님, 전 아흔한 살입니다. 선생님께 꼭 드리고 싶은 말씀이 있습니다. 전 스물여덟 살에 아내와 결혼했는데, 사랑해서 결혼한 건 아니었습니다. 그때는 흔한 일이었죠. 지금 제 아내는 여든일곱 살이고, 심각한 알츠하이머병을 앓고 있습니다. 근육 질환도 있어서 늘 침대에 누워만 있죠."
나는 남자에게 안타까움을 표했다. 남자는 이야기를 이어갔다.
"할라미시 선생님, 전 제 아내를 그 어느 때보다 사랑한답니다. 아내에 대한 마음은 시간이 갈수록 점점 더 깊어지고 있어요."

지금까지 우리는 사랑의 정신적 측면 중 빙산의 일각만을 접했다. 이제부터는 신체 및 정신 건강을 증진시킬 수 있는 엄청난 잠재력을 가진 두 가지 형태의 사랑을 자세히 다루고자 한다. 바로 자기사랑self-love과 낭만적 사랑romantic love이다.

자기사랑의 긍정감

다른 형태의 사랑과 마찬가지로, 자기사랑의 경로 역시 두 가지다. 하나는 피질하부에서, 다른 하나는 피질에서 비롯된다. 하지만 브레인 코드에 따르면, 피질하부에서 발생하는 자기사랑은 선천적이다. 다시 말해, 우리는 생존 촉진을 위해 자기사랑에 대한 동기를 유발하도록 피질하부를 설득할 필요가 없다. 피질하부에서 비롯되는 자기사랑은 자기보존을 위한 강한 충동으로 나타나며, 그 충동은 위험에서 벗어나려는 자동적 행동, 그리고 쾌락을 증진시킬 기회를 인식하는 능력으로 표출된다. 정신적으로 혼란한 상황에서는 자기사랑이 약해지고, 이에 따라 생존을 위협하는 상황에 효과적으로 대응하려는 본능적 반응 또한 약해진다. 이런 현상은 어린 시절부터 서서히 진행될 수 있다. 예를 들어, 자살 생각을 표출하는 성인들은 어릴 적부터 사는 것에 흥미가 없었다고 말하는 경향이 있다.

이와 비슷하게, 자기사랑은 극심한 고통에 적응하지 못하게 하는 뇌의 정보 처리 시스템, 우울증, 정신병적 장애와 같은 정신질환이 발생하면서 사라질 수 있다(첫 번째 예시는 성격 장애로 이어지는 경향이 있는 사람들의 특징이다). 이 모든 경우, 자기사랑을 적용하지 못하면 자살로 이어지기도 한다.

피질에서 자기사랑을 표출하는 활동은 피질하부에서 나타나는 선천적인 자기사랑보다 더 복잡하다. 다른 형태의 사랑과 마찬가지로, 피질은 자기사랑 신경망을 재빨리 활성화하지 않는다. 피질은 우리가 강렬한 자기사랑을 느낄 자격이 있는지 판단하기 위한 구체적인 증거를 요구한다. 이는 우리가 일상 속에서 이루는 모든 성취를 중요하게 여겨야 하는 좋은 이유다. 또 우리가 타인을 위해 노력할 때마다, 그 노력은 피질 속에서 자기사랑의 '성전'을 쌓게 된다.

긍정적인 자기사랑은 피질에서 비롯되는 건강하고 향상된 형태의 자존감으로 나타난다(이는 자기 자신을 사랑하고 타인보다 우선시하는 자애성 자기사랑과는 반대다). 여러 연구에 따르면, 긍정적인 자기사랑 또는 자존감은 가장 중요한 뇌 기능 중 하나이며 '정신적 백신'이라고도 불린다.[5] 자기사랑과 자존감 수준이 높은 사람들은 정신 건강 문제에 있어 더 나은 면역력을 지니고 있으며 심리적 스트레스와 기타 의료 문제에 효과적으로 대처할 수 있다.

여기서 자존감과 자신감을 구분하는 것이 중요하다. 높은 자존감은 자기사랑 피질 신경망의 활동으로 나타나며, 높은 자신감은 자존감과 관련된 행동적 요소로 나타난다. 자존감과 자신감은 서로 독립적인 뇌 기능이다. 따라서 높은 자신감을 보이면서도 자존감은 낮은 사람들이 있다. 자신감이 넘치는 이들은 겉으로는 균형 잡힌 사람처럼 보인다. 하지만 진정한 자기사랑이라는 단단한 기반을 가진 것은 아니다. 거액의 수표를 발행했지만 알고 보니 부도 수표였던 상황과 비슷하다.

이런 사람들은 위험할 수 있다. 그들의 감정과 행동이 오직 피질하부의 자기사랑에 의해서만 움직인다면, 생존이 위협받는 상황에서 사회 규범과 주변 사람들의 행복감은 무시할 것이기 때문이다. 이 같은 모습은 자기애성 성격 장애와 반사회적 성격 장애를 가진 사람들에게서 발견된다.

다행히도 스펙트럼의 반대편에는 높은 자존감과 자신감이 튼튼한 기반 위에 형성된 사람들이 있다. 이들은 정신적 행복감의 수준이 높고 공감 능력도 뛰어나다. 또 자기사랑이 주변 환경으로 확장되어 다른 사람들에게 안정감을 준다. 그리고 위협적인 상황에 직면했을 때 창의적이고 건설적인 방식으로 대처하며, 반응이나 행동을 취하기 전에 타인에게 미칠 수 있는 피해를 먼저 고려한다. 앞서 언급한 비유를 이어가자면, 현금이 보장된 수표와 같다.

낭만적 사랑의 고유한 특징

낭만적 사랑은 일방적으로 형성될 수도 있고, 상호발전할 수도 있으며, 이성이나 동성 또는 양성애자, 트랜스젠더, 성 정체성을 탐색 중인 사람, 무성애자에게 향할 수도 있다. 낭만적 사랑은 형제자매, 부모, 자녀, 친구에게 느끼는 사랑과 본질적으로 다르지 않다. 낭만적 사랑 역시 사랑하는 사람과 친밀감을 형성하려는 감정과 충동으로 나타나며 다양한 강도로 표출된다. 사랑의 강도가 너무 약하면 무관심으로 이어지고, 너무 강하면 중독이나 집착을 특징으로 하는 행동으로 나타난다. 낭만적 사랑 또한 다른 형태의 사랑과 마찬가지로 독립적인 두 가지 뇌 영역에서 만들어진다. 하나는 피질하부이고, 다른 하나는 피질이다.

이제 낭만적 사랑과 낭만적이지 않은 사랑의 공통점을 살펴봤으니, 낭만적 사랑만의 고유한 특징을 알아볼 차례다. 먼저 피질하부에서 비롯되는 낭만적 사랑을 살펴본 다음 피질을 향해 '위'로 올라가자.

피질하부의 역할

우리의 깊은 뇌인 피질하부는 생존 촉진을 목표로 한다. 피질하부의 역할은 환경에서 오는 메시지를 수신하고, 처리해 지금 당장 또는 단기적으로 도움이 되는 감정과 행동적 충동을 일으키는 것이다. 메시지 처리 결과가 쾌락을 증진시킨다면, 뇌는 피질하부의 동기를 유발하는 데 아무런 어려움을 겪지 않는다. 반대로 메시지를 위협으로 인식하면, 뇌는 그 즉시 두려움이라는 감정을 만들도록 동기를 부여한다. 그러면 전기 및 화학 신호를 통한 자동적인 행동이 뒤따르고, 우리 몸은 상황에 대처할 준비를 하게 된다(자세한 내용은 3장을 참고하라).

쾌락은 생존 스펙트럼에서 위협과는 정반대에 위치한다. 가까운 미래의 생존이 보장된 상태이기 때문이다. 그러므로 피질하부에 낭만적 사랑과 쾌락을 연결하는 밀접한 연관성이 생긴다. 인간은 다른 동물들과 마찬가지로 자손을 남긴다. 자손을 남기는 것은 인생의 중요한 임무 중 하나다. 피질하부는 우리가 번식하도록 이끌기 위해 쾌락이 주도하는 감정과 성관계를 연결함으로써 성관계를 생존과 관련짓는다.

모든 사람은 사춘기 이후부터 성욕을 느낀다. 성욕은 피질하부가 깊은 뇌 실험실의 시험을 통과한 사람을 대상으로 강렬한 감정을 불러일으키면서 나타난다. 성욕은 동시에 여러 사람에게 생길 수 있으며, 테스토스테론과 에스트로겐을 통해 유발된다. 성호르몬은 성적으로 성숙한 이후에만 분비된다. 따라서 사춘기 이전의 아동은 또래에게 성욕을 느끼지 않는다. 다만, 새로운 것에 대한 호기심 때문에 흥분할 수는 있다.

끌림 attraction은 피질하부에서 발생하는 감정으로, 낭만적 사랑의 표출이자 우리가 흔히 성적 끌림이라고 간주하는 것이다. 앞서 언급했듯이, 우리와 오랫동안 함께 살아온 브레인 코드는 번식을 굉장히 중요하게 생각한다. 심지어 식량이 부족하고 맹수가 위협을 가하며 자연 환경이 가혹해지고 삶이 불안정한 환경에서도 뇌는 번식을 위한 자원을 할당한다. 여기서 생존을 위한 목표는 명확하다. 바로 임신이다. 피질하부에 위치한 정교한 실험실은 짝으로 삼을 만한 상대에 대한 엄청난 양의 감각 데이터를 수신한다. 많은 경우, 실험실은 '진행' 신호를 보내 성욕을 심화하지만, 사랑에 빠지는 것은 이와는 전혀 다른 이야기다.

사랑에 빠지기 전, 피질하부 실험실은 짝으로 삼을 만한 상대를 자세하게 조사한다. 물론 피질하부가 DNA 검사를 하는 것은 아니다. 대신 잠재적 후보자의 냄새, 촉감, 침, 외모, 말투와 같은 샘플을 통해 프로필을 만들고 적합한 상대인지 판단한다. 앞서 살펴본 다른 형태의 사랑과 달리, 낭만적 사랑에 빠지는 것은 모든 판돈을 걸어야 하는 게임과 같다. '전부 걸자!' 또는 '걸 것인가 말 것인가!'처럼 따져보는 식이다. 여기서 사랑 이야기로 이어지는 꽃길을 걷느냐, 혼자서 바윗길을 걷느냐가 결정된다. 만일 실험실의 판단이 긍정이라면 우리는 사랑에 빠지게 된다.

낭만적 사랑을 경험할 때, 뇌에서는 도파민과 세로토닌이라는 물질이 자연스럽게 작용한다. 도파민은 뇌에서 다양한 역할을 하지만 사랑과 관련해서는 쾌락을 증진시키는 감정을 유발한다. 도파민은 사랑에 빠진 사람의 마음이 쾌락을 유도하는 행동을 계속하도록 이끈다.

세로토닌 역시 다양한 기능을 하는 뇌 화학 물질이지만, 사랑과 관련해서는 기억, 사고, 행동 조절과 같은 피질의 고차원 기능에 영향을 미친다. 사랑에 빠지면 세로토닌의 생산과 영향이 억제되고, 그에 따라 행복감에 해를 끼칠 수 있는 미래 상황을 경고하는 이성적인 경보 시스템이 둔화된다. 다시 말해, 세로토닌이 없으면 뇌 안에 '책임 있는 어른'이 없는 것과 같다. 축제를 벌일 시간인 것이다!

피질이 억제되고 피질하부의 감각적 욕망이 주도하는 상태가 되면, 사랑에 빠진 사람의 뇌는 폭주 기관차가 된다. 이때 발생하는 감정은 극도의 행복감이다. 도파민이 촉발하는 강렬한 감정적 흥분은 사랑의 대상과 가까워지기 위한 모든 행동에 활기를 더한다. 반면, 수면과 음식, 친구, 가족은 부차적인 요소가 되고 오직 사랑의 대상에게만 초점이 맞춰진다. 앞서 언급한 것처럼 피질 또한 이런 상황을 뒷받침하며, "어젯밤에 잠을 잘 못 잤어", "엄마 생신을 깜빡했어", "상사가 나를 괴롭히고 있어"처럼 사랑과 무관한 생각을 의식으로부터 멀리한다. 더 나아가 사랑에 빠진 단계에서는 친구들이 사랑의 대상의 과거가 수상하다거나 조심하라는 정보를 전해줘도, 기능이 둔화된 피질에 메시지가 전달되지 않아 아무런 영향을 미치지 못할 가능성이 높다.

사랑에 빠진 상태는 엄청난 양의 에너지를 요구하기 때문에 대부분의 경우 오래 지속되지 않는다. 고양감과 활력, 쾌락은 일시적인 감정이다. 뇌는 이 같은 황홀한 감정을 최대 몇 주 동안 경험하도록 하지만, 감정이 사그라들고 나면 무슨 일이 벌어질까?

피질하부는 우리가 사랑하는 사람과의 관계를 계속 이어갈지, 사랑의 감정을 더욱 안정적으로 발전시킬지, 아니면 원래 상태로 되돌아갈지 결정한다. 마지막 선택지를 다시 설명하자면, 기존에 집중했던 감정적 연결을 차단하고 특정 대상에 대한 욕망 대신 일반적인 욕망 상태로 돌아가는 것이다.

여러 연구에 따르면, 중독성 약물의 영향으로 나타나는 뇌 활동과 사랑에 빠진 상태에서 관찰되는 뇌 활동 사이에는 상관관계가 있다. 마찬가지로, 사랑에 빠지는 메커니즘이 아직 활발하게 작용할 때 상대방과 헤어지는 것은 중독성 약물을 끊는 것과 동일하다.[6] 이때의 정신적 고통은 참을 수 없을 정도이며 신체적 증상으로 나타날 수도 있다. 하지만 삶을 이어나가려는 의지 덕분에 시간이 지나면서 뇌의 특정 부위가 생리적 적응을 거치는 과정을 통해 이별의 감정과 증상이 완화되곤 한다.

관계가 꾸준히 지속될 경우, 피질하부에서 실현되는 사랑은 끌림보다 더 높은 단계의 사랑인 애착attachment으로 접어든다. 애착은 끌림과 매우 다르다. 왜냐하면 감정적 흥분 상태가 초기의 끌림이 유발하는 강렬한 흥분에서 평상시 수준 정도로 낮아짐에 따라 낭만적 사랑이 안정적으로 변하기 때문이다. 따뜻한 느낌, 친밀감을 향한 충동, 성적 접촉에 대한 욕구는 여전히 존재하되 사그라든 불꽃이 꾸준히 타오르는 상태다. 뇌는 사랑에 빠졌던 감정을 기억 속에 저장함으로써 매우 감정적이고 강렬한 낭만적인 순간들을 재구성해 연인이 그 순간을 계속 즐길 수 있도록 한다(저장된 기억과 이를 복원하려는 동기 덕분이다). 뇌는 단 몇 시간만이라도 그와 같은 특별한 설렘을 되살릴 수 있다.

애착의 정신·행동적 요소에는 분명히 호르몬이라는 생리적 근원이 있다. 여기서 호르몬의 역할은 피질하부의 특정한 신경망 형성을 활성화해 애착이라는 사랑의 단계와 관련된 감정과 충동, 기억을 활성화하는 것이다.[7] 이런 발견을 근거로 많은 신경과학자는 브레인 코드가 일부일처제를 뒷받침한다고 생각한다.[8]

애착과 관련된 첫 번째 호르몬은 뇌하수체pituitary gland에서 분비되는 옥시토신이다. 뇌하수체는 뇌 아랫부분에서 코끝과 같은 높이에 위치해 있다.[9] 옥시토신은 뇌하수체 근처에 있는 미세한 혈관(모세혈관)으로 침투해 혈류를 따라 몸 전체로 이동한다.

20세기의 과학자들은 옥시토신의 기능이 자궁 수축을 유도해 분만을 돕고, 출산 후 출혈을 조절하고, 사유 반사letdown reflex(아기가 유두를 빠는 자극 등에 의해 모유가 나오는 작용을 말한다-옮긴이)를 일으켜 모유 수유에 일조하고, 엄마와 아기 사이의 친밀감을 증진시키는 것이라고 이해했다. 하지만 최근 들어 '유연한 뇌 혁명'이 일어나는 과정에서 옥시토신이 피질하부에서 발생하는 낭만적 사랑을 형성하고, 그것에 중요성을 부여하는 데 큰 기여를 한다는 사실이 발견됐다. 그런 이유로 옥시토신은 유대 호르몬 또는 사랑 호르몬이라고 불리기도 한다.[10] 사랑하는 사람과의 신체적 친밀감은 옥시토신 분비를 촉진하고, 그렇게 분비된 옥시토신은 또다시 신체적 친밀감을 강화한다.

애착 단계에 관여하는 두 번째 호르몬은 바소프레신이다. 이 호르몬 또한 옥시토신과 마찬가지로 뇌하수체에서 분비되어 혈류로 흘러 들어간다. 과거에는 바소프레신의 기능이 신체가 탈수 증상을 겪을 때 수분 배출을 방지하고 혈관을 수축시키는 것에 한정된다고 여겼다. 하지만 신경과학자들은 완전히 다른 역할을 발견했다.[11]

뇌는 애착 단계에 진입한 사람이 다른 잠재적 연인에게 열정을 느끼지 않길 원하는데, 바로 여기서 바소프레신이 개입한다. 따라서 이 호르몬에는 '바람 방지 호르몬'이라는 별명이 붙었다. 이 지점에서 많은 독자는 눈썹을 치켜올리며 그렇다면 왜 바람과 혼외 관계가 만연한 것인지 궁금해할 것이다. 나의 대답은 그런 현상이 문화, 즉 마음을 형성하는 영향력을 지닌 문화에서 비롯된다는 것이다. 그러므로 바람이 존재하는 문화적 환경에서는 바람이라는 '새로운' 이해가 브레인 코드의 형태로 존재한다고 볼 수 있다.

애착 단계는 오랫동안 지속될 수 있으며, 친밀감을 향한 충동과 열정, 그리고 사랑에 빠진 즐거운 순간을 기억 속에서 되살리는 능력으로 나타난다. 멋지게 들리지 않는가? 하지만 애착의 근원은 피질하부에서 형성되는 감정이므로, 애착은 행복감의 개선이 아니라 생존 촉진을 위한 전략의 일환으로 봐야 한다.

피질에서 형성되는 사랑 없이 주로 애착으로 사랑을 표출하는 부부는 몇 가지 문제에 부딪힐 수 있다. 인생을 살다 보면 바닥난 잔고, 자녀 양육의 어려움, 가계에 방해가 되는 문제 등 관계에 불안과 균열을 야기하는 말썽거리에 직면하곤 한다. 이는 마치 화창한 날에 구름이 태양을 가려 그림자가 생기는 것과 같다. 그러나 피질하부에서 비롯되는 사랑이 피질에서 생겨나는 사랑과 비슷한 강도로 균형을 이룬다면, 이런 상황에서도 부정적인 영향은 거의 받지 않을 것이다.

피질의 역할

1장에서 살펴본 것처럼, 피질은 생명체의 진화 과정에서 기존의 피질하부에 추가된 뇌 영역이다. 피질이 없는 어류와 파충류는 먹이를 찾고, 포식자를 피하고, 번식할 수 있는 안전한 환경으로 안내하는 피질하부를 통해서만 삶을 영위한다. 이에 비하면 인간은 특권을 누리는 셈이다. 인간은 피질하부 외에도 자기 자신과 물리적 및 사회적 환경을 인식하게 해주는 발달된 피질을 소유하고 있다. 피질은 또한 우리에게 사고 처리 능력과 언어적 의사소통이라는 선물을 선사했다. 그 덕분에 우리는 단순히 당장의 생존을 촉진하지 않고 정신적 행복감을 증진시키는 방향으로 삶을 꾸려갈 수 있다. 피질은 또한 피질하부에서 일어나는 광범위한 기능(기억, 운동, 방향 감각, 시각 등)을 똑같이 적용하기도 한다. 더 나아가 다양한 기능에 새로운 목적을 부여한다. 즉, 그 기능들을 통해 행복이라는 달성하기 힘든 목표를 성취하고 행복감을 촉진하기 위해 노력한다.

피질하부에서 비롯되는 낭만적 사랑의 목적은 번식과 자손의 생존 보장이다. 반면, 피질에서 형성되는 낭만적 사랑의 목표는 행복감의 향상이다. 이는 우리 자신의 삶을 넘어 사랑하는 사람의 삶까지 확장된다. 이런 확장은 감정적 표현과 행동을 매개로 이뤄진다. 요컨대 피질에 의해 표출되는 낭만적 사랑은 관계에서 자아를 잠시 밀쳐두고 공감을 불러일으킨다. 이는 사랑하는 사람의 입장이 되어 특정 순간에 무엇이 그들에게 옳은지 이해하고 그들에게 힘을 실어줄 만한 행동을 실행하는 능력이다.

낭만적 사랑은 처음에는 피질하부에서 시작되고 나중에 피질에서도 나타난다는 식으로 설명하는 것이 일반적이다. 대부분 실제로 이런 과정을 거치지만, 어떤 식으로든 변형될 수 있다는 점에 유의해야 한다. 때로는 피질이 낭만적 사랑의 불꽃에 연료를 공급하고 피질하부는 부차적인 역할을 한다. 완벽한 낭만적 사랑을 만들기 위해 뇌는 역할을 분담한다. 강렬하고 열정적인 순간은 피질하부가 담당하고, 솔직한 대화와 친밀감, 그리고 유대감이 필요한 순간은 피질이 주도하는 것이다.

이번 장의 서두에서 만나본, 문틀을 잡고 있던 내 친구를 기억하는가? 친구가 아내에게 느낀 낭만적 사랑은 피질하부와 피질 **둘 다**에서 비롯됐다. 그는 뇌의 두 부분에서 형성되는 사랑을 아내에게 항상 표현한다. 그의 사랑은 필요할 때마다 겹쳐서 나타나기도 한다. 구름이 태양을 가리고 삶의 사건들이 피질하부에서 비롯되는 욕망에 그림자를 드리울 때, 내 친구는 자신이 사랑하는 친밀한 우정에 집중하고 그것을 중요시하며 아내를 향한 사랑을 유지한다. 아내의 어려움을 함께 나누고 영혼의 대화를 하는 동안 그가 보여주는 공감은 둘의 관계를 더욱 굳건하게 만들고 함께 힘을 합쳐 문제를 해결하도록 이끌 것이다.

자기사랑과 자존감을 향상시키는 방법

앞서 살펴봤듯이, 자존감은 자기사랑이 긍정적으로 나타난 감정이다. 여러 연구에 따르면, 자존감이 높은 사람은 불안과 염증 같은 정신 및 신체 문제에 대한 면역력이 높다. 그렇다면 어떻게 해야 자기사랑과 자존감을 향상시킬 수 있을까?

- 자존감을 느꼈던 상황을 떠올려보자. 대회에서 우승했거나, 시험에서 높은 점수를 받았거나, 직장에서 성과를 냈거나, 가족 구

성원으로서 성취를 거둔 경험을 상기시키자.

자존감을 뇌에 확실하게 부호화하기 위해, 앞서 떠올린 사건의 세부 사항을 글로 적고 그 내용을 직접 읽으면서 녹음해놓자.

녹음된 음성을 매일 들으면서 내용에 집중하고 자존감의 감정을 흡수하자. 실제 그때 느꼈던 감정을 다시 한번 누려보는 것이다.

일상을 살아가면서 이루는 작은 성취 하나하나를 중요하게 생각하자. 앞으로도 다른 성취를 이룰 수 있으리라는 행복하고 낙관적인 기대감을 키우고 그런 성취를 기대하며 살아간다.

친구 부부의 관계를 태양과 구름으로 비유해보자.

"가장 아름다운 일출과 일몰은 구름이 태양을 가릴 때 생겨난다. 하늘이 멋진 진홍색으로 빛나기 때문이다."

나가며

우리는 뇌 기능과 행동을 통제할 수 있다

우리는 인간의 뇌를 둘러싼 여정을 마무리했다. 당신이 이 여정을 즐겼기를, 우리 존재의 핵심에 놓인 놀라운 기관에 경외심을 느끼게 됐기를 바란다. 또한 뇌 기능과 행동은 우리가 통제할 수 없다는 생각을 불식시켰기를 바란다. 이제 그것이 사실이 아니라는 점이 분명해졌을 것이다. 이 책에서 알게 된 자각과 동기, 그리고 적절한 실천과 연습을 통해 우리는 일상 속에서 고통과 피해를 유발하는 문제들을 해결하고 심지어 완전히 없앨 수도 있다.

지난 10년 동안 나는 라몬 벨레만^{Ramon Velleman}과 함께 스스로의 작동 방식을 개선하고 교정하는 뇌의 특별한 능력에 대해 전문가만이 아니라 모든 사람을 위한 포괄적인 대화를 추진해왔다. 우리는 강연과 디지털 훈련 프로그램을 통해 기억력을 비롯한 뇌의 놀라운 능력을 향상시키는 방법을 널리 알리고 있다. 이 내용은 내가 개발한 'Do4Brain' 앱에서 확인할 수 있다. 'Do4Brain' 앱은 즐거움과 호기심을 느끼면서 매일 뇌를 훈련할 수 있도록 도와준다. 앞으로도 나와 함께 뇌에 대해 계속해서 탐구하고 배워나가길 바란다.

감사의 말

이 책의 집필과 출판에 큰 도움을 주신 분들께 감사의 말을 전한다.

라몬 벨레만은 아낌없는 지원과 우정, 삶의 방향을 바꿔준 훌륭한 조언을 제공해줬다. 요세프 샤비트Yosef Shavit는 나와 함께 나눈 흥미로운 대화를 모두 기록해줬다. 아미트 하다드Amit Hadad와 토파즈 루시 케이Topaz Lushi Kay는 비범한 솜씨를 발휘해 이 책에서 언급한 모든 연구의 과학적 출처를 추적하고 확인해줬다. 유발 엘라자리Yuval Elazari는 따뜻하고 지적인 태도로 편집에 임해줬다. 이 책의 히브리어판 원서를 출간한 키네렛 자모라 출판사 직원 일동은 전문적인 태도로 작업에 임했을 뿐만 아니라 마치 자신의 일처럼 신경 써줬다.

또 내 인생에서 중요한 역할을 하신 선생님들께 감사의 마음을 전하고자 한다. 그분들은 내게 지식을 쌓는 것보다 단순함과 겸손함, 그리고 사람을 사랑하는 마음이 더 중요하다는 사실을 일깨워주셨다. 다음 분들께 감사드린다.

- 고故 오프라 아비도르 Ofra Avidor
- 고故 이츠하크 노이 Yitzhak Noy
- 고故 아비후 예시우룬 Avihu Yeshurun
- 고故 아리 니르 Arye Nir
- 아모스 에지오니 Amos Etzioni
- 마이클 코프먼 Michael Kaufman
- 로디카 고이츠만 Rodika Goychman
- 일라나 크레머 Ilana Kremer
- 리오르 피시 Lior Fish
- 야딘 두다이
- 알렉산드르 솔로모노비치
- 다니 케르만

    내 친구이자 조언자인 치요나 펠레드Tsiyona Peled에게도 감사의 뜻을 전하고 싶다. 치요나의 현명한 조언 덕분에 글의 정확성을 더 끌어올릴 수 있었다.

    마지막으로 나를 끊임없이 격려하고 믿어준 형 즈비 할라미시Zvi Chalamish, 관대한 도움을 주신 파나마-페데리코 재단, 나에게 많은 가르침을 전해준 모든 친구와 선생님, 제자들, 환자들께도 감사의 마음을 전한다.

참고 문헌

1장 간단히 살펴보는 뇌의 진화

1. Doidge N., *The Brain that Changes Itself: Stories of personal triumph from the frontiers of brain science*, Penguin, London, 2008. (노먼 도이지 지음, 김미선 옮김,《기적을 부르는 뇌》, 지호, 2008)

2장 생존 능력을 높이는 뇌의 기억법

1. Roediger III H. L., Dudai Y. and Fitzpatrick S. M., (eds), *Science of Memory: Concepts*, Oxford University Press, Oxford, 2007.

2. De la Fuente I. M., Bringas C., Malaina I., et al., "Evidence of conditioned behavior in amoebae", *Nature Communications*, 2019, 10(1): 3690.

3. Ueda T., Matsumoto K. and Kobatake Y., "Perception in an amoeboid cell", in Mishra R. K., (ed.), *Molecular and Biological Physics of Living Systems*, Springer, Dordrecht, 1990, 133 – 145.

4. Eagleman D., *Incognito (Enhanced Edition): The secret lives of the brain*, Knopf Doubleday, New York, 2011. (데이비드 이글먼 지음, 김승욱 옮김,《무의식은 어떻게 나를 설계하는가》, 알에이치코리아, 2024)

5. Monteiro C. A., Moubarac J-C., Cannon G., Ng S. W. and Popkin B., "Ultra-processed products are becoming dominant in the global food system", *Obesity Reviews*, 2013, 14(2): 21 – 28.

6. Kokubo Y., Higashiyama A., Watanabe M. and Miyamoto Y., "A com-

prehensive policy for reducing sugar beverages for healthy life extension", *Environmental Health and Preventive Medicine*, 2019, 24(1): 1-4.

7   Elvsåshagen T., Norbom L. B., Pedersen P. Ø., et al., "Widespread changes in white matter microstructure after a day of waking and sleep deprivation", *PLOS ONE*, 2015, 10 (5): e0127351; Liu C., Kong XZ., Liu X., et al., "Long-term total sleep deprivation reduces thalamic gray matter volume in healthy men", *Neuroreport*, 2014, 25(5): 320-323.

8   Oei N. Y. L., Everaerd W. T. A. M., Elzinga B. M., Well S. van and Bermond B., "Psychosocial stress impairs working memory at high loads: An association with cortisol levels and memory retrieval", *Stress*, 2006, 9(3): 133-141; Wolf O. T., "Stress and memory in humans: Twelve years of progress?", *Brain Research*, 2009, 1293:142-154.

9   Roig M., Nordbrandt S., Geertsen S. S. and Nielsen J. B., "The effects of cardiovascular exercise on human memory: A review with meta-analysis", *Neuroscience and Biobehavioral Reviews*, 2013, 37(8): 1645-1666.

10 Lieberman D. E., "Is exercise really medicine?: An evolutionary perspective", *Current Sports Medicine Reports*, 2015, 14(4): 313-319.

11 Pontzer H., Wood B. M. and Raichlen D. A., "Hunter-gatherers as models in public health", *Obesity Reviews*, 2018, 19(1): 24-35.

12 Frith C., *Making up the Mind: How the brain creates our mental world*, Wiley-Blackwell, Hoboken, NJ, 2007. (크리스 프리스 지음, 장호연 옮김,《인문학에게 뇌과학을 말하다》, 동녘사이언스, 2009)

13 Loftus E. F. and Pickrell J. E., "The formation of false memories", *Psychiatric Annals*, 1995, 25(12): 720-725.

14 Ludmer R., "Brain correlates of encoding, modification and recollection of human one shot learning", PhD thesis, Weizmann Institute of Science, Israel, 2012.

15 Mendelsohn A., Chalamish Y., Solomonovich A. and Dudai Y., "Mes-

merizing memories: Brain substrates of episodic memory suppression in posthypnotic amnesia", *Neuron*, 2008, 57(1): 159 – 170.

3장 뇌를 이해해 감정을 통제하는 방법

1. Luo J. and Yu R. "Follow the heart or the head?: The interactive influence model of emotion and cognition", *Frontiers in Psychology*, 2015, 6: 573.
2. Pileggi T., "Banker who embezzled NIS 250 million wins early release", *Times of Israel*, 2023, 4 December. Available at: www.timesofisrael.com/banker-who-embezzled-nis-250-million-wins-early-release (accessed November 2023).
3. Frith C., *Making up the Mind: How the brain creates our mental world*, Wiley-Blackwell, Hoboken, NJ, 2007. (크리스 프리스 지음, 장호연 옮김, 《인문학에게 뇌과학을 말하다》, 동녘사이언스, 2009)
4. Hooker S. A., Masters K. S. and Park C. L., "A meaningful life is a healthy life: A conceptual model linking meaning and meaning salience to health", *Review of General Psychology*, 22(1): 11 – 24.
5. 이 방법은 다니엘 핑크의 책과 2009년 7월 TED 강연을 바탕으로 고안한 것이다. Pink D., *Drive: The surprising truth about what motivates us* (Canongate Books, 2018). (다니엘 핑크 지음, 김주환 옮김, 《드라이브》, 청림출판, 2011) TED 강연의 제목은 〈동기 유발의 수수께끼[The puzzle of motivation]〉로 다음 주소에 접속하면 볼 수 있다. www.ted.com/talks/dan_pink_the_puzzle_of_motivation(2023년 11월 접속).
6. Frankl V., *Man's Search for Meaning*, Rider, 2004. (빅터 프랭클 지음, 이시형 옮김, 《죽음의 수용소에서》, 청아출판사, 2020)

4장 긍정감을 높이는 뇌 훈련법

1. Ford B. Q., "Anger gives you a creative boost", *Scientific American*, 2011, 23 August; Ratson M., "The value of anger: 16 reasons it's good to get an-

gry", *GoodTherapy* blog, 2017. 13 March. Available at: www.goodtherapy. org/blog/value-of-anger-16-reasons-its-good-to-get-angry-0313175(accessed November 2023).

5장 뇌를 활용해 최선의 기분을 만드는 방법

1. Liu Q., He H., Yang J., et al., "Changes in the global burden of depression from 1990 to 2017: Findings from the global burden of disease study", *Journal of Psychiatric Research*, 2020, 126: 134 – 140.
2. Hagen E. H., "The functions of postpartum depression", *Evolution and Human Behavior*, 1999, 20(5): 325 – 359.
3. Pugh J. and Ohler N., "Blitzed: Drugs in Nazi Germany", *British Journal for Military History*, 2017, 3: 160 – 162.
4. Pugh and Ohler, "Blitzed: Drugs in Nazi Germany".

6장 감정을 작동하는 핵심 방식, 여덟 가지 감각

1. Suzuki M., Pennartz C. M. and Aru J., "How deep is the brain?: The shallow brain hypothesis", *Nature Reviews Neuroscience*, 2023, 24(12): 1 – 14.
2. Herbet G. and Duffau H., "Revisiting the functional anatomy of the human brain: Toward a meta-networking theory of cerebral functions", *Physiological Reviews*, 2020, 100(3): 1181 – 1228.
3. Celeghin A., Bagnis A., Diano M., et al., "Functional neuroanatomy of blindsight revealed by activation likelihood estimation: Meta-analysis", *Neuropsychologia*, 2019, 128:109 – 118.
4. Laan L. N. van der, Ridder D. T. de, Viergever M. A. and Smeets P. A. M., "The first taste is always with the eyes: A meta-analysis on the neural correlates of processing visual food cues", *Neuroimage*, 2011, 55(1): 296 – 303.
5. PresidentialConf, "It's all in your head: How do we really form opinions?

— Professor Noam Sobel", YouTube, 2013, 20 June. Available at: www.youtube.com/watch?v=THVEVv9LvYU (accessed November 2023).

6 McClintock M. K., "Menstrual synchrony and suppression", *Nature*, 1971, 229(5282): 244-245.

7 Gosline A., "Do women who live together menstruate together?", *Scientific American*, 2007. Available at: www.scientificamerican.com/article/do-women-who-live-together-menstruate-together (accessed November 2023).

8 Gelstein S., Yeshurun Y., Rozenkrantz L., et al., "Human tears contain a chemo-signal", *Science*, 2011, 331(6014): 226-230.

9 Frumin I., Perl O., Endevelt-Shapira Y., et al., "A social chemosignaling function for human handshaking", *Elife*, 2015, 4: e05154.

10 Zaraska M., "The sense of smell in humans is more powerful than we think", *Discover*, 2017, 17 April 2020. Available at: www.discovermagazine.com/mind/the-sense-of-smell-in-humans-is-more-powerful-than-we-think (accessed November 2023).

11 Williams L. E. and Bargh J. A., "Experiencing physical warmth promotes interpersonal warmth", *Science*, 2008, 322(5901): 606-607.

12 Ackerman J. M., Nocera C. C. and Bargh J. A., "Incidental haptic sensations influence social judgments and decisions", *Science*, 2010, 328(5986): 1712-1715.

13 Hertenstein M. J., Keltner D., App B., Bulleit B. A. and Jaskolka A. R., "Touch communicates distinct emotions", *Emotion*, 2006, 6(3): 528-533.

14 Field T. M., "Interventions for premature infants", *Journal of Pediatrics*, 1986, 109(1): 183-191.

15 Ang J. Y., Lua J. L., Mathur A., et al., "A randomized placebo-controlled trial of massage therapy on the immune system of preterm infants", *Pediatrics*, 2012, 130(6): e1549-e1558.

16 Crusco A. H. and Wetzel C. G., "The Midas touch: The effects of inter-

personal touch on restaurant tipping", *Personality and Social Psychology Bulletin*, 1984, 10(4): 512-517.

17　Nagasako E. M., Oaklander A. L. and Dworkin R. H., "Congenital insensitivity to pain: An update", *Pain*, 2003, 101(3): 213-219.

18　Higgins D. M., Martin A. M., Baker, D. G., et al., "The relationship between chronic pain and neurocognitive function: A systematic review", *Clinical Journal of Pain*, 2018, 34(3): 262-275.

19　Henry D. E., Chiodo A. E. and Yang W., "Central nervous system reorganization in a variety of chronic pain states: A review", *Physical Medicine and Rehabilitation and Acute Inpatient Rehabilitation*, 2011, 3(12): 1116-1125.

20　Hillier S. and Worley A., "The effectiveness of the Feldenkrais method: A systematic review of the evidence", *Evidence-Based Complementary and Alternative Medicine*, 2015, Article ID: 752160.

21　Clearfield M. W., "Learning to walk changes infants' social interactions", *Infant Behavior and Development*, 2011, 34(1): 15-25.

22　Ramachandran V. S. and Hubbard E. M., "Synaesthesia: A window into perception, thought and language", *Journal of Consciousness Studies*, 2001, 8(12): 3-34. Available at: www.sfu.ca/~kathleea/colour/docs/Ram%26Hub_2001.pdf (accessed November 2023).

23　Ramachandran V. S. and Hubbard E. M., "Synaesthesia: A window into perception, thought and language", *Journal of Consciousness Studies*, 2001, 8(12): 3-34.

24　E. Gerti, "Synaesthesia: The ability to smell colours", Weizmann Institute, 2010, 28 June. Available at: www.ncbi.nlm.nih.gov/pmc/articles/PMC3222625/ (accessed November 2023).

7장 뇌가 숨긴 창의성을 끌어올리는 방법

1. Purepedantry, "Intact visual navigation in a patient with blindsight", YouTube, 2009. Available at: www.youtube.com/watch?v=nFJvXNGJsws (accessed November 2023).

2. Eagleman D., *Incognito* (*Enhanced Edition*): *The secret lives of the brain*, Knopf Doubleday, New York, 2011. (데이비드 이글먼 지음, 김승욱 옮김, 《무의식은 어떻게 나를 설계하는가》, 알에이치코리아, 2024)

3. Simons D., "Selective attention test: From Simons and Chabris (1999)", YouTube, 2010. Available at: www.youtube.com/watch?v=vJG698U2Mvo (accessed November 2023).

4. Simons D., "The monkey business illusion", YouTube, 2020. Available at: www.youtube.com/watch?v=IGQmdoK_ZfY (accessed November 2023).

5. Frith C., *Making up the mind: How the brain creates our mental world*, Wiley-Blackwell, Hoboken, NJ, 2007. (크리스 프리스 지음, 장호연 옮김, 《인문학에게 뇌과학을 말하다》, 동녘사이언스, 2009)

6. RayOman, "Charlie Chaplin optic *sic* illusion", YouTube, 2006. Available at: www.youtube.com/watch?v=QbKw0_v2clo 106 (accessed November 2023).

7. Goldberg I. I., Harel M. and Malach R., "When the brain loses its self: Prefrontal inactivation during sensorimotor processing", *Neuron*, 2006, 50(2): 329–339.

8. Dengler R., "What causes hallucinations?: The brain may be overinterpreting a lack of info", *Discover*, 2019, 27 March. Available at: www.discovermagazine.com/mind/what-causes-hallucinations-the-brain-may-be-overinterpreting-a-lack-of-info (accessed November 2023).

9. Mendelsohn A., Chalamish Y., Solomonovich A. and Dudai Y., "Mesmerizing memories: Brain substrates of episodic memory suppression in

posthypnotic amnesia", *Neuron*, 2008, 57(1): 159–170.

10   Mischel W., Shoda Y. and Ayduk O., *Introduction to Personality: Toward an integrative science of the person*, John Wiley & Sons, Hoboken, NJ, 2007.

11   Kahneman D., *Thinking, Fast and Slow*, Farrar, Straus & Giroux, New York, 2011. (대니얼 카너먼 지음, 이창신 옮김,《생각에 관한 생각》, 김영사, 2018)

12   Shleifer A., "Psychologists at the gate: A review of Daniel Kahneman's Thinking, Fast and Slow", *Journal of Economic Literature*, 2012, 50(4): 1080–1091.

13   Kraft U., "Unleashing creativity", *Scientific American Mind*, 2005, 16(1): 16–23.

14   Seelig T., *Insight Out: Get ideas out of your head and into the world*, HarperOne, San Francisco, CA, 2015.

15   케르만은 공동 워크숍 휴식 시간에 나에게 이 이야기를 들려줬다.

8장 학습 능력을 높이는 뇌 활용법

1   Kahneman D., *Thinking, Fast and Slow*, Farrar, Straus & Giroux, New York, 2011. (대니얼 카너먼 지음, 이창신 옮김,《생각에 관한 생각》, 김영사, 2018)

2   대니얼 카너먼 지음, 이창신 옮김,《생각에 관한 생각》, 김영사, 2018.

3   Mischel W., *The Marshmallow Test: Why self-control is the engine of success*, Little, Brown Spark, New York, 2014. (월터 미셸 지음, 안진환 옮김,《마시멜로 테스트》, 한국경제신문, 2015)

4   월터 미셸 지음, 안진환 옮김,《마시멜로 테스트》, 한국경제신문, 2015.

5   Bloom B. S., Engelhart M., Furst E. J., Hill W. and Krathwohl D. R., *Taxonomy of Educational Objectives, Handbook I: Cognitive domain*, Longman, New York, 1956.

9장 뇌를 활용하면 성격을 바꿀 수 있다

1   Whalen P. J., Rauch S. L., Etcoff N. L., et al., "Masked presentations of

emotional facial expressions modulate amygdala activity without explicit knowledge", *Journal of Neuroscience*, 1998, 18(1): 411–418.

2　Hammond D. C., "Hypnosis as sole anaesthesia for major surgeries: Historical and contemporary perspectives", *American Journal of Clinical Hypnosis*, 2013, 51(2): 101–121.

3　Jansen A. S., Nguyen X. V., Karpitskiy V., Mettenleiter T. C. and Loewy A. D., "Central command neurons of the sympathetic nervous system: Basis of the fight-or-flight response", *Science*, 1995, 270(5236): 644–646.

10장 월등한 뇌 기능은 신체 건강에 달려 있다

1　Feltz D. L., "Self-confidence and sports performance", in D. Smith and M. Bar-Eli (eds), *Essential Readings in Sport and Exercise Psychology*, Human Kinetics, Champaign, IL, 2007, pp.278–294.

2　Daly S., Thorpe M., Rockswold S., et al., "Hyperbaric oxygen therapy in the treatment of acute severe traumatic brain injury: A systematic review", *Journal of Neurotrauma*, 2018, 35(4): 623–629.

3　Vadas D., Kalichman L., Hadanny A. and Efrati S., "Hyperbaric oxygen environment can enhance brain activity and multitasking performance", *Frontiers in Integrative Neuroscience*, 2017, 11: 25.

4　1986년 노벨 생리의학상. 다음 주소에 접속하면 볼 수 있다: http://www.nobelprize.org/prizes/medicine/1986/summary(2023년 11월 접속).

5　Mintzer J, Donovan K. A., Kindy A. Z., et al., "Lifestyle choices and brain health", *Frontiers in Medicine*, 2019, 6: 204.

6　Robbins R, Grandner M. A., Buxton O. M., et al., "Sleep myths: An expert-led study to identify false beliefs about sleep that impinge upon population sleep health practices", *Sleep Health*, 2019, 5(4): 409–417.

7　Everson C. A., Bergmann B. M. and Rechtschaffen A., "Sleep deprivation in the rat: III: Total sleep deprivation", *Sleep*, 1989, 12(1): 13–21.

8   Irwin M. R., Olmstead R. and Carroll J. E., "Sleep disturbance, sleep duration, and inflammation: A systematic review and meta-analysis of cohort studies and experimental sleep deprivation", *Biological Psychiatry*, 2016, 80(1): 40 – 52; Pires G. N., Bezerra A. G., Tufik S. and Andersen M. L., "Effects of acute sleep deprivation on state anxiety levels: A systematic review and meta-analysis", *Sleep Medicine*, 2016, 24: 109 – 118; Zhai L., Zhang H. and Zhang D., "Sleep duration and depression among adults: A meta-analysis of prospective studies", *Depression and Anxiety*, 2015, 32(9): 664 – 670.

9   Lin X., Chen W., Wei F., et al., "Night-shift work increases morbidity of breast cancer and all-cause mortality: A meta-analysis of 16 prospective cohort studies", *Sleep Medicine*, 2015, 16(11): 1381 – 1387.

10 Chaput J. P., Dutil C., Featherstone R., et al., "Sleep duration and health in adults: An overview of systematic reviews", *Applied Physiology, Nutrition and Metabolism*, 2020, 45(10): S218 – S231.

11 Ma Y., Liang L., Zheng F., et al., "Association between sleep duration and cognitive decline", *JAMA Network Open*, 2020, 3(9): e2013573.

12 White A. J., Weinberg C. R., Park Y. M., et al., "Sleep characteristics, light at night and breast cancer risk in a prospective cohort", *International Journal of Cancer*, 2017, 141(11): 2204 – 2214.

13 Olaithe M., Bucks R. S., Hillman D. R. and Eastwood P. R., "Cognitive deficits in obstructive sleep apnea: Insights from a meta-review and comparison with deficits observed in COPD, insomnia, and sleep deprivation", *Sleep Medicine Reviews*, 2018, 38: 39 – 49.

11장 뇌의 코드를 활용해 식습관을 개선하는 방법

1   Jabr F., "How sugar and fat trick the brain into wanting more food", *Scientific American*, 2016, 1 January.

2　Menotti A. and Puddu P. E., "How the 'Seven countries study' contributed to the definition and development of the Mediterranean diet concept: A 50-year journey", *Nutrition, Metabolism and Cardiovascular Diseases*, 2015, 25(3): 245-252.

3　Imatome-Yun N., "Bad science or bad journalism?: Top experts come together to address nutrition myths", Blue Zones. Available at: www.bluezones.com/2017/08/top-experts-come-together-to-address-nutrition-myths (accessed November 2023). See also Pett K. D., Kahn J., Willett W. C. and Katz D. L., "Ancel Keys and the Seven countries study: An evidence-based response to revisionist histories", White Paper, True Health Initiative, 2017, 1 August. Available at: www.truehealthinitiative.org/wp-content/uploads/2017/07/SCS-White-Paper.THI_.8-1-17.pdf (accessed November 2023).

4　Park S., Ahn J. and Lee B. K., "Very-low-fat diets may be associated with increased risk of metabolic syndrome in the adult population", *Clinical Nutrition*, 2016, 35(5): 1159-1167.

5　Teicholz N., "A short history of saturated fat: The making and unmaking of a scientific consensus", *Current Opinion in Endocrinology, Diabetes and Obesity*, 2023, 30(1): 65-71.

6　Yudkin J., *Pure, White and Deadly: How sugar is killing us and what we can do to stop it*, Penguin Life, London, 2016. (존 유드킨 지음, 조진경 옮김, 《설탕의 독》, 이지북, 2014)

7　Ahmed S. H., Avena N. M., Berridge K. C., Gearhardt A. N., and Guillem K., "Food addiction", in D. W. Pfaff, N. D. Volkow and J. L. Rubinstein (eds), *Neuroscience in the 21st Century: From basic to clinical*, Springer, Cham, pp.4193-4218.

8　Ahmed et al., "Food addiction".

9　Nakamura E., "One hundred years since the discovery of the 'umami' taste from seaweed broth by Kikunae Ikeda, who transcended his time", *Chemistry: An Asian Journal*, 2011, 6(7): 1659-1663.

10 Keast R. S. and Costanzo A., "Is fat the sixth taste primary?: Evidence and implications", *Flavour*, 2015, 4(5): 1-7.

11 Myers M. G., Cowley M. A. and Münzberg H., "Mechanisms of leptin action and leptin resistance", *Annual Review of Physiology*, 2008, 70(1): 537-556.

12 Harington K., Smeele R., Van Loon F., et al., "Desire for sweet taste unchanged after eating: Evidence of a dessert mentality?", *Journal of the American College of Nutrition*, 2016, 35(6): 581-586.

13 Keski-Rahkonen A., "Epidemiology of binge eating disorder: Prevalence, course, comorbidity, and risk factors", *Current Opinion in Psychiatry*, 2021, 34(6): 525-531.

14 Bernstein B. E., "Anorexia nervosa", Medscape, 2023, 22 June. Available at: emedicine.medscape.com/article/912187-overview#a6?form=fpf (accessed November 2023).

12장 뇌 활용의 적신호, 편도체 기능 이상

1 Pegrum J. and Pearce O., "A stressful job: Are surgeons psychopaths?", *Bulletin of the Royal College of Surgeons of England*, 2015, 97(8): 331-334.

2 Weinberger D. R., Elvevåg B. and Giedd J. N., "The adolescent brain: A work in progress", National Campaign to Prevent Teen Pregnancy, Washington, DC, June 2005.

3 Fredrikson M., Annas P., Fischer H. and Wik G., "Gender and age differences in the prevalence of specific fears and phobias", *Behaviour Research and Therapy*, 1996, 34(1): 33-39.

4 Coelho C. M. and Purkis H., "The origins of specific phobias: Influential theories and current perspectives", *Review of General Psychology*, 2009,

13(4): 335-348.

13장 뇌 기능을 최고 수준으로 유지하는 방법

1. Hunt A. W., Turner G. R., Polatajko H., Bottari C. and Dawson D. R., "Executive function, self-regulation and attribution in acquired brain injury: A scoping review", *Neuropsychological Rehabilitation*, 2013, 23(6): 914-932.

2. Bell T. E., "Robots in the home: Promises, promises: While great expectations are held for certain robot types, the robots for fun and educational purposes are limited in their adaptability to useful tasks", *IEEE Spectrum*, 1985, 22(5): 51-55; Stanger C. A., Anglin C., Harwin W. S. and Romilly D. P., "Devices for assisting manipulation: A summary of user task priorities", *IEEE Transactions on Rehabilitation Engineering*, 1994, 2(4): 256-265.

3. Martinez-Conde S. and Macknik S., *Champions of Illusion: The science behind mind-boggling images and mystifying brain puzzles*, Scientific American/Farrar, Straus & Giroux, New York, 2017.

4. Perner J., Frith U., Leslie A. M. and Leekam S. R., "Exploration of the autistic child's theory of mind: Knowledge, belief, and communication", *Child Development*, 1989, 60(3): 689-700.

5. Visser S. N., Bitsko R. H., Danielson M. L., Perou R. and Blumberg S. J., "Increasing prevalence of parent-reported attention-deficit/hyperactivity disorder among children: United States, 2003 and 2007", *Morbidity and Mortality Weekly Report*, 2010, 59(44): 1439-1443.

6. Nimmo-Smith V., Merwood A., Hank D., et al., "Non-pharmacological interventions for adult ADHD: A systematic review", *Psychological Medicine*, 2020, 50(4): 529-541.

7. Shelley-Tremblay J. F. and Rosén .L A., "Attention deficit hyperactivity

disorder: An evolutionary perspective", *Journal of Genetic Psychology*, 1996, 157(4): 443-453.

14장 스스로 치유하는 뇌

1. Dienes Z., "Is hypnotic responding the strategic relinquishment of metacognition?", in M. J. Beran, J. L. Brandl, J. Perner and J. Proust (eds), *Foundations of Metacognition*, Oxford University Press, Oxford, 2012, pp.267-278.

2. Segnan N., Minozzi S., Armaroli P., et al., "Epidemiologic evidence of slow growing, nonprogressive or regressive breast cancer: A systematic review", *International Journal of Cancer*, 2016, 139(3): 554-573. Available at: onlinelibrary.wiley.com/doi/pdf/10.1002/ijc.30105 (accessed November 2023).

3. Gilsinan K., "The Buddhist and the neuroscientist: What compassion does to the brain", The Atlantic, 2015, 4 July. Available at: www.theatlantic.com/health/archive/2015/07/dalai-lama-neuroscience-compassion/397706/?utm_source=SFFB (accessed November 2023).

4. McGinn L. K. and Sanderson W. C., "What allows cognitive behavioral therapy to be brief: Overview, efficacy, and crucial factors facilitating brief treatment", *Clinical Psychology: Science and Practice*, 2001, 8(1): 23-37.

5. Definition of the word "hypnosis", the Free Dictionary by Farlex. Available at: www.thefreedictionary.com/hypnosis (accessed November 2023).

6. Reich A., "Why is Israel's hypnosis law so strict?", *Jerusalem Post*, 2021, 27 August. Available at: www.jpost.com/israel-news/why-is-israels-hypnosis-law-so-strict-677833 (accessed November 2023).

7. Levine J. and Salganik I., "Conversation 14: Understanding hypnosis in the context of the internalized figures", Professor Joseph Levine's blog, 2022, 28 October. Available at: joseph-levine.co.il/2022/10/understand-

ing-hypnosis (accessed November 2023).

8 Kaptchuk T. J., Friedlander E., Kelley J. M., et al., "Placebos without deception: A randomized controlled trial in irritable bowel syndrome", *PLOS ONE*, 2010, 5(12): e15591.

9 Willis M. T., "Knee surgery no better than placebo", ABC News, 2006, 10 July. Available at: abcnews.go.com/%20Health/story?id=116879&page=1 (accessed November 2023).

10 Amanzio M., Benedetti F., Porro C. A., Palermo S. and Cauda F., "Activation likelihood estimation meta-analysis of brain correlates of placebo analgesia in human experimental pain", *Human Brain Mapping*, 2013, 34(3): 738–752.

15장 사랑은 머리로도 가능하다

1 Berscheid E., Dion K., Walster E. and Walster G. W., "Physical attractiveness and dating choice: A test of the matching hypothesis", *Journal of Experimental Social Psychology*, 1971, 7(2): 173–189; Sharot T., *The Influential Mind: What the brain reveals about our power to change others*, Henry Holt and Company, New York, 2017.

2 Prinz J. J., *Beyond Human Nature: How culture and experience shape the human mind*, W. W. Norton & Company, New York, 2014.

3 Lewandowsky S., "The 'post-truth' world, misinformation, and information literacy: A perspective from cognitive science", in Goldstein, S (ed.), *Informed Societies: Why information literacy matters for citizenship, participation and democracy*, Facet, London, 2020, pp.69–88; Oxford Languages, "Word of the Year 2016", Oxford University Press, 2016. Available at: languages.oup.com/word-of-the-year/2016 (accessed November 2023).

4 Peters M. A., "Education in a post-truth world", *Educational Philosophy and Theory*, 2017, 49(6): 563–566. Available at: www.tandfonline.com/

doi/full/10.1080/00131857.2016.1264114 (accessed November 2023).

5 Campbell W. K., Rudich E. A. and Sedikides C., "Narcissism, self-esteem, and the positivity of self-views: Two portraits of self-love", *Personality and Social Psychology Bulletin*, 2002, 28(3): 358 – 368; Collins A. F., Turner G. and Condor S., "A history of self-esteem: From a just honoring to a social vaccine", in D. McCallum (ed.), *The Palgrave Handbook of the History of Human Sciences*, Palgrave Macmillan, Singapore, 2002, pp.1117 – 1143.

6 Cheng Y., Chen C., Lin C. P., Chou K. H. and Decety J., "Love hurts: An fMRI study", *Neuroimage*, 2010, 51(2): 923 – 929.

7 Carter C. S., "The role of oxytocin and vasopressin in attachment", *Psychodynamic Psychiatry*, 2017, 45(4): 499 – 517.

8 Lu Q., Lai J., Du Y., et al., "Sexual dimorphism of oxytocin and vasopressin in social cognition and behavior", *Psychology Research and Behavior Management*, 2019, 12: 337 – 349.

9 Carson D. S., Guastella A. J., Taylor E. R. and McGregor I. S., "A brief history of oxytocin and its role in modulating psychostimulant effects", *Journal of Psychopharmacology*, 2013, 27(3): 231 – 247.

10 Algoe S. B., Kurtz L. E. and Grewen K., "Oxytocin and social bonds: The role of oxytocin in perceptions of romantic partners' bonding behavior", *Psychological Science*, 2017, 28(12): 1763 – 1772; Colaianni G., Sun L., Zaidi M. and Zallone A., "The 'love hormone' oxytocin regulates the loss and gain of the fat – bone relationship", *Frontiers in Endocrinology*, 2015, 6: 79.

11 Rotondo F., Butz H., Syro L. V., et al., "Arginine vasopressin (AVP): A review of its historical perspectives, current research and multifunctional role in the hypothalamo–hypophysial system", *Pituitary*, 2016, 19(4): 345 – 355.

옮긴이 박초월

과학 도서 번역가. 인하대학교 물리학과를 졸업하고 서울대학교 과학사 및 과학철학 협동 과정에서 서양과학사를 전공해 석사학위를 받았다. 출판 편집자로 일하며 책을 만들다가 글을 옮기기 시작했다. 과학과 인문, 두 세계가 나누는 대화를 정돈된 언어로 전하고자 한다.

옮긴 책으로는 《나와 퓨마의 나날들》, 《블랙홀에서 살아남는 법》, 《무엇이 우주를 삼키고 있는가》, 《도덕적인 AI》, 《수학의 중력》 등이 있다.

100% 뇌 활용법

첫판 1쇄 펴낸날 2025년 8월 25일

지은이 요시 할라미시
옮긴이 박초월
발행인 조한나
책임편집 문해림
편집기획 김교석 김유진 김하영 박혜인 함초원 조정현
디자인 한승연 성윤정
마케팅 문창운 백윤진 김민영
회계 양여진 김주연

펴낸곳 (주)도서출판 푸른숲
출판등록 2003년 12월 17일 제2003-000032호
주소 서울특별시 마포구 토정로 35-1 2층, 우편번호 04083
전화 02)6392-7871, 2(마케팅부), 02)6392-7873(편집부)
팩스 02)6392-7875
홈페이지 www.prunsoop.co.kr
페이스북 www.facebook.com/prunsoop **인스타그램** @prunsoop

ⓒ푸른숲, 2025
ISBN 979-11-7254-075-3 (03400)

* 잘못된 책은 구입하신 서점에서 바꾸어 드립니다.
* 본서의 반품 기한은 2030년 8월 31일까지입니다.